# 海塘新案

浙江省河道管理總站
浙江省錢塘江管理局 編

上海古籍出版社

圖書在版編目（CIP）數據

海塘新案 / 浙江省錢塘江管理局編．—上海：上海古籍出版社，2018.12
（錢塘江文化叢書）
ISBN 978-7-5325-9044-5

Ⅰ．①海… Ⅱ．①浙… Ⅲ．①錢塘江—治河工程—史料—中國—清代 Ⅳ．①TV882.855

中國版本圖書館 CIP 數據核字（2018）第 270769 號

錢塘江文化叢書
**海塘新案**
浙江省河道管理總站
浙江省錢塘江管理局 編
上海古籍出版社出版發行
（上海瑞金二路 272 號　郵政編碼 200020）
（1）網址：www.guji.com.cn
（2）E-mail：guji1@guji.com.cn
（3）易文網網址：www.ewen.co
啓東市人民印刷有限公司印刷
開本 787×1092　1/16　印張 24.5　插頁 4
2018 年 12 月第 1 版　2018 年 12 月第 1 次印刷
ISBN 978-7-5325-9044-5
K·2580　定價：98.00 元

# 錢塘江文化叢書編纂委員會

紀念浙江省錢塘江管理局建局一一〇周年

# 序言

它從黄山走來，一路上匯聚無數涓涓細流，越過丘陵、穿過平原，最後奔向遼闊的東海。

它經歷過春秋的干戈擾攘，見證過吴越的繁盛富庶。

它在歷史的積澱中演繹滄桑的巨變，它在不息的濤聲裏定格曲折的身影。

它，就是錢塘江，祖國東南一條魅力獨具的河流。六百六十八公里的流程，滋養了五萬五千五百五十八平方公里廣袤的土地。

從遠古開始，錢塘江流域就是一方文化的沃土。從上山文化、跨湖橋文化、河姆渡文化到馬家浜文化、崧澤文化、良渚文化，先民們創造的史前文明冠絶華夏。春秋大義、魏晉風度、唐詩宋詞、元人畫卷，無不彰顯它的風采。佇立至今的明清錢塘江古海塘，已然是一座不朽的豐碑。

錢塘江文化，在墨香沉沉的古代典籍裏，在流傳千年的神話故事裏，在鐘靈毓秀的無邊風景裏，在活力四射的城鄉發展中。它是有形的，也是無形的。它凝聚着綿延古今的文脈，播灑着春秋家國的情懷，訴説着歷盡艱辛的往事，孕育着振興圖强的新夢。當前人篳路藍縷、披荆斬棘的努力漸漸化作遠去的記憶，關於這條江，關於它的過去、現在和未來，依然牽動我們的心緒，無聲地提示我們該適時地放眼歷史的長河，把數千年的文化遺存接續下去，讓那些曾經創造了無數奇跡的優良傳統和稟賦薪火相傳、歷久彌新。

錢塘江文化叢書的出版是一種嘗試，期望通過對錢塘江文化相關問題的搜尋與整理，充分展現錢塘江文化的精妙與多彩，讓那些獨到的治江論著、動人的詩詞歌賦、珍貴的文物古建、鮮活的民俗風情、迷人的風景名勝一一呈現，讓世界瞭解錢塘江，讓我們更加熱愛錢塘江，讓錢塘江文化光耀萬載！讓我們共同期待！

錢塘江文化叢書編纂委員會

# 出版説明

錢塘江北岸海塘，自古以來即爲太湖南側平原，包括浙江省杭州、嘉興、湖州和江蘇省蘇州、松江（今屬上海市）、常州、泰州七府（州）防禦潮水爲害的屏障。自清咸豐間太平軍興起後，清政府爲鎮壓太平軍，將原修築和維修錢塘江海塘的經費移作軍用，已無力照應海塘。至同治三年（一八六四）太平軍退出浙江後，始大修破敗不堪的北岸海塘。《海塘新案》一書匯集了這次大修的有關文件，分二十一案記述至海寧念汛大口門初限竣工爲止。與李輔燿纂輯的《海寧念汛大口門二限三限石塘圖説》一起，完整地記録了這次大修的全部第一手史料，彌足珍貴。惜未見刊本，手寫本也不多見。故影印出版，以饗讀者。

是書分八册。前四册是奏疏附部文，後三册依次爲保案、丈尺固限、估銷銀數，第八册是外辦章程和全案（工款）總數。共計約二十七萬字。

爲避諱，是書行文均只寫官員的姓，名則作空格。爲免讀者查找，將已查得的官員姓名附於正文之後（附録一）。再附正文的重要勘誤（附録二）。

本書採用浙江省水利廳檔案室藏儉凝堂藏本爲底本影印。該本未署撰輯人姓名，僅在總目頁有「儉凝堂藏本」字樣；在第一、二、三、四、七、八諸册正文首頁右下方，蓋有朱文篆體章兩方，印文疑似「陳鈞圖記」和「陳學良章」；第七册正文首頁「海塘新案」四字下加朱文篆體章一方，文爲「陳鈞」二字。

編者 於二〇一八年十月

# 目録

# 海塘新案全集



儉凝堂潘藏本

## 海塘新案

### 奏疏附部文

工部等部為遵
旨妥速議奏事都水司案呈内閣抄出掌江西道御史洪　奏海塘潰決民生危廹關繫南漕大局尤為緊要請
旨迅飭速籌修築以拯民命而裕倉儲一摺同治三年九月初七日奉
上諭御史洪　奏浙江海塘潰決堪虞民生危廹關繫南漕大局請飭速籌修築一摺着該部速議奏欽此查原奏内稱海塘年久未修近日坍塌愈甚潮水内灌自仁和海甯交界之翁家埠以至許巷其間支港橋梁悉被冲損所過積沙一二尺厚且直齧海甯城根本年五月二十三二十八兩潮灌入州城將城外騖橋城内堰下埧全行冲去上溢之處波及仁和地界倘稍稽時日危險各工設有潰決其害可勝道哉伏讀雍正十二年
上諭浙江海塘關繫甚大固須詳慎尤戒遲疑
高宗純皇帝南廵屢次

親臨閱視指授機宜定歲修以固塘根增坦水竹簍
以資擁護迭降
恩諭為民保障豈惟浙江仰沐
生成大江以南各郡縣咸知樂利現在蘇浙蒼生安
危呼吸若以軍務尚未肅清稍遲修築或因部
議拘牽則例延悞事機内外輾轉因循日就蟄
溢南漕至計更且視為緩圖深恐潰決之後雖
有千百萬帑金亦束手無從措辦相應請
旨飭下浙江江蘇各撫臣趕緊籌商遵照乾隆二十
七年
諭旨一面奏請一面趲辦惟是經費浩繁必須多方
籌畫惟有仿照從前浙江總督程 請開海
塘捐例事宜凡有戶部捐銅局所不能報捐各
項准在蘇杭設局收捐令各該撫條例上
聞此項捐款湊足工需即行停止與他項捐例係屬
有間請
飭部即行議准並恐捐例之開尚需月日請將沿海
各郡辦理善後各款先行墊用購辦柴料緣海
塘不修即善後亦無可措手況以工代賑亦未
始非善後之一端也其籍隸杭嘉湖蘇松太之
出仕京外各官應請
特降諭旨令其從厚捐輸並令迅速集解以衛桑梓
其江浙兩省無海塘處所紳衿富戶應由各該
撫派委清廉大員妥為勸諭廣為資助以敦鄉
誼其餘有可籌款之處令在事官紳通盤籌畫
而數百里財賦膏腴之地不致淹沒則南漕可
望復舊於
國計之裨益寔非淺鮮等因臣等查浙江省海塘
柴埽各工向係歷年奏請動項興修隨案報部
迨至軍務紛陳艱於經費是以多年未修漸次
坍卸本年夏間督臣左 奏稱浙江海塘一
遇沖缺蘇浙二省農田水利大有關礙曾與江
蘇撫臣李 會商亟應設法興修惟工繁費
鉅商令蘇浙各屬紳富捐修等語奏奉
諭旨着照所請該部知道欽此茲據該御史奏稱該
督具奏時潮信未大但就坍卸情形而言五月
下旬潮汐大信坍塌愈多橋梁田廬悉被淹沖
關繫南漕尤為緊要請將沿海各郡辦理善後
各款先行墊用並請在於籍隸江浙二省之官
紳富戶妥為勸諭捐助俾得購辦柴料趕緊修

築該御史所奏係為國計民生起見其所稱請將沿海各郡辦理善後各款先行墊用並在蘇杭設局仿照從前浙江總督程　請開海塘捐例事宜戶部查海塘捐例事隔多年咸豐九年戶部稿庫不戒於火案卷被焚無從撿查海塘工程緊要關繫
天庾正供沿海生靈亟宜擇要興修以免墊溺本年六月間署浙江巡撫臣左　奏請按照向行籌餉減成章程凡報捐實職虛銜本減二成再遞減一成其已減四成不再遞減等因經戶部議准具奏奉
旨依議欽此行令遵照辦理在案此項捐輸原為該省興辦善後修築海塘而設茲查該御史瀝陳海塘坍塌情形甚屬緊急應令該督臣先將籌備各郡善後捐項已收若干先行提用迅購柴料即日動修毋致延緩漫溢惟工鉅用繁所恐捐項寥寥緩不濟急臣等悉心商酌京銅局已停者惟增捐捐款一項即令暫准捐收仍屬無甚裨益擬就奏定專歸京銅局收捐及專歸皖省收捐各條內酌量推廣如指省分發各項勞績保奏補缺後以各項升途補用升用人員未滿三年捐請免補本班並捐免遠省等九條酌減京外官捐請翎枝銀數等八條以及軍務省分實缺候補人員准於鄰近用兵省分捐升改捐一條暫准由江浙收捐專辦海塘工料此項海塘捐輸專歸浙江藩司委員收捐江蘇分局亦歸浙江委員辦理所收捐項由浙江督撫臣按季奏報仍令該督撫會同江蘇巡撫迅將沿海各郡有海塘處所詳細履勘核實估計興修將實在應需銀數先行奏報一俟捐有成數即行停止其餘各捐局仍照奏定章程斷不准率行援請以示限制如蒙
俞允即由戶部查照歷次奏准成案並京銅局現行收銀成數章程分別抄錄行文浙江督撫臣遵照迅即遴派賢員設局勸辦倘因海塘情形緊迫捐款有需時日應准其先由浙海江海二關關稅項下酌量動撥一面專摺奏
聞以期要需不致耽延塘工早臻完固至所稱籍隸杭嘉湖蘇松太之京外各官以及該兩省無海塘處所之紳富派員勸諭一節在該官紳籍隸

該省食毛踐土世代相承坟墓田廬詎能膜視
諒必自相勸勉共圖捍衛惟自髮逆竄擾該兩
省數年來焚掠頻遭毒流全境老弱轉乎溝壑
壯者散於四方家室仳離田園荒蕪近雖漸次
肅清為長吏者方招集撫綏之不暇更何堪再
事誅求即向稱豐厚之家經此亂離亦豈能蓋
藏獨固其有情殷桑梓勉力輸將者應聽其自
行赴局呈報若派員勸諭設有不肖官紳藉事
侵漁按戶抑勒勢必至未歸者聞風裹足已歸
者仍復流離無裨要需徒資中飽應請毋庸置
議以培元氣而固民心再此摺係工部主稿會
同戶部核議是以具奏稍遲合併聲明所有臣
等會議緣由理合恭摺妥議具奏伏乞
聖鑒訓示遵行謹
奏請
旨同治三年九月二十二日具奏本日奉
旨依議欽此



臣蔣　跪
奏為遵
旨籌修海塘要工現將進水缺口先行堵築情形恭
摺奏祈
聖鑒事竊同治三年十月初一日承准議政王軍機
大臣字寄九月二十三日奉
上諭前據御史洪昌燕奏浙江海塘潰決請速籌款
修理當經降旨交戶部速議昨經戶部議准將浙
海關等稅酌撥動用着左　遵照部議章程履
勘興修及此冬令水涸潮汐不旺易於告成東南
民命攸關漕運大局所繫諒該督必能仰體朝廷
恵愛黎元之意撙節帑項妥速籌辦其如何辦理
情形並着趕緊具奏以慰馳廑等因欽此當經前
兼署撫臣左　轉行欽遵去後茲據杭嘉湖
道蘇式敬詳稱查浙江海塘自錢塘縣所轄之
獅子口起迄海甯海鹽交界之尖山止延袤一
百五十里為杭嘉湖蘇松常鎮七府水利農田
保障情形最為衝要自以歲給帑金以時修築
自咸豐十年以後省城兩次失守該處久為賊
踞不但石塘柴埽各工盡行冲刷即石塘以内

之土備塘亦漸就卸缺以致鹹水内灌濱海各
屬勢將盡為斥鹵春間省城克復後前兼署撫
臣左 以該工緊要即經會同江蘇撫臣李
奏明飭令蘇浙各屬紳富捐輸興辦並委
前任浙江臬司段光清會同藩司杭嘉湖道勸
捐督辦在案嗣據江蘇糧道楊坊等倡捐籌辦
先後稟報計已修竣土備塘堤五百丈尚有羊
字號起計長一百四十丈亦業已興辦俟報竣
後即將翁汛一帶要工以次興修至海甯州之
繞城塘亦已籌款飭修將次可以竣事惟石塘
工費甚繁刻難籌此巨款且兵燹之後人稀料
貴驟難集事即奉部指撥之海關等稅現在亦
未能足額就目前而論土備塘繞城塘果能一
律完整則進水缺口堵築堅固雖不能恃為久
遠尚不致如從前漫無收束俟土備塘捐修完
竣後再行酌量情形籌撥巨款
奏請開辦石工俾資鞏固等情具詳請
奏前來臣查海塘各工為江浙兩省農田水利所
係頻年因賊擾停修以致塘堤潰決田成斥鹵
九月内臣由湖州凱旋取道石門傳詢海甯州
知州馬修良等塘工情形咸稱需款甚鉅待修
孔殷捐項恐難應急臣隨諭飭趕緊設法勸捐
堵築又委員分往海甯德清武康等處開辦米
捐專為接濟海塘工用茲據該道等具詳土備
塘繞城塘將次竣工臣當嚴飭該道等妥速督
築務期一律堅固藉資捍衛仍俟省城善後事
宜辦有端緒臣再親往海甯一帶沿塘察看另
籌捐款興辦石工以資鞏固所有進水缺口先
行堵築情形理合恭摺具
奏伏乞
皇太后
皇上聖鑒訓示遵行謹
奏同治三年十一月初三日奏十二月初七日議
政王軍機大臣奉
旨知道了着即嚴飭該道等將進水缺口妥速督率
堵築務須工堅料實一律穩固不准草率偷減其
應須籌款興修石工之處並着俟省城善後辦有
端緒即親赴海甯一帶沿塘察看會同李 等
酌量奏請開辦欽此

臣蔣　跪
奏為現籌辦理浙省善後各事宜恭摺縷陳仰祈
聖鑒事竊臣於本年十一月二十五日准督臣左
咨開承准議政王軍機大臣字寄同治三年
十一月初六日奉
上諭左　奏交卸撫篆赴閩督師剿賊併瀝陳浙
省應辦善後事宜徐宗幹奏官軍分路剿賊情形
併請將陣亡臬司張運蘭優卹各摺片覽奏均悉
福建官軍分路剿賊疊獲勝仗惟李世賢汪海洋
丁三陽等逆尚踞漳州濯田武平等處賊數頗衆
左　現飭劉典王德榜由西路進黃少春劉明
珍由中路進高連陞等航海直趨福州出興泉為
東路之師而自率親兵由衢州浦城赴閩相機調
度於地師軍情籌畫均中竅要即著督率各軍迅
速入閩實力剿賊盡殄賊氛以副委任其閩省之
曾玉明康國器等軍及江西赴援之宋國永婁雲
慶等軍仍著左宗棠徐宗幹分別檄催會合夾擊
期收聚殲之效至援閩軍餉業由左　飭令蔣
楊　等按月籌解銀十四萬兩源源接濟
即着蔣　督飭楊　妥為籌畫按月如數撥
解以利軍行徐宗幹所請飭部酌撥鄰餉一節即
可毋庸再議浙江初復百度維新左　於除匪
安良敬除痛弊修復水利諸大端竭慮殫心漸有
端緒此時交卸起程蔣　護理撫篆即屬責無
旁貸所有海塘工程農田水利及濱海各郡整飭
水師台州所屬懲除豪惡各事宜併著與楊
審度時勢次第籌辦馬　到任後併着將以上
應辦各事宜咨商左　妥籌辦理務出萬全至
嘉湖鎗匪為蘇浙兩省奸盜之源風俗之害經蔣
節次擒斬劇匪編立船埠稽查保甲勒繳器
械浙境漸已斂戢而徒黨之投入工海者尚多著
李　督飭員弁密速捕治以淨根株不得敷衍
了事致成隱憂左　所稱為治之道興利不如
除弊任法不如用人蔣　等敬歷未久請勿繩
以文法等語部中文法皆係歷久奉行舊章自當
遵守至地方瘡痍未起一切章程有必應變通者
疆臣果能剴切敷陳朝廷未嘗不特予俞允蔣
等惟當勤求民瘼力矢公忠遇有應行事宜將
實在情形詳晰具奏朝廷必能斟酌重輕權衡至
當毋以文法相繩鰓鰓過慮也等因欽此跪讀之

下仰見
皇上體恤臣僚整飭地方之至意欽感莫名伏念臣
一介庸愚毫無知識忝任浙藩已屬非分茲復
仰荷
恩綸護理撫篆凡除匪安良剔除痼弊修復水利諸
大端本屬責無旁貸況欽奉
温諭遇有應行事宜將實在情形詳晰具奏少有天
良更何敢不昕夕兢兢少酬
朝廷高厚之
恩而竟督臣左　未竟之志援閩軍餉關係緊要
除本月應協餉銀先已如數撥解外下月餉需
續經分起湊解計十二月中旬必可先後到營
嗣後援閩軍餉臣當與署藩司楊　極力設
法按月源源接濟斷不敢以浙省凋敝稍涉推
諉海塘工程為江浙兩省農田水利所關臣以
塘工需費甚鉅恐捐項緩不濟急委員分赴海
甯海鹽平湖德清等處勸辦米捐專為接濟塘
工之用業於本月初三日具陳在案嗣以土備
塘已辦各工是否堅固未辦各工是否年內可
竣臣復飭令杭嘉湖道蘇式敬會同前臬司段
光清於本月十六日前往海塘逐一履勘并現
於省城設立海塘總局派員專理收捐築塘各
事擬俟蘇式敬回省後臣仍親赴海塘察看情
形其應如何次第興修之處再行
奏明辦理蓋海濱之區水利為重裕民之道農田
為先浙省凋瘵已甚籌款本難但盡一分心力
或收一分實效此則　微臣區區愚忱明知其難
而猶勉為之者職是故耳南湖前已粗為修理
西湖則淤墊已高葑長水枯未遑修濬第念關
係仁和海甯水利不得不擇要興修現與楊
商籌銀一萬兩米一千石已於十一月十一
日開工至浙東近海各郡水師礮船久成虛設
第輪船需費甚昂目下力難猝辦因飭籍隸廣
東之副將銜留浙參將張其光赴粵僱募頭號
紅單船十隻限明年二月內管帶來浙分撥温
州定海黃道關等處駐防巡緝張其光未到以
前臣復於新授温州鎮總兵劉連陞署定海鎮
總兵唐學發赴任時面囑將原帶勇丁及所轄
本標汰弱留强勤加訓練就近暫僱艇船數號
巡防洋面冀弭盜風而安行旅至台州風氣之

悍戾由來久矣而其積惡渠魁則管繼湯屠盛
興等為最管繼湯先經左　任内劉除屠盛
興亦經左　奏叅革詢現飭杭州府嚴審擬
結另行
奏明懲辦其餘著名巨匪左、　於署台州府劉
璈赴任時飭帶本部勇丁會同副將各香山盜
行查拿臣仍隨時督飭該守將等認真緝拿以
期除惡務盡藉安善良顧詰奸禁暴必威嚴始
能奏功而易俗移風非旦夕所能責效臣惟當
正己率屬慎選賢能守令威克厥愛猛以濟寬
需以歲月或者由革面而至革心亦未可知至
嘉湖鎗匪雖經臣節次擒斬巨憝勒繳鎗械設
立船埠稽查保甲後轄境現尚静謐然潛逃上
海者根株未拔百盜倘或一疏究恐復有乘間
滋擾之事臣已嚴飭地方文武及駐防浙西各
市鎮水陸將弁小心梭巡不准稍涉鬆懈凡茲
善後諸大端皆左　瀕行時諄諄囑臣與楊
妥為籌辦者臣固不敢諉謝以墮前功亦
不敢急遽以求速效所慮臣知識微淺心有餘
而力不足惟祈



聖訓飭遵俾免貽誤除減漕察吏整軍諸政容臣隨
時分案奏報外謹將現辦善後各事宜據實縷
陳是否有當理合由驛馳
奏伏乞
皇太后
皇上聖鑒謹
奏同治三年十一月二十九日奏　月　日
議政王軍機大臣奉
旨該護撫縷陳籌辦浙省善後各事宜均已覽悉惟
當寔心實力與馬　楊　審度時勢次第妥
籌辦理總期弊無不除利無不興不可稍有畏難
之心欽此

臣蔣　　跪

奏為勘明塘工酌籌辦理情形恭摺仰祈

聖鑒事竊海塘關繫緊要浙紳楊坊等現辦土備各工是否堅固委令杭嘉湖道蘇　　前往履勘並聲明蘇　　回省後臣擬親至工所察看情形酌籌辦理業於前月二十九日

奏明在案嗣蘇　　於三十日回省稟稱紳捐紳辦之土備塘報竣者一千二百四十二丈現辦者六百餘丈認辦者自十堡至翁家汛十七堡止又四百八十餘丈但能堵浸潤之鹹潮斷不能遏沖激之巨浪此外險工林立不辦則民困益深猝辦則經費無出臣軫念民依無任焦灼即於本月初一日詰早輕車減從率曾辦塘工之候補知府高鄉培自李家汛起東至尖山止督同廳備逐一履勘晝夜奔馳於初四日五更旋署實勘得仁和縣境自李家汛西效字號起至西國字號止尤險工長八百九十六丈又西過字號起至西歸字號止最險工長三百六十丈又翁家汛西鹹字號起至五字號止尤險工長七百八十丈翁汛官字號起至女字號止最險工長二千七百五十九丈戴汛烈字號起至上字號止尤險工長二百八十丈又貞字號起至傳字號止最險工長四百四十九丈五尺鎮汛廉字號起至亦字號止尤險工長四百九丈又次字號起至承字號止最險工長一百十九丈念汛將字號起至雞字號止尤險工長一千一百三十丈五尺又羣字號起至泰字號止最險工長二百六十七丈五尺尖汛鉅字號起至賞字號止尤險工長四十一丈又石字號起至躬字號止最險工長四十四丈九尺又海鹽縣境坐字號石塘七丈又朝字號石塘二丈又崑字等號條石塘二十六丈結字等號土塘一百三十七丈五尺又平湖縣境內餘字等號石塘長九十六丈又天字號接頭處柴工十八丈以上共計尤險工三千八百餘丈最險工四千三百餘丈並據蘇　　開載丈尺稟請核辦前來

臣查自李汛西效字號起至念汛雞字號止人烟稠密距海最近必應先行修築以衛民生又海鹽縣坐字號石塘起至結字等號土塘止該處偪近縣城塘身單薄內無坿土亦係刻不可

緩之工又平湖縣境餘字等號石工及天字號
接頭處柴工為浙省石塘之始基即蘇省上流
之屏障石塘則樁木朽壞坍土空虛柴工亦蕩
然無存若不設法堵禦則鹹水直灌蘇松關係
尤非淺鮮此時拆辦石塘非二百餘萬金不可
浙省凋瘵之餘流民尚未復業萬難籌此巨款
早在
聖明洞鑒之中微臣愚見擬先自李汛起至海甯州
城為止缺口之石工修築坝以禦急湍僅存之
石塘用柴埽以護塘腳至東塘鎮汛念汛尖山
一帶土塘基趾尚存仍責成紳董加高培厚俾
鹹潮不至橫流雖未能永遠鞏固而暫時不致
潰決即農田可無荒蕪此亦刻下釜底抽薪之
一法也但值料稀工貴之際即此柴埽各工撙
節估計亦須四五十萬金乃能敷用臣前
奏明委員分赴海甯海鹽平湖德清等處勸辦米
捐專以接濟塘工究恐捐款寥寥不敷應用臣
與署藩司楊　等再四相商不得已惟有於
杭嘉湖所屬擇其戶口少為殷實者酌量勸辦
米捐以濟工用江蘇撫臣李　公忠素著併
擬函請飭令蘇松太所屬量力佽助以濟要需
蓋借濱海之民力以衛濱海之民生諒衆擎易
舉當能補救目前臣不時督令蘇式敬轉飭廳
備各員認真經理使涓滴皆歸實濟併選派樸
寔幹練營官率領所部勇丁幫同督築務期趕
於明年春夏之交及早竣事以冀仰副
皇上振興水利惠養元元之至意餘俟庫款充裕元
氣稍復再行舉辦石工所有微臣勘明塘工酌
籌辦理情形是否有當理合恭摺具
奏伏乞
皇太后
皇上聖鑒訓示施行謹
奏同治三年十二月初十日奏是月二十日議政
王軍機大臣奉
旨另有旨欽此仝日奉
上諭海塘工程既據蔣　親自履勘查出尤險工
三千八百餘丈最險工四千三百餘丈自應先行
修築以衛民生第柴埽各工撙節估計亦須四五
十萬金蔣　現在委員勸辦米捐凋瘵之餘恐
難集成巨款着李　派員勸諭蘇松太所屬殷

寔之戶量力捐助俾得早日興工於江浙兩省地
方均有裨益將此由五百里諭知馬　並傳諭
蔣　知之等因欽此

臣馬　跪
奏為親詣勘明海塘工程酌籌辦理情形繪具圖
說恭摺仰祈
聖鑒事竊臣於到任後將地方應辦事宜縷晰陳
奏並聲明海塘工程尤關緊要俟親詣查勘後另
行詳細具報臣於正月二十六日出省率同督
辦塘工之前臬司段光清杭嘉湖道蘇式敬沿
塘履勘自李家汛起至尖山止計百五十里石
塘缺口不下百餘處大者三四百丈小亦數十
丈及數丈不等其間以翁汛為最險缺口亦最
大口大則潮寬潮寬則勢猛潮汐洗刷片石無
存塘內沙土淤墊民舍深埋詢之土人僉稱近
年以來海水北趨以致塘外培土盡在水中根
腳被浸日久木樁朽壞塘內坍土雨淋水積因
之低陷石工裏外皆空勢成孤立一遇大汛遂
致潰決此歲修失時之故現在已決之口若不
趕緊堵築沙淤愈高泛溢愈廣未倒之塘亦須
加之培墊方免續坍等語又勘得紳民捐辦之
土備塘已有九分工程尚屬整齊因立春以後
雨雪交加未能一律完竣仍飭趕緊挑築並飭

將項沖之卑狭處所加高培厚以期穩固約二
月內可以畢事惟土性鬆浮雖加以柴埽木樁
祇能堵浸潤之水不能遏沖激之浪石塘僅數
年失修坍塌如此而況新培之土塘伏秋大汛
不但漫溢堪虞仍恐潰決為患是石塘缺口險
工萬難延緩而石工無此經費無此工料難於
措手臣與各司道籌商惟有仍照前護理撫臣
蔣　原議自李家汛起至海甯州城迤東為
止凡石塘之倒塌者建築柴壩以禦急湍石塊
尚整而塘脚漏水樁木朽爛者於塘外修築柴
埽以資保護塘後坍土低陷殘缺者亦即填寔
培厚以免坍卸其缺口較寬之處水深溜急人
力難施祇能各就形勢築成月堤以救目前至
海鹽平湖一帶塘工為蘇松屏蔽已據嘉興府
知府許瑤光勘報情形由省另行委員勘估一
律興辦現於省城設立海塘總局檄委藩司蔣
　鹽運司高卿培籌備工需會同杭防道蘇
式敬前臬司段光清督飭文武員弁認真經理
於翁家埠分設一局由段光清蘇式敬駐紮工
所監督一切茲據報於二月初四日開工並據
議詳章程大致核實用項禁革浮費揀賢任能
工歸實在數端均屬妥協批准照辦惟兵燹之
後籌款固難即購料募工亦屬不易上年勸辦
米捐所收不過十餘萬串不及估工三分之一
蘇省雖有協貼之舉以冬漕吃緊暫難兼顧議
開捐例尚無把握臣當督飭該司道等先就現
成之款計應修之工分別緩急尅日興辦倘需
款急迫本項不敷擬照部議於藩關各庫酌量
籌撥
奏明動用不敢因經費艱難稍存膜視以期仰副
皇上軫念民生之至意謹將勘明海塘工程酌籌辦
　理情形繪具缺口丈尺圖說恭摺馳陳伏乞
皇太后
皇上聖鑒訓示謹
　奏同治四年二月十四日奏　月　日議政王
　　軍機大臣奉
旨覽奏均悉着即督飭段光清等覈實勘估認真興
　辦務須工堅料實不准有草率偷減之弊以衛民
　生而革浮費方為妥善圖留中欽此

臣馬　　跪

奏為紳民捐修仁和海甯境內土備塘堤一律完竣請將出力紳董量予獎勵以昭激勸恭摺奏

聞仰祈

聖鑒事竊照浙省海塘工程自遭逆擾以來歲久失修上年省城克復因石塘工費浩繁無從籌此鉅款經前兼署撫臣左　議將石塘以內舊有之土備塘堤先行修葺免致潮水內灌當即會同江蘇撫臣李

奏明飭令蘇浙各屬紳民捐輸興辦並委前任浙江臬司臣段光清會同藩司杭道勸捐督辦旋據紳士二品頂戴前江蘇糧道楊坊員外郎銜候選主事經緯四品銜候選主事蔡慶地知府銜江西候補同知馮祖憲知府銜江蘇候補同知趙立誠同知銜廣東儘先補用知縣馮珪同知銜舉人裘澄宗等倡捐籌辦計自同治三年八月初八日開工起至四年二月初三日止一律完竣經杭防道蘇式敬等親往週歷履勘該工自戴家汛積字號起至翁家汛字字號止計長二千六百九十丈面寬二丈四尺底寬五丈又翁家汛文字號起至西宙字號止計長一千六百六十八丈面寬三丈底寬五丈統計工長四千三百五十八丈塘身均高一丈二尺外用槍柴扞釘樁木裏用毛柴墊築其溝渠深處底寬七八丈不等多用槍柴釘樁以資鞏固又勘得東塘戴鎮念三汛一帶土備老塘多有低窪之處亦經加高培厚間用毛柴填補計工長一千二百餘丈如式完整足資捍禦共用工料錢二十五萬串有零均係該紳董經理出納所用捐項不敢邀獎請免造冊報銷惟該紳董櫛風沐雨駐工督辦始終其事未便沒其向義可否量予鼓勵由該司道等會詳請

奏前來臣查翁家汛一帶舊有土備塘堤自乾隆年間改築石塘之後外禦有資土塘年久失修日損月削已成平陸加以近年潮水沖刷溝渠縱橫施工尤難費用甚鉅前據具報工竣經臣兩次便道勘驗所築之工均屬堅固不獨數郡膏腴不為鹹水浸灌即此時興辦外塘柴埽亦得藉資其力此次紳民捐修土塘工至四五千丈費至二十餘萬而時僅半年一律告成皆由

前臬司段光清平日循聲感動又復不辭勞瘁躬親督率所致而該紳等齊心協力籌辦妥速當隆冬沍寒之際窮民就工以食全活甚多於
國計民生兩有裨益實屬著有微勞惟捐資本由湊集不願邀奬應如所請其在工出力人員可否量予鼓勵之處出自
聖主鴻慈如蒙
俞允容臣擇其尤為出力者酌量請奬不敢稍涉冒濫至此案工程為數雖多係屬民捐民辦應請仍照前兼署撫臣左　原奏免其造册報銷所有紳民捐修土備塘堤一律完竣緣由謹會同閩浙督臣左　署兩江總督江蘇巡撫臣李　合詞恭摺具
奏伏乞
皇太后
皇上聖鑒訓示施行再現辦堵築石塘缺口之柴埽工程係另開捐輸及動用米捐銀兩將來自應照例報銷保固以昭核實合併聲明謹
奏同治四年閏五月十六日奏是月二十六日軍機大臣奉
旨另有旨欽此仝日内閣奉
上諭馬　奏紳民捐修塘堤完竣可否將出力紳董量予鼓勵一摺浙江仁和海甯境内土備塘堤年久失修經該撫委令前浙江按察使段光清等勸捐督辦一律告竣勘驗均臻堅固尚屬著有微勞所有在工出力官紳着馬　擇尤保奏毋稍冒濫餘着照所議辦理該部知道欽此

臣馬　　跪

奏為開辦海塘柴壩已未完竣各工及續坍丈尺酌籌辦理情形繪具圖說恭摺仰祈

聖鑒事竊臣前將勘明海塘缺口丈尺應築柴壩柴埽各工擬分別緩急酌籌辦理情形繪陳圖說

奏明在案計自本年二月初四日興工起至閏五月二十五日止開辦東中西三塘境內柴壩柴埽及理砌等工已報竣者五百二十八丈五尺其將次工竣者二百三十七丈至海鹽縣境內開辦填築土塘暨理砌石塘等工已報竣者三百二十四丈共計竣工一千零八十九丈五尺所辦各工均係如式修築一律堅固迭經大汛足資抵禦惟自五月望汛以後霪雨連旬山潮二水互相沖激致將西塘李家汛西及賴木草被化官鳥淡薑金成餘閏藏冬等字十七號中塘翁家汛霜金生麗水五字號東塘戴家汛命臨松流不息政存甘棠唱等字十一號間段共計續坍條塊魚鱗石塘缺口三百六十九丈又續坍李翁二汛西人官師潛翔淡等六號塘後坍土鑲柴共計工長七十五丈八尺經駐工之杭嘉湖道蘇式敬親歷勘明實因歲久失修塘身孤立勢極危險一經沖刷全行倒卸今就續坍缺口之工除列入初次

奏辦原估請築柴壩無須再請重築外實計應築間段柴壩共工長三百二十丈五尺又加填坍土工六丈五尺及塘後鑲柴工六十九丈三尺統共工長三百九十六丈三尺亟應籌辦興修等情由布政使蔣　杭嘉湖道蘇式敬會核詳請具

奏前來臣查海塘工程從前歲時修築藉資保障自賊擾以後年久失修所有外護柴埽坦水沖刷淨盡塘內坍土低陷甡沒僅存一線危堤勢成孤立一遇大汛難以搶護本年夏雨過多山洪潮汛同時盛漲以致續坍石塘三百餘丈幸有新築土塘尚屬穩固下游田廬無虞浸灌此項續坍之工亦應趕築柴壩鑲柴以禦急湍除飭該司道督率廳備各員分別緩急次第搶築務須一律堅固照例保固報銷外謹將開辦海塘柴壩已未完竣各工暨籌辦續坍石塘缺口丈尺搶築柴壩情形繪具清摺圖說恭摺具

奏伏乞
皇太后
皇上聖鑒訓示謹
奏同治四年六月十九日奏七月十七日軍機大
臣奉
旨工部知道圖併發欽此



臣馬　跪
奏為海塘支絀集工購料均難湊手情形日益可
慮及現在盡力籌辦各緣由恭摺具
奏仰祈
聖鑒事竊東南兵燹之後亟宜講求水利盡力農桑
以蘇民困而浙省海塘關係兩省民命實為目
前至急之務臣於履任後歷將塘工歲久失修
陸續坍決急需先堵缺口趕辦柴壩坦水及續
坍石塘先其所急力籌堵禦各情先後
奏明在案然皆隨事隨時就工論工而言至通籌
全局前以體察未深究未能盡知底裏自上年
夏秋以來每值潮汐盛大或風雨不時臣輙單
騎詣工與前臬司段光清前杭嘉湖道蘇式敬
身歷目擊悉心講求益知工程關係之重僱夫
儲料之難未能迅速集事之苦實有不寒而慄
者茲據藩司蔣　署杭嘉湖道段光清會同
詳稱查以前三防建立石塘外面復建坦水石
堵柴埽盤頭裏頭並行路溝槽以禦潮水冲刷
塘內添築坿土土堰土戧以培後靠定章每年
額設歲修經費銀二十餘萬兩遇有工程損壞

隨時加修俾無坍決之患迨自軍興以來庫款支絀歲修工程漸不足額賊擾數年石塘坍缺三千六百餘丈拗裂外拜者二千四百餘丈其老鹽倉迤東至海甯廟灣迤西塘外坦水塘內坿土等工間段尚有存留此外石塘雖在而塘外坦水石堵柴埽盤頭裹頭行路溝槽皆因歲久失修被潮冲刷蕩然無存且水深七八尺至一二丈不等塘脚空虛椿皆拗露塘面相離數丈逐段裂縫其塘內坿土土堰土戧因塘脚灌水洗刷亦蹲矬低陷是石塘外埽已無後靠復虛底椿盡露勢成孤立每遇風潮大汛或值山水陡發必致續坍此石塘危險之實在情形也至從前每遇興工先偹料物各山戶積存柴木充足需用若干立即如數購辦今嚴州各屬蹂躪最深人民稀少山柴乏人砍伐雖經委員入山設法招募現採現裝每月不過二十萬擔上下實不敷用每致減工待料槍築未能應手即需用椿架夫向年沿塘一帶人煙稠密招募數百副一呼即至茲則十室九空蕩析離居各處僱募不過二十餘副不敷分撥現在除坍決拗裂各工外加以七堡至尖山止應修應補坦水石堵外埽盤頭裹頭等工不下一萬餘丈處處危險誠有應接不暇之勢就目前所有工料而計實難趕辦此料物不齊人夫難集緩不濟急之實在情形也前次估工時石塘缺口之內雖深淺不一然處處見底皆有淤沙數尺是以所估柴料椿木夫工無不從減孰意上年五月霉汛山水陡發漫過石塘爲從來所未有並將各口門新漲淤沙盡行洗去深至五六尺一二丈不等修築更難必須多用柴料椿木較之原估增至有一倍及二三倍者且新築柴壩縱極堅整而兩頭均與石塘緊接石塘穩固柴壩斷無他虞設石工坍卸潮水內灌柴壩勢難獨立此工程更變需料增多而接辦石工亦難延緩之實在情形也該廳偹責任修防誠恐曠持日久東堵西坍經費多糜於工無補不得不將石塘危險及現辦之工未能迅速各情形據實直陳並請寬免處分等情由該司道具詳請

奏前來臣復加體察該司道所稱與臣歷在工次目覩者無異土偹塘堤幸於上年春間告竣漫

水不致内灌蘇杭等七府屬秋禾無損南漕遂得起運柴埧工程自上年二月間開辦以來東中西三塘已報完工者二千餘丈現正搶築翁家埠要口無如經費既絀集夫辦料不但價值昂貴抑且購募皆難不得已委員赴嚴州山内購定山樹調派兵勇前往砍伐運濟工用並嚴飭該廳備盡力趕辦不准藉口延緩要皆補葺目前於全局仍萬分可慮況石塘一日不修則愈坍愈甚其新建柴埧交接之處尤屬岌岌可危向來一交冬令水落潮平及去年十二月潮汐仍旺交春以後日甚一日萬一稍有疎虞則兩省民生關係至大曷堪設想此臣自夏秋以來輾轉於中每至午夜徬徨寢饋俱廢者也現欲修復石塘萬難籌此鉅款臣亦不敢存此奢想但期將應修柴埧各工督飭廳弁接續趕辦一面設法另籌十餘萬金多購料物存儲工次倘遇危險尚可及時搶護庶幾有恃不恐然上年所收米捐與蘇省協濟銀五萬兩業經用竣塘工捐輸自設局以來僅收銀二萬餘兩以之添補目前工程不敷尚鉅更何從籌此預備之

款臣思維再四惟有督同司道嚴飭各廳弁將新築之土塘及已完之埽工認真保護未堵之缺口趕緊修築現存之石塘或添修護埽或加築坦水以期目前多保一丈石塘則險要時庶少一分顧慮一面亟商署兩江督臣李　護江蘇撫臣劉　能否再行設法資助並與藩司蔣　兼籌並計但得一分經費即辦一分料物以備不虞然全工能否不致潰裂實臣所不敢預必總惟盡其力之所能為以上副

皇上下對民生而已至此次工程均係該司道會同稽核實用實銷毫無浮濫各廳弁皆三年杭城克復後始行委署衹令晝夜在工盡力催辦於銀錢全不經手與從前之領項承修者迥不相同所有修防處分擬請俟工竣日再行扣限核計又歲久失修各石塘如續有坍卸可否邀

恩一併免議俾該廳備益加奮勉出自

鴻慈逾格也理合恭摺具

奏伏乞

皇太后

皇上聖鑒訓示謹

奏同治五年正月二十日奏二月十八日軍機大
臣奉
旨另有旨欽此仝日内閣奉
上諭馬　奏籌辦海塘情形一摺所稱石塘工程
甚危險僱夫儲料均難湊手未能迅速集事均係
寔在情形惟浙省海塘為兩省民命所關着該撫
督同司道嚴飭各廳弁設法籌款多購料物將土
塘埽工認真保護未堵缺口趕緊修築斷不可急
緩因循停工待餉據奏此次籌修海塘工程均係
該司道會同稽核寔用寔銷各廳弁皆三年杭城
克復後始行委署於銀錢仝不經手與從前領項
承修者迥不相同等語所有修防處分即着照馬
所請俟工竣日再行扣限核計至歲久失修
各石塘如續有坍卸該各員應得處分並着一併
免議該部知道餘着照所議辦理欽此

俟補内閣學士臣鍾佩賢跪
奏為海塘關繫東南大局尤於南漕切要為江浙
兩省善後第一急務不得因難茍安補苴目前
籲請
特派大臣總理督修以一事權而策萬全事竊浙江
海塘捍衛杭嘉湖三府民田江蘇之蘇松太三
府州同其利害額定歲輸漕糧亦此數郡居其
大半自粵逆踞杭將石工毀圮海潮湧入塘内
田廬咸被其患曾經御史洪昌燕剴切奏陳
飭部籌議特開海塘捐輸並准動撥浙海江海兩關
税項先令興築在案本年春間浙江撫臣馬
具奏籌辦情形一曰石塘危險二曰料物不
齊人夫難集三曰工程更變需費增多接辦石
工亦難延緩此三者已覺議論自相矛盾復曰
土備塘於上年春間告成漫水不致内灌要皆
補苴目前仝工能否不致潰裂所不敢預必等
語封疆大臣與
國家同休戚與民同患難馬　果清恵愛民者
此或具奏時未及審慮而出之辭也臣於回籍
葬親及服闋北上經由浙之杭嘉蘇之蘇常採

訪輿論知海塘之關係重大不止一端欽為我
皇上縷晰陳之查杭嘉湖三府額田八百五十餘萬
畝徵漕將及百萬近蒙
恩減三十分之八亦應起運米七十餘萬石即上年
偶遇偏災亦尚可收漕三四十萬而本年海運
米數僅二十萬石由於八百五十萬畝中蒿萊
居其半倘不亟籌開墾即此後年穀順成亦斷
不能徵滿七十萬之新額設塘裂潮沖併此一
半之田亦成斥滷浙漕將何所出荒田不治原
由流亡之戶未歸今則兩年有餘漸皆復業而
海塘安危不定縱有殷戶出資開墾承種萬一
潮水泛溢工本悉歸烏有又非四五年雨水蕩
滌不能土活插秧此力農之家所以相率袖手
而曠土墾復無期漕米永難足額浙境地居上
游其波及於蘇松太者可想而知此有關於
國計者一也浙江近年丁漕兩款或蠲或緩司庫
所入無多全賴商販流通抽釐以贍軍食而海
塘坍近之長安壩等處皆貨船必經之所自塘
工毀壞江水挾沙內灌支河汊港率多淤墊若
不將石塘修整僅將一線土備塘抵禦潮汐晝
夜往返沖刷土性遇水坍卸終歲補苴伊於胡
底一經潰決人力難施內灌之淤沙日多遠來
之商販不至釐金又從何出此有關於軍餉者
二也海甯一州逼近尖山猶如釜底該處石塘
尤為危險一有疏失建瓴直下海鹽平湖秀水
等縣皆患其魚水過沙停淤成平陸蘇松亦不
免墊溺之虞彼時再議濬挑即非千百萬不可
此有關於水利者三也浙西三府賊陷數年之
久被戕被擄而外繼以疫病飢寒戶口凋零不
及從前十之三四即以臣經過之嘉興而論海
平秀三縣數十里渺無人煙小民生計已極艱
窘若塘工不治水利不修設再遇海潮沖突併
此遺黎亦填溝壑上年督臣左　奏上海向
係淡水今水味忽鹹是入蘇松之確証再生之
民何堪又遭此厄此有關於民命者四也從前
雍正年間先後
特派大學士朱軾總督李衛河督嵇曾筠前赴浙江查
勘並總理海塘工程事務
世宗憲皇帝諭內大臣海望等曰爾等到浙詳細履勘
如果工程永固可保民生即帑金千萬不必惜費

欽此因辦成大石塘工利賴百年之久道光年間
亦蒙
特派尚書吳椿河督嚴烺相度兩年始克蕆事緣事關江浙兩省大局非通力合作不能奏功而兩省督撫事權不一倘各存意見必貽悞事機所以
特派大臣總理者
聖謨至深且遠也今東南蹂躪之餘一切善後事宜不過經畫一二年便有端倪而海塘工程非用數年人力數百萬帑金不足以臻鞏固若因費之不充工之太鉅為苟且補苴之計歲修仍不下數十萬而塘工之能否無虞仍歸於不敢預必豈非以難得之財為無益之用乎論者謂大石塘工普律修復費須千萬亦因近日工料皆昂故為此說不知現在尚有舊築石塘與雍正年間之初次興辦者情形不同倘能熟計深籌次第修復費皆實用有五百萬金即可一勞永逸若欲驟集五百萬之巨款固屬不易而此則工非一時畢舉費亦可接續而來本年左　奏停浙江月解閩餉十四萬專留為塘工之用閩者為之感泣此款一年通計已將近百七十萬而浙省釐捐經左　蔣　認真辦理所入頗豐以前絲捐每包抽釐洋銀三元又加增一元最為巨款各善後事宜如省城之三處學宮上下各衙署及貢院書院各祠廟逐一修建如前以後用款日少而釐捐則有增而無減不以之修築海塘而僅屬望於捐輸能得幾何況省中設局太多時閱兩年有餘大可歸併善後一局便可節省無數閑費浙境軍務已完水陸留勇萬人一面操練本省額兵已足固疆圉而資脩禦聞蔣　之赴粵已將湘勇帶往餘存之客兵客勇亦不妨分別遣撤以節餉需通盤籌畫以一年釐金分作十成提出二成留充軍餉及尋常善後用度以八成專辦海塘期以三年次第興築亦已足數工用又況蘇松太當海塘之下游事同一體蘇省督撫臣尤宜通籌接濟更無不足之理所慮者任事之人耳不諳工程不習勞苦任令工料草率偷減帑項虛糜一可慮委用非人致不肖官紳罔利營私徒資中飽二可慮江浙大吏畛域太分不肯移緩就急彼此通融恐錢糧不能應手三可慮臣反復思維

惟有仰懇
皇上天恩特派廉明公正大臣前往總理督辦周歷
浙江江蘇海口有工處所相度修築新任督臣
吳　實心實力從不因難苟安其在清淮成效
可覩應令該督會同辦理總期慎選明白工程
諳練事機之廉潔官紳不辭勞瘁者分任其事
自然費省工堅蘇浙編氓永戴
皇仁於無既矣又調任督臣左　在浙較久塘工
尤所切念此次由閩赴甘可否
飭下該督如經由浙境即會同
欽派大臣查勘定議益臻周妥至撫臣所稱山柴難
運人夫難集然果議定有此臣款勘定全局工
程分別最要次要劃清段落先後舉行則一年
需料若干用夫若干皆有約畧數目可以預計
髮逆之擾並未運出山石竹木之料又能逐年
生長散勇難民即是人夫藉此亦可餬口且有
工可作遠者亦聞風而至臣以為經費但能敷
用諸事皆可籌畫思其艱以圖其易是在人之
不畏其難而已臣為東南大局關係南漕恐因
循日久則以工之四害必致日滋月盛益難措

施情急勢廹據誠上
聞伏乞
皇太后
皇上聖鑒再浙省每月撥解甘省要餉尚有地丁正
雜鹽課鹽釐及甯波關等稅款可動無須仰給
釐捐合併聲明謹
奏
再前經戶部議奏將海塘捐例酌量推廣內開
指省分發等九條酌減京外官捐翎銀數等八
條及軍務省分人員准於鄰近用兵省分捐升
改捐一條暫准由江浙收捐專辦海塘工料所
收捐項由浙江按季奏報等因行知在案今聞
自開例以來請獎甚遲皆緣當事者必待集有
成數方能詳奏以致延宕無期伏思招徠之道
固在於捐例之推廣尤貴於奏獎之按期捐生
挾貲而來皆思及時自効若遲之又久而始得
獎後至者未免望風不前於收捐難期踴躍現
當工需緊要可否
飭下該督撫無論捐數多寡每月奏獎一次由部核
准即頒發執照庶捐生益形鼓舞捐項易於湊

集於塘工不無小補也是否有當謹附片具
奏同治五年九月十三日奉
上諭侯補內閣侍讀學士鍾佩賢奏海塘關係東南
大局請派員督修以策萬全一摺前因御史洪昌
燕條奏海塘工程曾諭令動撥關稅特開捐例趕
緊興築茲據該學士奏稱此項工程非用數年人
力數百萬帑金不足以臻鞏固若為苟且補苴之
計歲費仍不下數十萬而工之能否無虞仍不敢
必所陳四害三可慮等情均尚不為無見著吳
於赴閩浙新任時便道先往海塘詳細查勘與馬
妥速籌商現辦土俻塘是否足資捍禦如必
須興築石塘應如何籌撥款項約期竣事該學士
所請於停解閩省月餉十四萬之外再提釐金八
成專辦塘工之處均着統籌全局酌度奏明辦理
蘇松太當海塘下游與浙省休戚相關如須通籌
協濟即着咨商該省督撫一體會籌興辦另片奏
海塘捐例請獎甚遲請飭每月奏獎一次由部核
准須發執照等語着照所請行原摺片均抄給閱
看將此各諭令知之欽此

撫院馬、　片奏
再擬辦海甯繞城石塘籌議甫定正具摺間九
月二十三日承准軍機大臣字寄同治五年九
月十三日奉
上諭侯補內閣侍讀學士鍾佩賢奏海塘關係東南
大局請派員督修以策萬全一摺前因御史洪昌
燕條奏海塘工程曾諭令動撥關稅特開捐例趕
緊興築茲據該學士奏稱此項工程非用數年人
力數百萬帑金不足以臻鞏固若為苟且補苴之
計歲費仍不下數十萬而工之能否無虞仍不敢
必所陳四害三可慮等情均尚不為無見著吳
於閩浙新赴任時便道先往海塘詳細查勘與馬
妥速籌商現辦土俻塘是否足資捍禦如必
須興築石塘應如何籌撥款項約期竣事該學士
所請於停解閩省月餉十四萬之外再提釐金八
成專辦塘工之處均着統籌全局酌度奏明辦理
蘇松太當海塘下游與浙省休戚相關如須通籌
協濟即着咨商該省督撫一體會籌興辦等因欽
此查浙省海塘為杭嘉湖蘇松太各郡保障關
繫極重臣雖至愚敢不盡力圖維前此捐修土

倫塘以免潮水內灌原係救急之法兩年以來
仰叨
聖主洪福浪靜波平民盡復業復於土塘之外將已坍石塘缺口搶築柴壩又於石塘之外添築柴埽以保未坍之石塘兼為土塘外蔽使潮水不致直浸土塘冀可稍資經久此柴壩與石塘相為依附並與土塘互相表裏者也且三防興辦柴壩道廳員弁督率夫役終日在工每遇大汛何處工程吃緊即刻併力堵禦既能保衛土塘並免斥鹵內浸即將來開辦石塘亦可將柴壩作為後靠層層保障更覺堅固臣通盤籌畫即將目前柴壩等工停止專辦石塘亦非用數年人力數百萬帑金不能竣事此數年中未坍之塘已缺之口豈能任其沖刷坍卸而不為設法保護是柴壩工程於未辦石塘之時固難延緩即既辦石塘之後亦難中止縱使歲費數十萬金寔與全塘不無裨益查以前石塘完固每年尚有歲修經費二十餘萬兩以備遇險搶築況現在石塘露底散裂掀拜者處處皆有若不隨時趕護勢必致於一律傾圮恐將來多費尚不祇數百萬也臣忝任疆圻開辦石塘之舉莫不時刻在念惟以現在時事固不能與雍正年間相提並論即較之道光年間亦有今昔之異浙省經費入不敷出早邀
洞鑒臣於春間將籌辦情形詳細具
奏皆屬實情非敢畏難苟且設此依違之論欽奉
前因除飭該道廳將未完柴壩埽坦照常興辦並俟新任督臣吳　到浙會同履勘統籌全局酌定辦法另行
奏報外謹先附片覆陳伏乞
聖鑒謹
奏同治五年十月十一日奏本月二十一日軍機
大臣奉
旨知道了欽此

臣吳臣馬跪
奏為會勘浙省海塘要工謹擬籌撥釐款分別最
要次要次第辦理情形恭摺覆陳仰祈
聖鑒事竊臣等先後承准軍機大臣字寄同治五年
九月十三日奉
上諭侯補内閣侍讀學士鍾佩賢奏海塘關繫東南
大局請派員督修以策萬全一摺前因御史洪昌
燕條奏海塘工程曾諭令勸捐闗税特開捐例提
緊興築兹據該學士奏稱此項工程非用數年人
力數百萬帑金不足以臻鞏固若為苟且補苴之
計歲費仍不下數十萬而工之能否無虞仍不敢
必所陳四害三可慮等情均尚不為無見着吳
於赴閩浙新任時便道先往海塘詳細查勘與馬
妥速籌商現辦土備塘是否足資捍禦如必
須興築石塘應如何籌撥款項約期竣事該學士
所請停解閩省月餉十四萬之外再提釐金八成
專辦塘工之處均着統籌全局酌度奏明辦理蘇
松太當海塘下游與浙省休戚相關必須通籌協
濟即着咨商該省督撫一體會籌興辦原摺着抄
給閲看等因欽此仰見
皇上垂念要工痌瘝在抱跪聆之下欽悚難名臣棠
於交卸漕篆後仰荷
聖恩賞假二十日回籍省墓即由原籍來浙於本年
正月初四日行抵杭州先將連年修辦塘工情
形詳加察詢即於初九日會同臣新貽輕騎減
從自仁和縣李家埠汛勘至海甯州境之尖山
止又自尖山勘至海鹽於十八日折回省城勘
得海塘自李汛五堡起至尖山止一百四十餘
里悉皆濱臨大海從前塘外間段尚有漲沙足
以擁護塘根現在南岸淤沙日寬有相距不過
數里者以致潮勢全趨北岸直迫塘身其西中
兩防所屬與上游諸山相近一遇陰雨連朝山
泉下注冲激尤為勁利臣等於潮汐來時親立
塘上詳加察看遠見海水自東南進至尖山以
内始行湧起潮頭直撲念里亭汛折而至南復
又北趨電掣星馳倏忽百數十里漲水至一丈
數尺其間以念里亭翁家埠及李汛之九十十
一十二等堡最為迎潮喫重之處就通塘形勢
而論西防受山水洩淘之患東防受海潮排擊
之患中防則兼受江海交激之患此現在海潮

趨向之大概情形也至塌損工程叅查三防原建石塘一萬七千二十二丈現在原續坍缺口四千四百九十六丈六尺四寸搊裂外拜石塘二千二百十九丈二尺二寸其現辦海甯繞城石塘坍缺搊拜各工折寔二百六十七丈一尺七寸不在其內原建埽工並柴塘一萬二千八百五丈三尺八寸盤頭二十九座現在塘外埽工及盤頭均已無存原建頭二條石坦及塊石坦一萬一千六十四丈二尺現在間有存留三防土偹塘均尚一律完整其尖山以下塩平兩汛計潑損石塘共長一百八十七丈三尺潑損土塘共長五百五十三丈五尺柴工十八丈此工段坍損之寔在情形也現做柴埽工程自四年二月興工後經臣新貽飭令前杭嘉湖道蘇式敬段光清陳璚先後常駐工次督率廳汛委員核實經理截至現在止已堵缺口二千二百五十八丈六尺四寸計越築柴壩二千九百五十七丈五尺均係層土層柴視地段之平險分別垻面之寬窄自數丈起至十餘丈不等以一丈六尺至三丈以外長樁由三坯至五六坯分次碱釘每丈用柴数百擔至一二千擔不等總以堅實為度不任稍有草率其外埽埽坦等工做法亦復相同計已成埽工埽坦坍土子塘行路共四千七百二十四丈五尺至海甯繞城石塘於上年十月初六日興辦初僅勻撥樁架二十副現在設法招募增至四十餘架惟斷樁沉石逐段皆有一丈之地淘拔輒須十數日方能施工且臨水築做潮來即須停止截至現在止約成石塘二成有餘坦水不過一成其向來砌法九層以下不用錠鋦今因脫卸塘工多屬底層先裂概自第二層起間層每丈扣砌錠三個五分鋦三個面石一層扣砌錠十六個較原辦每丈酌加錠二十二個加鋦十個以期石勢聯絡並因近水做工一日兩潮灰漿未乾每多滲脫用嚴州所産之蔦蘿擣浸和灰叅以米汁層層灌砌復於臨水一面用桐油蔴絨仿照艌船之法加工艌縫此現辦石塘較之歷辦章程格外講求之實在情形也臣等伏查浙省海塘為江浙六府州民命餉源所繫有關於東南大局者甚鉅誠如鍾佩賢所陳非尅期修復石塘不

足以資捍禦惟查歷屆興修塘工從未有至數千丈之多其時集料僱夫易於措手又非兵燹之餘所能比擬臣新貽前將種種為難之處縷晰奏陳均屬實在情形未敢於
聖主之前稍有欺飾此次周歷塘次會商熟籌石塘係屬至要之工而蒇功難以迅速且此時潮勢北趋山泉洩刷斷非此一線石塘所能支拄外而柴埽坦水內而坿土埝工均屬缺一不可若同時並舉是徒博興辦之虛名而並無程功之速效惟有籌定專款分別最要次要次第辦理則有條不紊庶幾日計不足月計有餘查中東兩防所屬缺口尚有二千二百三十八丈未經堵合近兩年來惟賴已成之土備塘以禦潮汐一經沖決則下游各州縣又成斥鹵萬不足以久恃是目前所辦堵禦缺口之柴壩實為最要次則現存之石塘若不設法保護之則海潮晝夜嚙漱勢必東修西塌終無了期必得趕鑲外埽建復坦水以為重門之障能多保一丈之舊塘即節省一丈之新工此又次要工段中之不可從緩者然後酌形勢之重輕定興工之先後將全塘石工接續修復庶潮水早資抵禦舊工不致多坍斯蒇事可期有日矣臣等約畧綜計以上各工非用七八百萬帑金竭十年人力不能告厥成功連日與在省司道公仝籌畫閩餉現雖停解而上年已增新撥之款本無所謂月存十四萬之數釐捐一項上今兩年將坐賈酌減五成進款已絀於前內如本省防勇新兵甘肅雲貴各協餉織造月撥紅單船口糧及善後各務無不取給於此亦不得不兼籌並顧而蘇省協濟一層臣棠前與李鴻章等商之江省現在捐挑瀏河無暇顧及又復無可指望現擬於絲捐及鹽貨各釐內每年撥定銀八十萬兩並佐以海塘捐輸專備塘工之需按月按數提存不准挪移別用此時僅辦柴工無需用此鉅款即以每歲所餘之項採辦石塘新料撈取舊石約計柴工年餘竣事則石工料物已可集有成數接手興修亦不致有減工待料之慮倘以後軍務戡平外撥之款可以從省民氣漸復人夫樁架可以踴躍或能無待十年得覩厥成是則存此希冀之心而不敢預必者也至於現辦柴

垻目前原為堵禦缺口而設將來定築塘基或在柴垻之內或仍須臨水築做由臣新貽隨時相度形勢酌定
奏明辦理則柴垻即可作為外埽內槖之用並不多費其尖山以東盤平兩汛潑損工段容隨時酌量修復以固全塘臣新貽惟當督飭在工各員視如家事各矢慎勤程功不厭其精求用款務歸於核實仍一面設法招徠多集夫料以期早辦一日早紓一日
宵旰之廑仰副
皇上軫懷民瘼之至意所有會同勘籌海塘工程緣由理合聯銜由驛恭摺覆陳仰祈
皇太后
皇上聖鑒訓示再臣崇於拜摺後即由浙起程赴閩合併陳明謹
奏

再浙江海塘工程籌費不易經理苟不得人則虛糜即不能免臣到浙後詳加察訪撫臣馬於塘工事宜盡心擘畫不時單騎赴工講求指示在工員弁無不懍服其未能早辦石工之故委因費鉅工煩夫料難集且此時之所最要者莫如先堵缺口以禦海潮並非為苟且補苴之計實係先其所急也惟工程浩大必得熟悉塘務人員以資指臂查有前杭嘉湖道陳璚人甚明幹聞其駐工年餘暑雨祁寒皆能黽勉從事該員來謁之時詢以潮汐情形工程做法均能明悉尚係實心任事之員昨經前督臣左遵
旨查參以同知降補業已交卸原片言其辦理塘工亦稱勤慎可見左　亦並不沒其勞也現在興辦要工之際正當吃緊而熟手之人更不可多得可否仰懇
天恩准將陳璚仍留浙江辦理塘工交撫臣差委如果始終誠謹再由臣會同撫臣馬　隨時
奏懇
恩施臣為要工得人起見謹坿片具陳伏乞
聖鑒謹
奏同治六年正月二十五日奏二月初六日軍機
大臣奉
旨另有旨欽此仝日奉

上諭吴　馬　奏遵勘浙江海塘要工籌撥款項分别工程辦理一摺浙江海塘工程浩大值此經費支絀之時若一時悉行興辦必至有名無實自應循照舊章分别最要次要次第辦理吴　等以堵築缺口之柴壩為最要保護殘損石塘為次要擬每年撥定銀八十萬兩佐以海塘捐輸次第興修此亦就目前情形而論惟所築柴壩趕鑲外埽建復坦水各工不過暫時堵禦潮汐將來仍需興建石塘馬　當通盤籌畫使現辦各工堅實穩固石塘興建後即可以保護塘身則此次辦理各工錢糧不至虚糜而於將來有益若衹為目前一時之計則日後興建石塘仍須多費帑項未免漫無規畫馬　既知以十年為期諒能籌畫及此海甯塘工現在只辦有二成馬　飭令酌加錠鋦自當益臻堅固開道光年間帥承瀛在浙江巡撫任内修理海塩石塘最為精密歷久不壞即着飭令在工各員仿照辦理倘此次海甯塘工辦理不能經久必將承辦各員賠修治罪決不寬貸海塘用款雖繁歷届辦理銀數皆有案可稽現即工料較昂何至七八百萬該督撫等不可任聽屬員張大之詞稍存畏難之心是為至要吴　另片奏降調道員陳璚請留浙差委等語陳璚人既明幹着准留於浙江辦理海塘工程交馬　差遣將此由四百里各諭令知之欽此

臣馬　　跪

奏為修復民築塘堤援案給款興辦恭摺奏祈
聖鑒事竊照海甯州迤東大小山圩及頭二圩塘堤
前因賊擾失修閒段坍卸上年秋潮泛湧異常
各該圩堤復被沖決海水內灌田廬被淹即據
該州暨東防廳倫先後詳稟到臣當經飭局委
員飛速會同該州廳倫酌撥料物先行搶堵以
保田廬一面飭委駐工之前任杭嘉湖道陳璚
親往查勘去後嗣據勘明該處坐當南潮頂沖
自小尖山起至大尖山止小山圩碎石塘工長
三百六十八丈又大尖山至鳳凰山止大山圩
碎石塘工長七百八十八丈又鳳凰山至望夫
山止土圍工長九百八十餘丈內有碎石堤工
長三百丈撙節估計需用樁木一萬餘根石價
經費錢三千三百串各該圩向係民築工程現
因情形喫重難以緩辦且兵燹之後民力實有
未逮議由省局如數籌撥樁木石價飭發該州
轉給該圩紳耆承領趕緊修復以衛農田經塘
工總局司道核明呈請具
奏前來臣查海塘通志內載該處碎石塘堤曾於
乾隆十三年間
奏准給價興辦迨道光十六年及咸豐八年兩次
被潮沖坍均經援案給款修復有案今該處應
築圩堤既因民力未逮自應酌給興築以恤民
艱所估經費亦無浮濫　　仰懇
天恩俯准援案給款修築以保生民除飭該司道等
督率該州紳耆領項趕緊照估修築務須工堅
料實足資抵禦工竣照例驗收取具承辦保固
報銷冊結圖說另行請銷外謹將援案給款修
復民築圩堤緣由繕摺具陳伏乞
皇太后
皇上聖鑒謹
奏同治七年閏四月初一日奏　月　日軍機
大臣奉
旨著照所請該部知道欽此

臣馬　　跪
奏為恭報撤臣交卸撫篆日期並附陳經辦事件
分别已竣未竣繕具清單恭摺具
奏仰祈
聖鑒事竊臣仰蒙
恩命陞補閩浙總督新任浙江撫臣李　　於閏四
月初二日抵浙任事臣當於是日交卸訖伏查
浙省行政大端如江海塘工農田水利兵制戰
艦諸務均經臣先後
奏明開辦至於積儲為民生所繫兵燹以後尤未
敢視為緩圖臣蒞任三年將以上各事督率司
道竭誠圖維期於諸廢漸舉終因限於才力未
能一律完竣現值交替之際補偏救弊尚須重
賴經營新撫臣李　　係臣舊識深知其沈毅
有為虛公無我必能斟酌損益次第告成除詳
細晤商分别籌辦並將交卸日期恭疏
題報外所有經辦事件理合繕具清單恭呈
御覽伏乞
皇太后
皇上聖鑒再臣拜摺後稍為部署即當束裝北上合
併陳明謹
奏
計開
一海塘情形除西中兩防柴垻及海甯繞城石
塘均已奏報完工外截至四月底止東防柴
垻未辦者尚九百餘丈西防埽工埽坦未辦
者亦九百餘丈中防埽工埽坦未辦者一千
一百餘丈核計原估工段已辦七成以上如
夏秋潮汐平穩不致再有蟄陷之處本年當
可趕辦完竣西防石塘自開辦以來日夜趲
築鳳在育黎等號盤頭兩座業已完工十堡
大衆頭亦經下底十四堡律呂調陽等號石
塘樁木已釘齊七十丈安砌條石至八九層
不等辦理尚屬迅速現在樁木雜物均已齊
集惟條石需用甚多採辦不敷應俟新任撫
臣督飭委員設法購辦以免停擱
同治七年閏四月初二日奏　月　日軍機
大臣奉
旨知道了欽此

臣李　跪
奏為巡閱海塘工程情形現仍督飭趕辦恭摺具
奏仰祈
聖鑒事竊維浙省海塘工程為下游列郡田廬保障
關繫至重臣到任之初未能深悉情形當即詳
細面詢前撫臣馬　　略知梗概適值陰雨連
旬山洪暴漲臣深慮新築柴壩埽坦或有蟄陷
當即飛飭該管道督率廳備隨時搶護幸保無
虞一面將應辦要事稍為料理即於五月十一
日出省率仝署杭嘉湖道杭州府知府譚鍾麟
前任杭嘉湖道陳璚候補道林聰彝沿塘履勘
自李汛至尖山計程一百五十里三防原建石
塘一萬七千餘丈坍塌者四千四百餘丈均築
柴壩以堵其缺中西兩防業已工竣東防缺口
未堵者尚九百餘丈該處潮勢稍緩不致漫溢
現飭廳備趕緊搶築年內可以完工新築海甯
繞城石塘一律完整惟二坦竹簍因潮汐沖激
間有潑損責成在工員弁隨時修補以固頭坦
至西防開辦石塘釘樁已及百丈砌石層數過
半而採辦石料樁木均屬維艱工匠又祇此數
約須一年以外方能蕆事臣查前撫臣馬
在任數年於塘工一事竭力經營先挑土塘以
禦潮汐旋築柴壩以堵缺口茲又開辦石工以
垂久遠實已籌畫盡善臣惟有循舊督飭在局
在工各員分任其事寬籌經費趕集夫料照常
興辦俾得早日完竣以副
聖主軫念海隅蒼生之至意惟石塘全恃外埽坦水
以護其根現在西中兩防舊塘趕築柴坦尚有
未竣工二千丈而翁汛以東埽坦無存塘身孤
立擬俟西防最要石工做有眉目一面購辦料
石接續興辦一面抽撥工匠夫役趕將東防坦
水八千餘丈先行建復庶幾得保一丈舊塘即
可省卻一丈新工此外盤平兩汛土塘少有蟄
陷已據杭防道勘估委員堵築其拗裂石塘當
俟三防工竣次第興修臣勘畢後於十五日回
省瞬屆伏秋大汛潮汐盛旺塘工尤為吃重除
嚴飭杭防道督率廳備弁兵認真巡防隨時保
護毋稍疏忽外謹將臣查勘塘工情形及照常
趕辦緣由恭摺具
奏伏乞

皇太后
皇上聖鑒訓示謹
奏同治七年五月二十四日奏　月　日軍機
大臣奉
旨知道了欽此

臣楊　跪
奏為履勘三防塘工大概情形現仍分飭趕辦恭
摺具陳仰祈
聖鑒事竊浙省海塘自同治四年起各前撫臣次第
經營先築柴壩堵塞缺口隨即擇要開辦石塘
並於舊塘露底處所趕做柴坦石坦以資保護
均經
奏明在案臣在藩司任內雖不能常時往看而會
辦總局隨時留心情形頗悉去年秋冬潮汐甚
旺各處埽工不無潑損瞬屆春汛亟應先事防
範因於啟篆後將諸事畧加清理即於正月二
十八日赴塘率仝督辦塘工總局候補道馮禮
藩前任杭嘉湖道陳璚逐段履勘西防石工已
經一律完竣坿土亦鋪填齊整工程尚為堅寔
外面舊修柴壩盤頭間有數處潑損該廳偹正
在趕辦拆修加鑲可以無虞接修中防石工已
釘樁百五十餘丈安砌百二十餘丈約計二三
分工程惟翁汛大口門灣環迎潮高堤揷入海
中當面受沖為最險要之區現飭或作外幫或
辦柴坦擁護塘根翁家埠以東亦間須修補而

大段尚屬穩固東防戴鎮兩汛石坦自去秋開工起已安砌者九百餘丈釘樁未砌者六百數十丈因工段綿長臨水施工潮來即須停止急切尚難蕆事東塘柴壩七年臘月一律完工嗣因塘脚積沙漂去塘身間有游走隨修隨矬亦所不免且海中新漲沙洲潮分兩道而來一始南趨忽折而北謂之南潮一由東沿塘而西謂之東潮兩潮相遇於念里亭一帶聲勢猛烈柴壩尤為吃重已滿限者固多坍卸未滿限者亦有傷損臣已飭令趕緊備料集夫應拆修者即日拆修應加高者速行加高用資抵禦又尖山塔山之間向有橫壩一道長二百丈乾隆年間百計而後成之現由尖山以至陳家塢石塘屹然無恙皆此壩之力也惟年久失修塊石散落塘身日就低薄亦應設法培修以免疎虞此三塘工程之大概情形也臣維石塘缺口以東中兩防為多缺口之大者以翁家埠念里亭兩汛為最而急修新塘必須先保舊塘現在西中兩防柴坦業已辦齊東防戴鎮二汛又辦石坦一俟東防坦水辦全舊塘根脚可固藉免續坍惟各處小缺口雖以柴壩堵塞而剛柔不洽接筍處不能聯絡潮汐冲刷柴工不能持久尚可隨時黏補條石坍卸在所時有今日見為十丈者逾數月而已加寬數尺合百餘處缺口計之一年内增出之工又復不少臣擬俟翁汛石工報完後即接辦東防先將各處石塘小缺口補齊再辦念里汛大缺口石工此外盐平兩汛土塘間有坍損經前撫臣李　隨飭補修現尚無險工遂於本月初二日旋省除寛籌經費督飭各委員上緊辦理並隨時親往查看外合將履勘塘工大概情形坍驛馳

奏伏乞

皇太后

皇上聖鑒訓示謹

奏同治九年二月十八日奏是月三十日軍機大

臣奉

旨知道了欽此

撫院馬　片

奏再查續纂海塘新志内開道光十四年十二月
二十四日内閣奉
上諭烏爾恭額等奏塘工外銷銀款請照例核扣一摺浙江海塘現在興辦大工設立總局所有在局在工各員並官弁兵丁一切薪水盤費口糧及局書紙張飯食需費浩繁俱應酌量支給着照所請准於工員所領工料銀内每兩另扣平餘銀二分造報戶部此外循照向例通扣五分仍以料銀内所扣一分二釐解歸工部充公其餘銀兩作前項在局在工例外支銷之用此項外銷銀兩向不報部此次仍照舊章着免其造册報銷該部知道等因欽此欽遵在案伏查此次設立總局分局開辦東中西三防柴垻鉅工所有在局在工各員並官弁兵丁一切薪水盤費口糧及局書紙張飯食所需公費核與道光十四年間更屬繁多自應照案於工料銀内每兩扣平餘之銀二分造報戶部此外另扣五分仍於銀料内劃出一分二釐解交工部充公其餘銀兩概行留作例外支銷之用此項銀兩向不報部應請援案准免造册報銷以符成例據該局司道具詳前來
謹附片陳明伏乞
聖鑒謹
奏同治六年十一月二十四日奏十二月初四日
軍機大臣奉
旨覽欽此

臣馬　　跪

奏為酌擬保護西中兩塘已竣柴壩外埽盤頭各工善後歲修章程開列條款恭摺奏祈
聖鑒事竊查浙省海塘工程為江浙數郡農田保障最關重大前因兵燹之後各前撫臣先後勘明失修坍缺情形議築柴壩堵塞缺口併趕修外埽盤頭各工經臣歷次親督勘辦已將搶築完竣工段丈尺開單具奏奉
旨該部知道單片併發欽此其應如何設法保護之處另行酌定詳辦在案茲據塘工總局司道酌擬保護西中兩塘已竣柴壩外埽盤頭各工善後歲修章程七條詳請具
奏前來臣復加查核逐一釐定開列清單繕摺具
奏伏乞
皇太后
皇上聖鑒訓示謹
奏

謹將酌擬保護西中兩塘已竣柴壩外埽盤頭各工善後歲修章程七條敬繕清單恭呈
御覽

一西中兩塘已竣柴壩仿例保固以專責成也查海塘修築各工保固均有例限此次興築柴壩俱屬搶險工程例載並無保固若任其漫無限制難免失於疎虞況工段多至二千餘丈用款多至數十萬兩購辦料物支發銀錢雖由總局派員經理其勘估修築仍係各廳備承辦應請仿照埽工成例各按完工先後報經驗收之日起扣足二年責成各廳備出具保固印結如固限滿後遇有沖激矬陷方准該廳備稟請勘估另案辦理庶事有專責於塘務寔有裨益

一歲修經費宜籌撥專款也查海塘歲修銀兩初因鹽課引費不敷工用請撥地丁向無一定之數自道光五年
奏定每歲不得過十五萬六千兩西防額支十萬六千兩專修柴埽其餘五萬兩為東防歲修坦水之用嗣因西防汛地計長九千二百四十餘丈防護難周於道光三十年劃分三千五百六十丈添設中防同知一員管理其丈尺既未加多即歲修毋庸另議今西中兩防

已竣柴盤頭一座柴垻埽工裹頭共三千五百餘丈又西防頭堡西晪字號起至五堡得字號止尚有舊柴埽工二千丈為時既久不無潑損年來雖加高面土填補行路而塘根淤沙漸被山潮二水冲刷每當春夏之間雨多水漲時有漫溢之虞不得不加意防護以期周妥擬自同治七年始將此段工程歸入西中兩防歲修補築合新工共長五千五百七十四丈四尺以道光五年之案核計銀數每年應籌歲修銀六萬三千九百四十餘兩以備工用惟從前歲支銀兩經費兵燹後一概無存目下浙省惟釐金一項尚可劃撥應請按年撥銀六萬五千兩存儲藩庫備用俟地方元氣漸復再籌別款為久遠之資

一搶護險工應隨時勘估趕築也查浙江海潮勢如排山倒峽若值大汛又遇颶風潮即湧高數丈激漫上塘若淋雨過多巖嚴山水陡漲又復洩刷塘根年來南岸沙塗日寬一日佔海幾至十分之八南漲北坍勢所必然無論山水潮水近皆薄塘而過目擊情形寔較從前倍多危險今西中兩防已竣柴垻埽坦等工除保固限內責成工員遇有應修之處隨時修理外其或限滿之後雖該管廳備督飭弁兵分段巡查如遇伏秋大汛難保無潮勢洶奔山流激駛猝遭蟄陷人力難施之工必須立即搶護以防冲決內灌應由廳備刻即稟請杭防道履勘確估一面請款趕築一面詳請具

奏俾得化險為夷始終鞏固

一已竣柴埽各工責成廳備加意防護也向來新工驗收後承辦工員即留丁屬任守及二年保固限滿例應杭防道每月巡查一次廳備按十日巡防一次然皆奉行故事不過諉交弁兵分段看管或有損動稟報往返需時往往噬臍莫及現在西中兩防埽工尚未完竣且在開辦石塘之際杭防道暨各廳備均應常川駐工隨時稽察不得以保固限滿專交弁兵相習懈玩貽悞要工該管廳備督飭弁兵於新工塘面照例間段堆積土牛如遇面土滲漏低窪隨時填補免致因小失大又

每年每兵仍循例種柳一百枝以期盤根入土而固塘基其舊塘空地無柳之處亦飭一律補栽果能如數種活即由該廳備等酌量奬賞倘有違悮責革示儆以免曠廢

一歲修領銀不得扣減以歸實濟也查海塘修築給放錢糧向由藩庫發至杭防道庫由道庫發交廳備承辦胥吏既多經手弊竇從此而生現在設局辦公均由司道遴選委員採辦撙節核實領支胥吏既難舞弊丁幕亦不預謀嗣後每年歲修領款統由總局核給併無外銷公費除部飯照章核扣平餘外不得絲毫扣減其從前規費概行刪除庶幾工歸實濟用不虛糜矣

一歲修柴木宜早籌備以應急需也查塘柴産自建德桐富諸山樵採每在農隙故春夏之交刀工甚少斫運無多往往不敷工用至樁木則衢嚴一帶及皖省徽州所出水淺不能趲運盛漲又難成排工需緊要斷非咄嗟所能猝辦若俟用時始行購採則沖刷益深必至緩不濟急且各項工程果能有缺即補有殘即修亦可費半而功倍茲擬各工在保固限内責令工員自行辦理其在保固限外者應飭該管廳備查照應用各項物料預備十分之一二堆積兩塘適中處所遇有殘缺隨時補葺其所需料價先於歲修項下預支俟用時由該管廳備稟請杭防道履勘核實估計詳請復勘飭辦仍按銀數五百兩上下分别

奏咨辦理似此有備無患庶免臨時周章及山户木客居奇之弊

一西防十二堡已竣柴盤頭應加拋塊石以期鞏固也查西防律歲字號新建盤頭一座於同治六年五月完工原辦係屬層柴層土多用長大樁木扞釘堅固未及加拋塊石嗣經復勘該處正當潮汐頂沖山水洄激之區晝夜淘刷現查盤頭之外水深溜急形勢實爲危險轉瞬春汛屆期潮勢日盛一日必須加拋塊石以護塘脚庶幾可期穩固除飭提派委員多辦塊石運工備用外惟此項盤頭前已奏報完工此次續請加拋塊石所有動用

銀兩應俟東防柴壩及西中兩防外埽各工
一律完竣後分別造報
同治七年正月二十六日奏二月初九日軍機
大臣奉
旨依議該部知道單併發欽此又清單内仝日奉
旨覧欽此

臣楊　　跪
奏爲酌議三防柴石各工歲修銀兩繕單恭摺具
奏仰祈
聖鑒事竊照浙省杭州府屬西中東三防海塘各工
前因年久失修塘外坦水柴埽盤頭裹頭大半
坍没塘内坿土等工逐漸矬陷以致石塘間段
潰缺節經各撫臣
奏准興辦計自同治四年二月間興工以來所有
先後辦竣柴壩埽工埽坦盤頭裹頭併海甯繞
城石塘坦水石堵等工丈尺業經分起截數
奏報各在案經總局司道查明前項完竣各工均
當山潮會激之區其保固限内冲損照例責令
廳備賠修其固限已滿後必須歲時修葺免致
矬損所需歲修銀兩亦宜預爲籌定以備應用
除西中兩塘境内先竣各工上届已議定歲修
銀六萬五千兩外其西中兩防續竣各工併東
塘搶築柴壩等工及繞城坦水石堵盤頭等工
應籌歲修前經查照海塘新志原額銀數分別
確定由總局司道核明開摺呈請具
奏前撫臣李　未及核辦移交前來臣覆核無

異合將酌議三防柴石各工歲修銀兩開列清
单敬呈
御覽謹恭摺具
奏伏乞
皇太后
皇上聖鑒訓示謹
奏
謹將西中東三塘先後辦竣柴石各工丈尺籌
定歲修銀数繕具清单恭呈
御覽
一西中兩塘續竣各工業經撫臣李　開单
奏報在案其已滿固限之工自應籌添歲修額款
以資辦理查續纂海塘新志内開海塘歲修
經費於道光五年
奏定不得過十五萬六千兩西塘額定銀十萬六
千兩專修柴埽其時尚未劃分中防而中防
工段即在其内其餘五萬兩為東塘坦水歲
修經費上屆該兩塘辦竣柴盤頭一座柴壩
埽工埽坦裹頭等工三千五百七十四丈四
尺又西塘西映字號六丈起至西得字號二
十丈止舊柴埽工一千九百八十六丈歸併
該兩防歲修補築合共工五千五百六十丈
四尺自同治七年為始以道光五年之案核
計每年籌撥歲修銀六萬五千兩在案今該
兩塘續又辦竣柴盤頭一座柴工埽工埽坦
及西萬化場三號後竣埽工共四千一百七
十五丈五尺其歲修除已定先竣各工銀六
萬五千兩外尚應湊撥銀四萬兩始符定額
應自同治八年七月為始添銀四萬兩為該
兩塘續竣各工限外歲修之用至致雨等號
大龍頭及壩外埽坦亦應另籌歲修銀兩不
在此十萬五千兩之内
一西塘致雨等號所建大龍頭一道共計工長
一百五十二丈壩外加築埽坦一百三十六
丈其工段新列虹堤永慶安瀾六字號已由
杭防道詳請咨明在案查該處坐當迎潮大
龍頭挺立中流原期挑溜開行杀對岸南沙
日寬潮汐逼近埽工漲沙淘刷盡净埽前水
深至三丈左右不等每遇大汛潮頭撞潑激
起狂瀾而洄溜漩吸内外交冲較之他處柴

垻盤頭裹頭各工尤屬異常吃重其工段常時坍陷勢難照例間年修葺必須跟接修築因此歲時修費加多若拘定前定歲修十萬五千兩之數此段工程亦在其内實難敷用必須另籌專款擬自同治八年起於前定十萬五千兩之外每年另籌歲修銀二萬兩專備大龍頭柴垻護埽之用俾得隨時搶修永保堅固庶足抵禦

一東塘觧殘柴垻盤頭等工截至七年十二月底止業經撫臣李　開单

奏報在案其已滿固限各工歲修應籌專款以資應用查新志内開東塘埽坦等工歲修每年原額銀五萬兩嗣又添撥鹽餉銀五萬兩共銀十萬兩專修埽坦各工復於節省項下撥銀二十萬兩發商按月一分生息每年應銀二萬四千兩為石塘歲修之用今該塘觧殘柴垻三千一百七十九丈七尺四寸除繞城柴垻三百三十一丈已建復石塘坦水另案籌撥歲修外其餘柴垻二千八百四十八丈七尺四寸柴盤頭一座按照該塘原額銀數核計每年應籌撥歲修銀三萬八千兩自同治八年為始至八年正月後續殘工程歲修俟截數奏報後再行另案籌撥並仍合此案銀數按照丈尺座數牽勻派用

一東塘海甯繞城石塘等工節省銀三萬一千兩前經

奏明發商生息每年約銀三千兩以備歲修坦水盤頭之用接准工部咨以此項節省銀兩每歲生息若干先行造冊送部備查至按年歲修動用若干先行奏報各等因其節省銀兩業由藩司衙門飭發紹屬各典承領按八釐輸息造具冊結詳咨惟此項銀兩發商生息每年不足三千兩坦水尚不敷用何論盤頭似不得不另行籌撥幷任撫臣馬　所稱三萬一千兩生息以備歲修坦水盤頭之用係謂息銀為歲修項下之一款非謂坦水盤頭得息銀三千兩而已足也兹查新志東塘歲修坦水每年額銀五萬兩柴埽盤頭石塘每年額銀七萬四千兩今雖款項無着其數可約略議定擬以繞城坦水石堵盤頭歲修

為一案以清眉目除節省生息之銀約三千
兩外應再按年另籌撥銀六千四百兩以三
千一百兩併同息銀三千兩為坦水石塘限
外歲修之用自同治十年為始其餘三千三
百兩為三座盤頭限外歲修之用則以同治
八年為始此係查照新志數目酌定仍留將
來續竣各工歲修地步
一海塘歲修從前原有定額銀款經兵燹後一
概無存上屆西中兩塘籌備歲修銀兩係於
釐金項下動支現在所定前項各歲修除發
商生息一款外其餘銀兩仍援案由牙釐總
局於釐金項下按年分別撥解藩庫存儲以
備應用俟浙省元氣漸復再另籌別款為久
遠之資至已籌歲修銀兩該管廳備務當核
實辦理不得以歲有額款浮冒請修總須歲
有盈餘以期撙節前項歲修銀兩每年動用
若干仍按年核寔
奏報以重工需
同治九年二月三十日奏四月初三日軍機大
臣奉
旨該部知道單併發欽此又清單內同日奉
旨覽欽此八月初三日准
工部咨開為浙江海塘工程酌議三防歲修銀
兩應示限制仰祈
聖鑒事都水司案呈內閣抄出署浙江巡撫楊昌濬
奏浙江杭州府西東中三防海塘各工應籌歲
修銀兩分別開單具奏一摺同治九年四月初
三日軍機大臣奉
旨該部知道單併發欽此又具奏清單內同日奉
旨覽欽此欽遵抄出到部查單開西中兩塘辦竣柴
盤頭一座柴垻埽工埽坦裹頭等工三千五百
七十四丈四尺又西塘西映字號得字號至舊
柴埽工一千九百八十六丈歸併該兩防自同
治七年為始每年籌撥歲修銀六萬五千兩續
竣柴盤頭一座柴工埽工埽坦及西萬化場三
號共四千一百七十五丈五尺自同治八年七
月為始添銀四萬兩為歲修之需西塘致雨等
號大龍頭一道工長一百五十二丈垻外加築
埽坦一百三十六丈其工段新列虹堤永慶安
瀾六號自同治八年起每年另籌歲脩銀二萬

兩東塘辦竣柴壩二千八百四十八丈七尺四寸柴盤頭一座籌撥歲脩銀三萬八千兩自同治八年為始至八年正月後續竣各工另案籌撥東塘繞城坦水石埽盤頭歲脩為一案籌撥銀六千四百兩以三千一百兩併同息銀三千兩為坦水石埽歲脩之用自同治十年為始其餘三千三百兩為三座盤頭歲脩之用則以同治八年為始仍留將來續竣各工歲脩地步等語臣等查該省塘工尚未一律告竣所籌歲修銀兩已及十七萬二千四百兩之多若俟全塘蕆事尚須陸續添撥勢必為數更多當此制用艱難之際豈容漫無限制相應請

旨飭下浙江巡撫將海塘歲修經費通盤籌畫每塘應需若干全塘共用若干開具簡明清單送部核辦不得陸續增添另立名目以滋冒濫務須比較從前歷年辦理歲修之數有減無增方足以昭覈實而資撙節該工員設有防護不力隨時指名嚴參毋稍廻護臣等為慎重工需起見是否有當理合恭摺具

奏伏乞

聖鑒訓示遵行為此謹

奏請

旨同治九年五月二十日具奏即日奉

旨依議欽此

同治十年九月十七日准

工部咨為咨行事都水司案呈准浙江巡撫楊昌濬咨稱據督辦塘工總局司道詳稱准部咨署浙江巡撫楊昌濬奏浙江杭州府西東中三防海塘各工應籌歲修銀兩分別開單具奏一摺查該省塘工尚未一律完竣所籌歲修銀兩已及十七萬二千四百兩之多若俟全塘蕆事尚須陸續添撥為數勢必更多當此制用艱難之際豈容漫無限制相應請

旨飭下浙江巡撫將海塘歲修經費通盤籌畫每塘需用若干全塘共用若干開具簡明清單送部核辦務須比較從前歷年辦理歲修之數有減無增以昭核寔而資撙節查海塘歲修經費綜計東西兩塘歲修先後額定銀二十三萬兩現在請撥之西中兩塘先竣柴盤頭柴壩埽工埽坦裹頭歲脩銀六萬五千兩續竣柴盤頭柴工埽工埽坦歲脩銀四萬兩東塘先竣柴盤頭柴壩歲脩銀三萬八千兩海甯繞城頭二坦水石堵柴盤頭歲修銀九千四百兩均係考核志載舊額銀數按照所竣工程丈尺均匀派定至另籌西塘大龍頭等工歲脩銀二萬兩該工係屬新添所需歲脩自應於原額之外另請籌撥至東塘工程現尚次第建復其歲脩銀兩應於全工告竣再行隨時核案詳請奏明添撥以符定額列單咨部查照等情相應咨明等因前來查浙江海塘工程前據該撫奏報已竣柴壩等工籌撥歲脩摺內經本部令將海塘歲脩經費通盤籌畫每塘需用若干全塘共需若干開具簡明清單送部核辦不得陸續增添另立名目務須比較從前歲脩之數有減無增行知該撫遵照奏章辦理在案茲據咨稱現在請撥之西中塘先竣各柴工歲修銀六萬五千兩續竣之柴工埽工埽坦歲修銀四萬兩東塘先竣柴壩柴盤頭歲修銀三萬八千兩海甯繞城頭二坦水石堵柴盤頭歲修銀九千四百兩均係攷覈志載舊額銀數按照所竣工程丈尺均匀派定未敢漫無限制自應准如所咨辦理嗣後全塘告竣務須按照額定歲修銀數均匀籌撥不得有逾原額以符舊章而昭核寔又稱西塘大龍頭工程係屬新添所需歲修應於原額之外另請

籌撥銀二萬兩等語查西中兩塘准銷冊内所開西塘大龍頭柴垻埽坦工程用銀六萬數千兩而請定歲脩每年乃至二萬兩之多殊屬冒濫且另立名目與本部奏案不符礙難率准相應行文浙江撫臣查明聲覆再行核辦可也

同治九年二月二十四日准

工部咨開都水司案呈准浙江巡撫李　咨稱據塘工總局詳稱西中兩防搶築埽坦係新建名目向無保固例年前經仿照埽工保固兩年造具冊結圖說詳請題銷在案惟查埽工保固兩年其做法底寬三丈至二丈四五尺面寬二丈四五尺至二丈高二丈至一丈七八尺不等釘底腰面樁三皮今新建埽坦做法底寬二丈面寬一丈四五尺高一丈四五尺不等釘排樁一路其高寬丈尺柴木夫土與埽工大相懸殊且坦身低窄勢難與埽工並持前經仿照埽工保固似無區別設有沖損該管廳備有所藉口轉致貽悞自應另為議定新建埽坦請照埽工例限酌減一半定以一年限内沖損仍令廳備照例賠修咨部立案示覆等因前來查浙江省西中兩防新建埽坦工程前據浙江巡撫照埽工例限題銷業經核題在案今據咨稱埽坦做法高寬丈尺柴木夫土與埽工懸殊例限擬定一年若限内沖損仍令廳備照例賠修咨部立案等因查埽坦高寬丈尺較之埽工減少該

撫所請一年為限本部核與柴塘各工一年保固之例相符應如所咨准其立案仍行該撫嚴飭廳備將修築前項各工務須認真修防不得稍事疎虞限内倘查有冲損情形該撫即行指名嚴參賠修毋稍廻護可也



臣楊　跪

奏為西中兩塘歲額不敷工用請通融辦理並添撥東塘柴工歲修銀兩恭摺仰祈

聖鑒事竊照同治八年正月以前三防海塘先後辦竣柴壩各工限外歲修經費前經

奏定西中兩塘先竣柴壩等工歲修銀六萬五千兩以同治七年為始續竣柴埽等工歲修銀四萬兩以同治八年七月為始西塘大龍頭壩埽各工歲修銀二萬兩東塘柴壩盤頭各工歲修銀三萬八千兩海甯繞城盤頭歲修銀三千三百兩均以同治八年為始繞城坦水石堵歲修銀六千一百兩以同治十年為始按年分別撥存遇有損修由該管廳備核實勘估稟道擇要詳請動款飭修年終彙案開單請

奏造冊報銷歷經遵照辦理各在案茲查十年分歲修西中兩塘柴壩柴埽盤頭裹頭以及埽坦各工共估需工料銀十五萬三千數百兩較之定額已溢支銀四萬八千有奇委係上年山潮倍旺颶風時作海中陰沙日漸漲濶東潮北湧撲塘更力以致險工迭出自春徂秋修理幾無

虛日查從前海塘歲修志載嘉慶二十三年以前每年本款用有餘存二十四年至道光四年本款之外長用銀一二萬兩至十餘萬兩不等具見海塘工程隨潮變遷險夷情形逐年無定在同治七八九年間工程甫竣滿限修補之處較少又有限內着令承辦工員賠修之工是以節年歲額均有餘存迨至上年悉久逾限潮勢又復洶湧異常杭防道何兆瀛日駐工次查看情形除稍可抵禦之工概列緩修外其餘險中尤險至要之工即不敢拘定歲額致滋貽悞是以詳請分別修整藉資鞏固所有用逾歲額銀四萬八千兩有奇亟應籌畫定款以便報銷查西中兩塘各柴工除大龍頭外七八九三年照章應撥歲修銀二十五萬五千兩除經節年

奏報動支銀十一萬七百餘兩計尚餘歲額銀十四萬四千有奇今藩司杭道會仝公議擬將十年分西中兩塘歲額不敷銀兩請於該兩塘節年歲修餘款內動支嗣後該兩塘如遇潮旺工急年分並請按計歷年歲額之有餘以補本年歲額之不足雖與定章稍有未符而以額內之款留辦意外之工並非逐年議增漫無限制且海汛潮勢變遷無定非此通融辦理亦未能為善後持久之計至東塘境轄戴鎮念尖四汛地段本屬綿長石塘缺口甚多前築柴垻三千餘丈原係隨時補救其念汛石塘幾至無存所築柴垻前臨海水後無依靠近來南岸漲沙日寬海中兼有陰沙一道綿亘數十里以致潮汐分道趨行南潮東潮均至念汛滙合互相冲激高湧數丈巨浪洪濤勢同摧山倒峽塘面塘身無不吃重而該處石塘尚未估辦全恃一綫柴塘抵禦實屬非常險要工在限內者原歸承辦之員照章保固一經滿限遇有潑損立須動款購料趕修庶免牽動全工前定歲修銀祇三萬八千兩係因節省經費為後來續竣工程地步是以酌定此數現在潮勢變遷情形迥異萬難敷用查志載該防從前石塘全整塘外柴埽坦水盤頭等工每年額撥銀十萬兩原係以全防工程計算移緩就急擇要分修自可敷用近時柴石各工尚未建復如額所有柴垻工段均屬地當險要既無移緩就急之工更少截長補短之

款且八九兩年續辦之柴埧二百三十八丈柴盤頭兩座及十年分辦竣之埽坦二百三十四丈五尺本年均屆限滿前定銀兩斷難敷用亟應籌添以資要需兹經各司道等熟籌至再請於本年起添撥該塘歲修銀四萬兩查有運司衙門綱捐塘工銀兩發商生息一款曾經升任

撫臣李

奏明作爲塘工歲修之用核計是款連閏牽計每年得銀二萬三千有奇可以儘數撥用其餘銀兩亦經該司道公同商酌議於釐金項下按年撥湊足數以濟工用似此酌量添撥歲修經費不致短絀該塘工程亦不致有貽悮遇有至要應修之工照章由道督飭核實估辦仍不准率意請修稍涉浮濫將來全工告成仍應統盤籌定按照舊額辦理以符成案由塘工總局會同藩司杭道核明呈請具

奏前來臣覆核無異合將西中兩塘歲額銀數不敷修用通融辦理並添撥東塘柴工歲修銀兩緣由謹繕摺具

奏伏乞

皇太后

皇上聖鑒訓示謹

奏同治十一年五月初一日奏是月十三日軍機大臣奉

旨該部知道欽此八月初十日准

工部咨開都水司案呈内閣抄出浙江巡撫楊

奏西中兩塘歲額不敷修用請通融辦理並添撥東塘柴工歲修銀兩一摺同治十一年五月十三日軍機大臣奉

旨該部知道欽此欽遵抄出到部查浙江海塘歲修經費上年甫經定額十年分所用即逾原數又請自本年起添撥歲修銀四萬兩將來全塘告成仍通盤籌定按照舊額以符成案應行浙江巡撫將每年海塘應行歲修工程先期派委妥員認真估定即有通融辦理之處總不得有逾原額以期工歸實在款不虛糜可也

臣楊　　跪
奏為西塘大龍頭等工歲修銀兩實須另籌方敷
工用請
旨飭部照准恭摺仰祈
聖鑒事竊照案准部咨浙江西塘大龍頭柴壩埽坦
工程歲修銀兩既在原額之外每年另籌銀二
萬兩並稱額外新添不得不另立名目另請籌
撥自應由臣專摺奏明辦理等因當經轉行遵
照去後茲據塘工總局司道詳稱此項大龍頭
係在西中兩塘交界原建柴壩五十五丈前後
托壩西道東連中塘露字等號大口門柴壩增
長工五十七丈其段落即係新列虹堤永慶安
瀾六號西接西塘致雨二號柴壩四十丈埽坦
四十丈並續辦虹堤永慶安五號埽坦九十六
丈工長一百數十丈內外四層高寬闊厚倍於
他工地當迎潮挺立中流潮汐淘刷埽外水深
至三丈左右不等每屆大汛潮頭撞潑激起狂
瀾而洄溜漩吸內外交沖較之別處柴壩盤頭
尤屬異常吃重以致常時坍陷勢難照例間年
修葺必須隨時跟接趕築內修柴工外拋塊石
以資保衛而固全工因此歲時修費加多難援
尋常柴工比擬且此段工程係屬額外新添不
得不另立名目籌備專款以敷工用等情具詳
前來臣查大龍頭柴壩等工挺立中流為西中
兩塘關鍵最為險要前於九年二月間酌議三
防柴石各工歲修案內列單
奏明有案實因工段異常吃重歲修難以照常辦
理所議每年另籌銀二萬兩委係斟酌至再因
工制宜且自籌定以來歲修在在所需實為必
不可少之款並無冒濫合無仰懇
皇太后
天恩勅部照准每年另籌銀二萬兩作為西塘大龍
頭歲修另立專款以全要工謹恭摺具陳伏乞
皇上聖鑒訓示謹
奏同治十一年十二月初三日奏十二年正月初
四日軍機大臣奉
旨該部議奏欽此四月十一日准
工部咨開為遵
旨議奏事都水司案呈內閣抄出浙江巡撫楊
奏西塘大龍頭等工歲修銀兩一摺同治十二

年正月初四日軍機大臣奉
旨該部議奏欽此欽遵抄出到部查原奏內稱准部
咨浙江西塘大龍頭柴垻埽坦工程歲修銀兩
既在原額之外並另請籌撥自應由臣專摺奏
明辦理等因茲據塘工總局司道詳稱此項大
龍頭係在西中兩塘交界原建柴垻五十五丈
前後托垻二道東連中塘露字等號大口門柴
垻增長工五十七丈其段落即係新列虹堤永
慶安瀾六字號西接西塘致雨二號柴垻四十
丈埽坦四十丈並續辦虹堤永慶安五號埽坦
五十六丈工長一百數十丈內外四層高寬澗
厚倍於他工地當迎潮挺立中流潮汐洩刷埽
外水深至三丈左右不等每屆大汛潮頭撞潑
內外交沖較之別處柴垻盤頭尤屬異常吃重
以致常時坍陷勢難照例間年修葺必須隨時
跟接趕築以資保衛而固全工等情臣查大龍
頭柴垻等工挺立中流為西中兩塘關鍵最為
險要所議每年另籌銀二萬兩委係斟酌至再
因工制宜實為必不可少之款並無浮濫等語
臣等伏查浙江西塘大龍頭柴垻埽坦工程前
據該撫咨籌歲修經臣部以該工係屬新添所
需歲修於原額之外另請籌撥且另立名目與
奏案不符礙難率准咨覆在案旋據該撫咨稱
大龍頭挺立中流為西中兩塘關鍵工段異常
吃重歲修經費難援尋常柴工比擬請以每年
另籌銀二萬兩作為歲修之需復經臣部以此
項歲修既在原額之外礙難核准據該撫聲稱
難援尋常柴工比擬並稱額外新添不得不另
立名目且係另請籌撥行令該撫奏明辦理亦
在案茲據奏稱實因工段異常吃重歲修難以
照常辦理每年另籌銀二萬兩以為歲修委係
斟酌至再因工制宜該撫所奏尚屬實在情形
應請如所奏辦理仍令該撫督飭在工各員實
力修防撙節動用以昭慎重而杜浮冒所有臣
等核議緣由理合恭摺具
奏伏乞
聖鑒訓示遵行為此謹奏請
旨同治十二年正月二十三日具奏本日奉
旨依議欽此

撫院楊　片

奏再查從前東防柴石各工每年額撥歲修經費
銀十二萬四千兩載在海塘續志此次興辦大
工因石塘缺口甚多搶築柴壩以資堵禦係為
從前未有之工先經請撥前工歲修銀三萬八
千兩並辦竣海甯繞城盤頭坦水石塘等工添
撥歲修銀九千四百兩嗣於同治十一年間因
續竣各項柴工歲額不敷修辦請再添撥銀四
萬兩經臣分晰具
奏奉
旨該部知道欽此又於十二年間
奏報辦竣戴鎮二汛塘坦等工用過銀數案內請
提節省銀兩發商生息以為東防坦水限滿後
歲修經費之用並經陳明此項坦水工長六千
餘丈每年僅得息銀二千餘兩不敷尚鉅將來
另請添撥總期不致有逾原額等情欽奉
硃批該部知道等因欽此欽遵各在案現在東防戴鎮
二汛坦水已滿保固限期者計有五千餘丈其
餘一千餘丈扣至本年秋間一律屆滿所需修
費應行動項給發茲據塘工總局司道公同籌
計請從本年為始添撥歲額銀二萬兩循案於
釐捐項下按年提用仍當督飭撙節估辦核實
報銷倘用不足額即照歷來成案就數減提以
節經費設遇潮旺工多之年亦可藉以補苴且
該防歲修連前統計共已撥銀十萬九千餘兩
按照原額尚有未撥銀一萬四千餘兩應俟石
工全竣再行請撥總當通盤籌畫不致有逾原
額銀十二萬四千兩之數以符成例等情詳請
察核附
奏前來臣復查無異合將本年東塘戴鎮二汛坦
水限滿應需修費循案添撥歲額銀兩緣由附
片陳明伏乞
聖鑒訓示謹
奏光緒二年四月十五日具奏五月初八日軍機
大臣奉
旨該部知道欽此

同治十二年八月十七日准

工部咨開都水司案呈准浙江巡撫楊　咨稱據塘工總局司道詳稱海塘建築埽坦旋有因沙水變遷地勢吃重續有分别加築之工如上年西塘境内西寒張列三號埽坦加築埽工六十丈藏閏餘三號埽坦加築柴工六十丈其固限若照搶修加築柴塘竹簍各工歷春伏秋三大汛即准限滿似覺為期太少擬請將此項加築工程改為保固一年合之原築埽坦保固一年前後共有二年核與定章仍屬相符並請嗣後如有原建埽坦應行加築之工即照此次所擬辦理等情咨部查照立案等因前來查例載海塘加築柴埽各工歷春伏秋三大汛方准限滿於收工日起限等語今據該撫咨稱續辦加築埽坦各工改為保固一年與例相符應如所咨辦理相應咨覆浙江巡撫查照可也

同治十二年八月十七日准

工部咨開都水司案呈准浙江巡撫楊　咨稱據塘工總局司道詳稱建修西防魚鱗條塊石塘案内節省銀二萬四百餘兩發商生息以備前項盤頭裏頭限外歲修之用每年約得息銀一千九百五十餘兩查西中兩塘現經先後二次奏定歲修銀十萬五千兩似此項生息銀兩亦須彙入歲修額款請將前項生息歲修之工歸入西中兩塘歲修款内辦理詳請咨部查照等情咨明等因前來查前項生息銀兩既據該撫咨明歸入西中兩塘歲修之用應如所咨辦理相應行文該撫查照將三塘收存動用息銀數目按年造具四柱清冊送部以備查核可也

海塘新案

奏疏附部文

臣馬　跪

奏為恭報浙省海塘搶築西中兩塘缺口柴壩及建復外埽盤頭已竣各工段落丈尺用過銀數開列清單恭摺奏祈

聖鑒事竊照海塘東中西三防各工前因年久失脩以致石塘節節坍缺塘外埽工盤頭裹頭冲沒殆盡塘內坍土土堰土戧坐陷無存經前護撫臣蔣　暨臣節次設法籌款先後

奏明設局委員分別辦理計自同治四年二月興工起至六年正月督臣吳　奏

旨查勘海塘止三塘共計先已辦竣柴壩二千九百五十七丈五尺又已成埽工埽坦坍土子塘行路共四千七百二十四丈五尺當於覆

奏摺內聲明在案自同治六年正月以後截至九月底止總計三塘築成柴壩一千四十三丈八尺四寸埽坦等工二千三百二十七丈二尺柴盤頭一座除東塘已築柴壩一千四百四十五丈七尺四寸鑲柴等工二千八百八十一丈五尺俟東塘工竣另案報銷外共計西塘已竣柴壩七百三十五丈五尺埽工埽坦七百七丈八尺裹頭八十二丈塘後鑲柴二百三十四丈四尺坍土子塘橫壩面土行路一千七百八十七丈二尺新建律歲字號柴盤頭一座中塘已竣柴壩一千八百二十丈一尺塘後鑲柴二百四丈八尺埽坦一百九十九丈柴工三十丈坍土橫塘九百二十五丈共計西中兩塘已竣柴壩二千五百五十五丈六尺埽工埽坦裹頭鑲柴柴工坍土子塘橫壩橫塘面土行路各工共長四千一百七十丈二尺新建柴盤頭一座所有工段尤險之處加築托壩拋護塊石以資捍衛此項完竣各工均經前杭防道蘇式敬臣光清陳璚林聰彝及現任杭防道何兆瀛等先後親駐工次督率廳脩委員如式搶辦完整於工竣日隨時驗收經臣歷次親往覆勘尚無草率偷減情事並飭將已竣各工如何設法保護酌定歲脩章程另行詳辦其餘東塘未竣柴壩及西中兩塘外埽各工現值冬令天晴水涸臣仍時詣工次督催在工員弁趕緊修築期以搶堵完

竣茲據總局司道詳請具
奏前來除將用過銀兩造具圖冊另行具
題請銷外謹將搶築西中兩塘已竣柴壩各工段
落丈尺用過銀數開列清單繕摺恭呈
御覽伏乞
皇太后
皇上聖鑒施行謹
奏

今將浙江省西中兩塘自西塘李家汛西政字號起至中塘戴家汛谷字號止沖坍缺口搶築柴壩裏頭埽工盤頭横塘子塘加填坍土行路各工做過工段高寬丈尺用過例加工料銀兩繕具清單恭呈
御覽

一西塘境內李汛西政字號起至翁家汛雨字等號止搶築埽工埽坦工長七百七丈八尺估築底寬二丈至三丈面寬一丈五尺至二丈二尺高一丈五尺至二丈二尺加築頂土高二尺寬一丈五尺至二丈二尺

一西萬字等號搶築柴壩七百三十五丈五尺底寬五丈至八丈面寬三丈至五丈高一丈四尺至一丈七尺頂土高二尺寬三丈至五丈柴壩後加鑲托壩一道計長七十四丈面寬三丈底寬四丈高二丈上加頂土高二尺寬四丈壩外拋填塊石七十四丈面寬八尺五寸底寬二丈五尺高一丈六尺

一西身字等號建築裏頭八十二丈柴高二丈面寬一丈五尺腰寬二丈底寬三丈上加面土高二尺寬一丈五尺

一翁家汛西律歲字號柴盤頭一座後身長二十四丈外圍長二十八丈中面寬五丈東西兩雁翅各面寬三丈二尺中底寬六丈二尺兩雁翅各底寬四丈四尺築高二丈二尺頂土高二尺匀寬三丈八尺匀長二十六丈

一西育字等號塘後鑲柴工長二百三十四丈四尺築高八尺至一丈上寬二丈下寬一丈八尺上加頂土高二尺寬二丈堵築攔水横壩兩道共長十七丈五尺上寬八尺下寬一丈一尺五寸高一丈二尺建築草塘一百五十二丈上寬二丈下寬二丈四尺高一丈六

尺填築坍土工長二百十七丈七尺牽寬一丈五尺牽深一丈二尺又行路工長一千四百丈牽寬一丈二尺牽深二丈五尺一律加土挑填平整

以上西防境内搶築柴埽柴壩等工共用過工料例估加貼銀二十九萬九千六百一兩四錢七分

一中塘境内翁汛露字等號戴汛烈字等號石塘缺口搶築柴壩一千八百二十丈一尺底寬三丈至十二丈面寬二丈至八丈高八尺至二丈二尺上加頂土高二尺寬二丈至八丈西龍頭大缺口柴壩前後加築托壩二道共長一百十丈底寬六丈至六丈五尺面寬三丈五尺至六丈築高二丈四尺柴壩外抛填塊石工長三百丈面寬八尺至八尺五寸底寬二丈五尺高深一丈二尺至二丈二尺

一壹字等號建築埽坦一百九十九丈底寬二丈面寬一丈五尺築高一丈五尺又體率二號建築柴工長三十丈面寬一丈五尺腰寬二丈底寬三丈高二丈前工外口加抛塊石上寬八尺下寬二丈四尺高一丈二尺

一丈乃等號塘後鑲柴工長二百四丈八尺上寬二丈下寬一丈八尺高八尺至一丈

一稱夜等號塘工後身建築横塘工長一百六十七丈面寬一丈二尺底寬三丈六尺高一丈又埸化等號加土填築坍土工長七百五十八丈牽寬一丈五尺牽深一丈二尺

以上中塘境内搶築柴壩柴埽等工共用過例估加貼銀六十二萬五千四百九十兩二分一厘

西中兩塘統共用過例估銀五十五萬五千八百十五兩三錢四分一厘加貼銀三十六萬九千二百七十六兩一錢五分

總共例估加貼銀九十二萬五千九十一兩四錢九分一厘以上銀兩悉照海塘志載例估加貼銀数核報合併聲明

同治六年十一月二十四日奏十二月初四日

軍機大臣奉

旨該部知道單片併發欽此又清單内奉

旨覽欽此

同治七年十月初一日准
工部咨開都水司案呈工科抄出升任閩浙總
督浙江巡撫馬　題西中兩塘同治四年至
六年缺口搶築柴壩埽坦盤頭等工用過銀兩
造冊題銷一案同治七年三月初二日題五月
初五日奉
旨該部察核具奏欽此于五月二十九日科抄到部
臣等查該巡撫疏稱東西中三塘年久失修經
前護撫臣蔣　暨臣設法籌款先後勘明奏
准設局委員分別辦理所有西中兩塘已竣各
工段落字號高寬丈尺用過銀兩前經開單奏
報在案茲據督辦塘工總局布政使楊　等
將中西兩塘統共用過柴埽夫工等銀九十二
萬五千九十一兩四錢九分一釐造具清冊圖
結該撫覆核具奏等因臣等查海塘志所載工
程物料均有一定章程例價加貼亦有一定數
目該撫於奏報清單摺內聲明悉照海塘志載
核報何以此次銷冊開列物料均與海塘志載
不符其柴壩所列各項與海塘志內迥然不同
物料價值大有浮多恐有冒濫混朦等弊臣部
難以率准除將原冊不符之處簽出發還外相
應請
旨飭下浙江撫臣遴派司道大員親赴工次按段丈
量將所用物料夫工價值按照海塘志所定核
計務將原冊浮多之數切實刪減另造實用細
冊具題送部核辦以重帑項而杜浮冒所有海
塘報銷工程由題改奏緣由是否有當伏乞
聖鑒訓示遵行謹
奏請
旨同治七年七月十七日具奏本日奉
旨依議欽此

同治八年九月十五日准

工部咨為題銷事浙省西中兩塘搶築缺口柴垻埽坦盤頭等工用過銀兩與例相符應准開銷事都水司案呈工科抄出浙江巡撫李

題西中兩塘同治四年至六年搶築缺口柴垻埽坦盤頭等工用過銀兩造冊題覆一案同治八年正月二十四日題四月初三日奉

旨該部察核具奏欽此嗣于五月二十九日據該撫將冊籍揭送到部該臣等查得浙江巡撫李

疏稱西中兩塘同治四年至六年缺口搶築柴垻埽坦盤頭等工用過柴樁夫工銀兩造冊題銷一案經部議該撫銷冊開列奏報清單摺內聲明悉照海塘志載核報何以銷冊開列物料均有浮多將原冊不符處簽出發還行令遴員赴工大量切實刪減另冊送部核辦等因除飭委事後到任臬司劉齊銜遵照辦理外行局遵照去後茲據督辦塘工總局布政使楊昌濬按察使劉齊銜署鹽運使馮禮藩督糧道英樸杭嘉湖道何兆瀛前任杭嘉湖道陳璚補用道林聰彝候補道康熊飛會同詳稱查海塘志載修築草塘柴工每丈層土層柴係靠塘做築用柴六百觔至石塘冲潰缺口搶築柴垻兩面臨水係于汪洋巨浸之中施工潮汛晝夜冲激若用層土層柴搶築如湯沃雪柴土實有漂流冲失之虞是以缺口柴垻每丈俱用柴料一千二百觔兜攬簽樁搶做密釘底面腰樁各五十根以資堅固此柴垻所用工料與海塘志內所載柴塘做法不同之寔在情形也該塘原估從減每丈只用柴六百觔樁木五十根嗣因同治四年五月霉汛山水陡發漫過石塘各口門新沙洗去水深至一二丈不等修築更難必須多用柴料樁木較之原估有增至一倍以及二三倍者經升任撫臣馬

據實奏明在案至清單內聲明照海塘志載核報係指工料價值加貼銀數而言其搶築缺口柴垻工料做法海塘志所不載係遵照咸豐七年築做西塘西鞠等字號缺口柴垻等工奉部准銷成案造報已於銷冊內登明除於冊內粘簽登覆外請照原冊核銷並抄錄咸豐七年奉部准銷柴垻原冊一併送部詳請題覆並據按察使劉齊銜詳稱遵檄

赴西中兩塘按冊查丈均屬相符物料工價委
無浮冒等情臣復核無異除將原冊並抄録准
銷柴壩冊送部查核外理合題覆等因前來查
浙江省西中兩塘同治四年至六年搶築缺口
柴壩等工先據前任浙江巡撫蔣　　等奏明
設法籌款分别辦理嗣據前任浙江巡撫馬
將西中兩塘搶築缺口柴壩等工段落字號
高寛丈尺銀數開單奏報並將用過柴樁夫工
銀九十二萬五千九十一兩四錢九分一厘造
冊題銷經臣部查核銷冊開列物料均有浮多
將原冊發出發還行令遴員赴工查丈切寔刪
減另冊送部核辦在案今據浙江巡撫李
飭委事後到任臬司劉齊銜親赴西中兩塘按
冊查丈均屬相符物料工價委無浮冒並聲稱
石塘沖潰缺口搶築柴壩兩面臨水係于汪洋
巨浸之中施工是以每丈俱用柴料兠纜簽樁
以資堅固係遵照咸豐七年築做西塘西鞘字
等號缺口柴壩准銷成案造報請照原冊核銷
臣部查該撫所覆尚係實在情形且核與准銷
成案相符應准開銷同治八年八月十六日題

是月十八日奉
旨依議欽此

臣馬　　跪

奏為開辦海甯繞城石塘先其所急以資保衛繪
呈圖說恭摺奏
聞仰祈
聖鑒事竊照海塘工程關繫江浙兩省農田要務前
因賊擾歲久失修以致塘身節節潰決沿海田
廬盡成斥鹵自克復省城之後經前兼署撫臣
左　　及前護撫臣蔣　　先後
奏請勸修土備塘以資保護臣履任後復督飭道
廳員弁興築柴壩以補石塘之缺添修柴埽以
固石塘之根迄今將及兩年西塘缺口之工已
竣塘外接辦柴埽其餘缺口危險工程中塘報
竣者十之六東塘報竣者十之三惟土塘柴壩
祇能暫備捍禦究不如石塘之足垂永久亦經
臣節次
奏明在案查年來潮勢北趨南岸漲沙日寬一日
北岸塘工日險一日自四堡下至尖山一百數
十里處處吃重而海甯州之繞城石塘貼近城
垣數十步外即屬巨浸正當潮勢頂沖朝夕震
撼以致石塘間斷坍損坦水漂蕩殆盡內無土
塘護衛僅賴新築柴壩抵禦比之他處更為險
急臣久擬設法興辦石工柰經費過鉅籌備維
艱購料集夫一時俱難湊手且本年夏秋兩汛
潮汐尤大不能施工八月十九日臣親詣該處
率同杭嘉湖道陳璚暨在工廳備周歷勘明目
覩情形實難再緩決計將前項繞城石工先行
估辦當飭布政使楊　　趕緊籌款即於九月
初二日在海甯州城內設立專辦石塘分局委
候補道唐樹森駐工會同杭防道督辦遴委妥
員分任經理并飭撙節估計去後茲據塘工總
局司道會同詳稱海甯州南門外原建魚鱗石
塘自神字號起至大東門外洛字號止共五百
四十丈現在勘明口門坍缺應全行建復者計
九十五丈四尺散裂拗拜應拆脩到底者計九
十五丈五尺面石潑損應添補加高者三百九
十一層九分作拆脩石塘十八層算核成二十
一丈七尺七寸又拆脩接口鑲縫工六丈再迤
西毘連將軍殿之康沛等字號坍裂缺口應建
復者十三丈裂損拗拜應拆脩者三十一丈又
接口鑲縫工四丈五尺統計應辦石工二百六

十七丈一尺七寸又迤東昆連普陀庵之面洛等字號原有坦水兩層亦已無存未坍之塘經嚙漱其底樁多半欹斜空洞應請自靡字號起至殿字號止復建頭二兩層坦水每層計長六百八十丈八尺共工長一千三百六十一丈六尺又靡好字號向有石堵四十七丈二尺靡沛等字號向有柴盤頭三座專為攔挑大溜保護塘根均應同時建復經該司道悉心勘估原建繞城魚鱗石塘十六層今因地勢刷深應加築兩層共建十八層仍鑿嵌生鐵鍋錠加用米汁石灰俾資經久從前歷辦石工以採購塘石為最難茲查各處坍毀舊塘除碎小之石多已陷入沙底外其大塊石之未盡陷沒者可以抵用現在僱集夫船分頭打撈所有此次興脩魚鱗石工二百六十餘丈擬一律全用舊石以省經費如舊石實在不敷再行設法採辦至建復坦水需用條石塊石以及樁木柴料鐵麻灰油及一切需用之物均須採買統計石塘坦水盤頭石堵各工約計需銀二十四萬餘兩所估銀數核之定例未免懸殊實緣兵燹之後一切工料

無不騰貴較之從前價值增之倍蓰欲求工歸實濟不能不按照時價確估購辦再查此次建脩繞城石塘與從前情形迥異購料做工與集夫其尤難者塘石之外以樁木塊石條石三項所用為最鉅樁木以徽州為上龍游諸山次之從前物產繁滋需用數十萬根招商承攬皆能如期運到自徽浙被擾山木多半焚斫新長者既不合用舊產者入山更深商人因盤運維艱承辦者甚少祇得委員前往督仝山戶選擇圍圓合式之木盡力採買而水陸輾送節節耽延所費益多至建復坦水須用塊石整底條石蓋面塊石購于富陽之長口鏝頭山條石購于山陰之羊山烏石山向來採石宕戶約有數百家今則重價招募不過數十家耳且富陽至海甯水程幾及二百里山陰又隔百餘里洋面運石之船趁潮來往一月只能兩次各場滷船既少百官開梢船亦屬無幾即多給水腳裝運亦不能迅速此購料較難之實在情形也以前塘外尚有護沙十數里多係陸地挖槽各項匠役晝夜能得興作此時護沙久經刷盡潮水直逼塘

根塘外水深六七尺至丈餘不等若於興辦處所先圍月坝遮護而潮激水深勢難抵禦欲退後數武其地又逼近城垣難移尺寸是外難障蔽內無餘基不得不仍循坍塘舊趾設法建脩須將塘底之碎石朽樁淘挖盡淨方能清底開槽碪釘打樁況臨水施工海潮一到即須停歇現屆冬令水涸大汛之日作工不過兩時小汛之日作工不過三四時一交春季潮汐日旺更難措手此做工又難之實在情形也至集夫一項以樁架最為緊要底樁牢固塘身方能持久樁夫衆多辦理始得迅速從前開辦大工樁架數百副需夫數千名旬日之間一呼而集自遭賊擾樁夫流亡殆盡而非習是業者又不能應募自三防開辦柴工以來將近兩年多方招集僅有四十餘副若全行調赴海甯則三防之工均須停歇未免有顧彼失此之虞現在一面再設法招添一面於三防酌匀二十副分辦石塘但石塘坦水共用樁十餘萬根樁夫缺少簽釘更遲此集夫亦難之實在情形也現在唯有竭力籌辦趕備物料廣集人夫定于十月初六日啟工興辦等情具詳前來臣覆加查核與親勘情形無異其層層為難之處亦屬毫無揑飾所估工價駁刪數次實已無可再減當即親詣海甯州率同在工各員恭祭

潮神即日興工除該司道等籌備專款以濟工用併飭杭嘉湖道陳璚候補道唐樹森暨在局各員督率廳備速購料物多集夫役盡力趕辦務須工堅料實一律鞏固臣仍不時往來工次稽查勸勉俾免草率偷減仍俟工竣之日將用款照例專案造冊報銷外合將先其所急興辦海甯繞城石塘盤頭坦水石堵開工日期繕摺具奏並繪圖說恭呈

御覽伏乞

皇太后

皇上聖鑒訓示謹

奏同治五年十月十一日奏是月二十一日軍機

大臣奉

旨另有旨欽此仝日奉

上諭馬　奏開辦海甯繞城石塘繪圖呈覽一摺海塘為東南農田要務而海甯塘工貼近城垣尤

關緊要既據馬　督飭道員陳璚等親加履勘
自應趕緊興辦所有海甯魚鱗石工三百六十餘
丈即照該撫所請揀用舊石如有不敷設法採辦
其建復坦水需用石塊樁木等件務擇堅料以期
經久雖採辦維艱亦不可意存畏難致涉草率所
需經費銀二十四萬兩准其照數動用該撫即嚴
飭陳璚等認真興辦不得稍有偷減倘該道等不
能得力並着嚴行叅辦如或工料不能堅固脩成
後未能經久必將承修各員着落賠補並從重治
罪毋稍玩忽圖留中將此由五百里諭令知之欽
此



臣馬　跪
奏為建復拆脩東防海甯繞城石塘坦水盤頭石
堵各工丈尺並用過銀數及工竣日期開列清
單恭摺
奏報仰祈
聖鑒事竊臣前將開辦海甯繞城石塘緣由繪圖恭
摺奏
聞同治五年十月二十一日奉
上諭馬　奏開辦海甯繞城石塘繪圖呈覽一摺
海塘為東南農田要務而海甯塘工貼近城垣尤
關緊要既據馬　督飭道員陳璚等親加履勘
自應趕緊興辦所有海甯魚鱗石工二百六十餘
丈即照該撫所請揀用舊石如有不敷設法採辦
其建復坦水需用石塊樁木等件務擇堅料以期
經久雖採辦維艱亦不可意存畏難致涉草率所
需經費銀二十四萬兩准其照數動用該撫即嚴
飭陳璚等認真興辦不得稍有偷減倘該道等不
能得力並着嚴行叅辦如或工料不能堅固脩成
後未能經久必將承脩各員着落賠補並從重治
罪毋稍玩忽圖留中將此由五百里諭令知之欽

此欽遵當即分派委員各司其事實力興辦臣
不時親往督催查驗期於工歸實在費不虛糜
湖自五年十月開工後經駐工之候補道唐樹
森前杭嘉湖道陳璚設法廣募夫役多集料物
督率工次文武員弁兵役人等逐段興築無分
寒暑不避風雨加緊趕辦現於本年三月初五
日一律告竣計建脩工共作成一百八丈四尺
與原估相符拆脩并接縫補高工共作成一百
五十八丈七尺七寸又續添拆脩工十七丈共
工長一百七十五丈七尺七寸照原估多作十
七丈頭二兩層坦水共作成九百九丈六尺又
好字號石塘西八丈改作坦水兩層照原估增
作工十六丈共作成九百二十五丈六尺其原
估二坦性字等號之四百五十二丈緣海水太
深且多碎石實難清底施工議改護塊石竹簍
間釘護樁其康好爵等號石塘共作成三十九
丈二尺因好字號西頭尚可釘樁改為坦水照
原估減作八丈康沛自都宮殿等字號照原估
建復柴盤頭三座又原估未及自沛字號至宮
字號塘後土堰間段卸塌飭汛估辦加築工長
二百九十七丈五尺均經一律修築完整至所
用銀數原估係銀二十四萬餘兩現因二坦改
用竹簍減省銀二萬四千餘兩實用銀十八萬
四千餘兩照原估多作並原估未及之工所用
銀數均在其內仍節省銀三萬一千餘兩應飭
收支委員另造清冊呈送所有辦竣之工經前
督辦道員唐樹森接辦道員林聰彝先後會同
該管道員隨時驗收均係如式完固臣節次親
詣覆驗尚無草率偷減等情事茲據總局司道
詳請具

奏前來臣查石塘工程自于道光三十年之後未
經興辦加以兵燹之餘案卷全無此次建修石
工幾同創始一切籌辦維艱之情經臣疊次陳
明在案此案原估銀數本屬減中又減誠恐不
敷工用幸在事大小員弁無不凜遵
諭旨悉心講求力圖撙節舉凡督工收料發價等項
事事覈實一洗從前之陋不但工程牢固且有
省存餘款一年有餘始終勤奮俾要工得以告
竣似未便沒其微勞當此西防大工甫興正在
用人之際可否仰懇

天恩准臣擇其在工尤為出力者酌保數員以昭激
勸之處出自
聖主鴻慈其勞績稍次者由臣飭司量給外奬以示
公允除飭該管廳備督同弁兵將新建石塘各
工實力保護勿任損壞其節省銀三萬一千餘
兩擬發商生息以備歲修坦水盤頭之用併將
用過工料銀兩造具清册
題銷外謹將興辦海甯繞城石塘工竣日期會仝
兼署閩浙總督臣英　繕單恭摺具
奏伏乞
皇太后
皇上聖鑒訓示謹
奏
謹將建復東防境內海甯繞城石塘石堵坦水
盤頭字號丈尺并續添工段尺寸數目敬繕清
單恭呈
御覽
計開
一建復繞城塘缺口石工計守字號東八丈滿
字號中七丈東二丈逐字號西四丈意字號
東一丈移字號西中十四丈好字號中六丈
爵字號中四丈自字號中七丈都字號西五
丈邑字號中九丈華字號西二丈東五丈夏
字號西二丈六尺二字號中三丈京字號中
四丈八尺背字號中十一丈又繞城迤西昆
連之廉字號東七丈靜字號中六丈
以上建復繞城及繞城迤西缺口石工共
長一百八丈四尺
一拆修繞城迤西散裂坍損石塘并坍接縫石
工計沛字號西中十六丈又因原塘橋折拆
修續添東四丈性字號東三丈外接縫二丈
靜字號中二丈外接縫五尺心字號西一丈
外接縫一丈動字號東九丈外接縫一丈
以上拆修繞城迤西石工共長三十一丈
又續添四丈又接縫工四丈五尺共三十
九丈五尺
一拆修繞城塘散裂坍損石工計守字號中二
丈外接縫五尺志字號西一丈中五丈外接
縫一丈又因原塘橋折矬低拆修續添西五
丈中二丈東六丈滿字號西六丈中五丈逐

石塘十八層核算共工長二十一丈七尺
七寸
一自康字號起至殿字號止頭二兩層坦水共
工一千三百六十一丈六尺又因好字號石
堵西八丈尚可釘樁改為坦水計增工十六
丈共工長一千三百七十七丈六尺內除二
坦之性字號東十丈靜情逸心滿等字號各
二十丈逐字號西十丈守志字號各二十丈
都字號十六丈邑華夏東西二京背邙面洛
渭據十三號各二十丈殿字號十六丈共四
百五十二丈因水深不能清底施工改護竹
簍塊石外實頭二兩層坦水共作工九百二
十五丈六尺
一好爵字號石堵四十丈內好字號西八丈因
能下樁改作坦水實作工三十二丈計減省
八丈又康字號石堵七丈二尺共作工三十
九丈二尺
一康沛字號內柴盤頭一座外圍長二十八丈
後身長二十四丈面寬五丈築高三丈八尺
一自都字號內柴盤頭一座外圍長二十八丈

字號西一丈五尺外接縫五尺意字號東一
丈五尺外接縫五尺移字號東二丈外接縫
五尺好字號中一丈外接縫五尺爵字號西
二丈中二丈五尺外接縫西五尺中五尺自
字號東九丈外接縫五尺都字號西二丈中
七丈邑字號西三丈東六丈華字號西三丈
中二丈夏字號中六丈二字號中六丈外接
縫五尺京字號東五丈外接縫五尺背字號
東七丈西二丈邙字號西八丈
以上拆脩繞城石工共長九十五丈五尺
又續添十三丈又接縫工六丈共計一百
十四丈五尺
一繞城石塘潑損補高石工計都字號東二丈
四尺計七層二分邑字號西二丈計六層東
字號東七丈計三十五層西字號西四丈計
二十四層東十一丈計一百三十二層二字
號西九丈五尺計一百二十三層五分東一
丈五尺計三層京字號西十丈二尺計六十
一層二分
以上共補高三百九十一層九分作拆脩

後身長二十四丈面寬五丈築高三丈二尺
一宮殿字號內柴盤頭一座外圍長二十八丈
後身長二十四丈面寬五丈築高三丈五尺
一加築土堰折實二百九十七丈五尺
以上土堰工程不在原估之列
同治七年四月十二日奏閏四月初六日軍機
大臣奉
旨着准其擇尤酌保數員毋許冒濫餘依議該部知
道單併發欽此又清單內奉
旨覽欽此

撫院馬　片
再查前估海甯繞城石塘原係擇要辦理力求
節省至修築之時見有應辦工段不能不隨時
酌增如清單內開列拆修石塘及坦水石堵土
埝各工有續添改護者有增減加築者均屬隨
時變通辦理惟核與原估多有未符應令據實
逐款造報以免混淆至此次工程欽遵同治六
年二月初六日
諭旨仿照道光年間前撫臣帥承瀛修築海鹽石塘
章程仍參用歷屆成法以期工堅料實經久不
壞第今昔情形不同實用與例銷懸殊若不陳
明于
君父之前必致報銷掣肘竊惟海塘石工停辦者已
二十餘年在昔例銷之外已有加貼名目今則
兵燹之餘人物凋殘購料僱夫其難尤甚苟非
增以價值安能速為蕆事查繞城石塘久成缺
口舊石無幾不得不赴各處坍圮舊塘打撈抵
用而各處舊石有沉沒于數十丈淤沙之外者
必俟小汛潮退始能尋跡打撈又復處處僱船
盤載方可抵岸從新運工鑿鏨所費實鉅較用

新石減無多省此打撈舊石不能節省之實情
也從前開辦柴垻委員購辦椿木較之昔年招
商承攬者已屬不易迨石塘開工附近諸山之
木漸經採盡必須深入巖嚴内山採購水陸解
運所費益多山木則愈採愈稀山戶更居奇索
價此購辦椿木加價之實情也至于建復坦水
本無舊石祇用所用條塊各石俱購運於數百
里之外而魚鱗大塘本擬一律全用舊石至撈
獲之後見其石多殘缺不符尺寸且原建祇十
六層前經
奏加二層俱係臨水之工塘底尤宜平穩是以添
採之石用鋪塘底多加鋦錠期臻鞏固惟兵燹
後宕戶寥寥匠工亦少老宕產石無多不得不
分投遠採盤越迂迴運腳更多此購採新石多
費之實情也若夫打撈鑿整釘椿砌築全在夫
工杭省收復之後民多流離在外招集之難不
自今始近來田多開墾民急歸農而石塘需夫
愈衆招募愈難欲其迅速竣工必須增給口食
間時酌賞始可羈縻此夫價增貴之實情也似
此逐項加添不獨按照例價難以報銷即照從
前加貼核算仍屬不敷甚鉅惟有仰懇
天恩俯念實用在工並無浮濫准予另立新加貼名
目以便報銷而昭核實謹會同兼署督臣英
附片陳明伏乞
聖鑒訓示謹
奏同治七年四月十二日奏閏四月初六日軍機
大臣奉
旨着照所請該部知道欽此八月十二日准
工部咨開都水司案呈内閣抄出浙江巡撫馬
新貽等片奏海甯繞城石塘原係擇要辦理力
求節省至脩築之時既有應辦工段不能不隨
時變通辦理惟海塘石工停辦二十餘年在昔
例銷之外已有加貼名目今則兵燹之餘人物
凋殘購料僱夫其難尤甚苟非寬以價值安能
迅速成功查繞城石塘舊石無多不得不赴各
處坍塌舊塘尋跡打撈僱船盤載運工鑿整此
打撈舊石不能節省之實情迨石塘開工附省
諸山之木漸經採盡必須深入巖嚴内山購採
水陸解運山戶更居奇索價此購採椿木加價
之實情至建復坦水本無舊石祇用所需條塊

各石俱購運於數百里之外盤越迂迴運腳更多此購採新石多費之實情若夫打撈鑿鏨釘樁砌築全在夫工杭省收復之後民多流離近來田多開懇民急歸農欲其迅速竣工必須增給口食開時酌賞此夫價增貴之實情似此逐項加添不獨按照例價難以報銷即照從前加貼核算仍屬不敷甚鉅惟有仰懇

天恩准予另立新加貼名目以便報銷而昭核實等因同治七年閏四月初六日軍機大臣奉

旨着照所請該部知道欽此臣等查浙江省脩辦土石塘工例價之外向有加貼銀兩如樁木條石照例價已加十分之五六夫匠照例價已加一倍歷經遵辦在案今據奏稱打撈舊石購辦樁木添採新石寬給夫價等項即照從前加貼核算不敷甚鉅該撫雖因兵燹後辦理較難起見但所奏另立新加貼名目不獨與成案不符且並未酌定數目易啟浮冒之弊更恐將來逐項加增漫無限制尤不足以昭核寔相應請

旨飭下浙江巡撫詳細查明酌加若干據寔開單覆奏再由臣部查核辦理不得籠統率請致滋冒濫臣等為慎重錢粮起見是否有當理合恭摺具

奏伏乞

聖鑒訓示施行謹

奏請

旨同治柒年伍月初十日奏本日奉

旨依議欽此

同治九年十二月初十日准
工部咨為查明浙撫題銷海甯繞城石塘坦水
盤頭竹簍等工應請
旨核減由題改奏事都水司案呈工科抄出浙江巡
撫楊　題東塘境內拆脩海甯繞城石塘坦
水盤頭竹簍等工用過銀兩造冊題銷一案於
同治九年四月十九日題八月十二日奉
旨該部察核具奏欽此嗣于九月二十八日據該撫
將冊籍揭送到部據該撫疏稱東防所轄海甯
繞城石塘貼近州城因年久失脩間段坍損情
形難緩節經前撫臣馬　先後勘明奏准設
局興辦于同治五年十月興工至七年三月初
五日一律完竣所有作成石塘坦水竹簍盤頭
土埝各工段落丈尺銀兩開單奏明並將僱募
人夫採買料物打撈舊石種種棘手不能拘定
從前加貼銀數懇請另增加貼以資工用掛片
奏奉
諭旨着照所請該部知道欽此當經臣部議覆另立
新加貼名目並未酌定數目恐漫無限制請
旨飭令查明覆奏不得籠統率請致滋冒濫等因隨
經前撫臣李　覆奏採購木石打撈舊石招
募人夫若不另增加貼斷難應手前請另增加
貼實為工程緊要迅速蕆事起見並非逐項加
增復經臣部議覆該撫奏請另增加貼係為工
程緊要自應准其酌增不得另立新加貼名目
致違定例仍查明每丈應增若干定明數目核
實開報此外各項塘工不得援以為例並令造
冊題銷報部核辦奏奉
諭旨依議欽此遵行在案茲據督辦塘工總局署布
政使覺羅興奎署按察使何兆瀛鹽運使錫祉
署督糧道如山署杭嘉湖道林聰彞前任杭嘉
湖道陳璚候補道馮禮藩會詳該工自廉字號
起至殿字號止計共作成建復石塘一百八丈
四尺拆脩並接縫石塘一百五十四丈補高石
塘照拆脩石塘折算計二十一丈七尺七寸坦
水共長九百二十五丈六尺二坦改砌竹簍四
百五十二丈石堵三十九丈二尺廉沛自都宮
殿等號柴盤頭三座又原估未及自沛字號起
至殿字號止加填土埝二百九十七丈五尺共
用銀十八萬四千五百三十兩六錢四厘造冊

題銷等語臣部查浙江海甯州繞城石塘工程前據浙江巡撫馬　奏准辦理嗣以該工程種種棘手不能拘定從前加貼銀數懇請另增加貼以資工用奏明奉
旨允准及臣部覆准各在案本年四月該撫以繞城石塘竹簍被水沖去改建二坦經臣部查明竹簍在保固限内沖去應將所估銀二萬四千餘兩照例賠補不准開銷亦在案今據該撫將繞城石塘各工造冊送部核銷臣等查冊内所開竹簍二坦工程核對字號丈尺銀數與前次所奏沖去改建二坦之案均屬相符惟該撫疏内未據聲明應請
飭下該撫將竹簍二坦兩項確切查明按照臣部前奏着落賠補核實聲覆應將冊内竹簍二坦銀二萬四千八百四十六兩二錢七分八厘全數删去俟該撫覆奏到日再行核辦至所銷石塘等工銀兩除將竹簍二坦銀數劃除不計外共銷銀十五萬九千六百八十四兩三錢二分六厘内例價銀七萬六千九百二十二兩一錢九分二厘加貼銀四萬六千五百三十二兩五錢三分四厘新加貼銀三萬六千二百二十九兩六錢查新加一項雖係該撫奏准及臣部核覆之件但為數過多未免靡費臣等公同商酌擬將新加銀三萬六千二百二十九兩六錢核減一半准銷銀一萬八千一百十四兩八錢統共准銷銀十四萬一千五百六十九兩五錢二分六厘其核減銀兩應令在承辦之員名下追完歸款報部查核所有臣等查明繞城石塘工程改題為奏緣由理合恭摺具奏伏候
命下臣部行文該撫並戶部欽遵辦理為此謹
奏請
旨同治九年閏十月十五日具奏即日奉
旨依議欽此

臣李　　跪
奏為拆修海甯繞城石塘各工仍照原奏應請酌
增加貼恭摺據實覆陳仰祈
聖鑒事竊照浙省海甯繞城石塘停修已歷二十餘
年久成缺口前撫臣馬　　奏奉
諭旨興修一律完竣並將採辦木石夫工等項種種
棘手若照從前加貼銀數不敷甚鉅懇請另增
加貼以資工用奏奉
諭旨着照所請該部知道欽此旋接部咨以所奏另
立新加貼名目並未酌定數目恐將來逐項加
增漫無限制請
飭查明覆奏不得籠統率請致滋冒濫等因當飭在
局司道確查去後茲據詳稱上年拆修塘工寔
我
皇上痌瘝在抱念切民依不惜數十萬經費以衛斯
民凡籍隸浙省及在浙商賈莫不感戴
皇仁同深欣頌惟今昔情形各殊溯查乾隆年間修
辦海塘石工其時人物豐稔例價尚嫌不敷致
有加貼今則兵燹之餘民物凋瘵凡添採新料
購辦椿木打撈舊石以及招募人夫無不掣肘
若不另增加貼斷難辦理應手前撫臣馬
奏請另增加貼實緣工程緊要迅速蕆事起見且
並未逐項加增亦未將通塘各工籠統普請漫
無區別查前項工程原估銀二十四萬兩本係
撙節估計其原估未及之工亦在其內仍節省
銀三萬一千餘兩發商生息以備歲修之用實
係格外節省未敢籠統開報稍有浮濫等情詳
請覆
奏前來臣復查無異所有拆修海甯繞城石塘工
用不敷仍請
俯准另增加貼緣由理合恭摺據實覆
陳伏乞
皇太后
皇上聖鑒敕部查照施行謹
奏同治八年五月二十八日奏六月二十九日軍
機大臣奉
旨該部議奏欽此八月初九日准
工部咨開都水司案呈內閣抄出浙江巡撫李
翰章奏拆修海甯繞城石塘各工仍照原奏請
酌增加貼據實覆陳一摺同治八年六月二十

九日軍機大臣奉
旨該部議奏欽此欽遵抄出到部臣等查原奏内稱
浙省海甯繞城石塘停修已有二十餘年久成
缺口前撫臣馬　奏奉
諭旨興脩一律完竣並將採辦木石等項種種棘手
懇請另增加貼以資工用奏奉
諭旨著照所請該部知道欽此旋接部咨以所奏另
立加貼名目並未酌定數目恐將來逐項加增
漫無限制請
飭查明覆奏等因當飭在局司道確查茲據詳稱溯
查乾隆年間修辦海塘石工例價尚嫌不敷致
有加貼今則兵燹之餘凡添採新料購辦樁木
打撈舊石以及招募人夫無不掣肘若不另增
加貼斷難辦理應手前撫臣奏請另增加貼寔
緣工程緊要迅速蕆事起見且未將通塘各工
籠統普請漫無區別查前項工程原估銀二十
四萬兩本係撙節估計其原估未及之工亦在
其内仍節省銀三萬一千餘兩實係格外減省
未敢籠統開報稍有浮冒臣覆查無異所有折
修石塘工用不敷仍請
俯准另增加貼據實覆奏等因臣等復查浙省折修
海甯石塘工程前撫臣馬　因工用不敷奏
請另立新加貼名目經臣部以另立新加貼名
目不獨與成案不符且並未酌定數目易啟浮
冒之弊更恐將來逐項加增漫無限制行令查
明覆奏在案今據該撫奏稱修辦海塘石工若
不另增加貼斷難辦理應手前項工程原估銀
二十四萬兩本係撙節估計未敢稍有冒濫等
語臣等公同商酌該撫所奏折修石塘工程請
另增加貼係為工程緊要起見自應准其酌增
惟不得立新加貼名目致違定例仍請
飭下該撫確切查明每丈應增若干兩明定數目核
寔開報不得稍有含混以杜浮冒此外各項塘
工均不得援以為例並令照例造具細冊題銷
報部核辦所有臣等核議緣由理合恭摺具
奏是否有當伏乞
聖鑒訓示遵行為此謹奏請
旨同治八年七月初九日具奏即日奉
旨依議欽此

臣楊　跪

奏為查明建脩海甯繞城石塘用過銀數實無浮
冒委難追賠懇
恩敕部准銷恭摺奏祈
聖鑒事竊查建復拆脩海甯繞城石塘以及盤頭各
項工程比因浙省克復未久民物稀少十室九
空其採購木石打撈舊石招募夫役均皆棘手
不能拘定從前加貼銀數當經前撫臣馬
將實在情形縷悉細陳奏奉
恩旨着照所請等因並准工部行令新加貼名目並
未酌定數目恐將來漫無限制復將浙省兵燹
之餘民物凋瘵凡採料集夫無不掣肘情由奏
奉工部覆准酌加當即行取銷冊具
題送部核銷均各在案嗣准部議擬將新加銀三
萬六千二百二十九兩六錢核減一半其核減
銀兩應令承辦之員名下追完歸款等因臣查
該工新增加貼之款欽奉
諭旨允准並奉工部覆准之案其所加銀兩並非逐
項加增亦無過於例價且該工原估銀二十四
萬餘兩又將原估未及之工均在其內實係格
外撙節並無絲毫浮濫況前工早經完竣料價
夫工無不現銀開發委寔難以追賠由塘工總
局司道詳請
奏覆等情前來除咨戶工二部准予作正開銷並
將部查改建竹簍之案另行奏咨外合將脩建
海甯繞城石工用過新加銀兩寔無浮冒免予
追賠緣由恭摺具
奏伏乞
皇太后
皇上聖鑒敕部核覆准銷施行謹
奏同治十年五月二十六日奏七月初五日軍機
大臣奉
旨着照所請該部知道欽此

臣李　　跪
奏為恭報搶築東塘缺口柴壩及鑲柴坿土各工
完竣日期恭摺仰祈
聖鑒事竊照浙省杭屬東西中三防各工前因年久
失修塘外柴埽坦水盤頭裹頭間段坍沒塘內
坿土土堰土戧逐漸殘陷以致石塘潰缺甚多
經歷任撫臣奏奉
諭旨興辦自同治四年二月啟工起截至六年九月
底止西中兩塘已竣柴壩二千五百五十五丈
六尺埽工埽坦裹頭鑲柴柴工坿土子塘橫壩
橫塘面土行路各工共長四千一百七十丈二
尺新建柴盤頭一座做過工段高寬丈尺用過
例加工料以及夫工雜用銀兩業經升任撫臣
馬　開列清單造具冊結圖說分別奏報題
銷并聲明東塘已築柴壩鑲柴等工俟該塘一
律工竣另案報銷各在案今自同治六年九月
以後起連前截至七年十二月底止東塘做竣
柴壩三千一百七十餘丈塘後鑲柴六百九十
餘丈坿土土堰子塘橫塘等工共三千三百五
十餘丈柴盤頭一座其工段尤險之處並經加
築杙壩拋護塊石以資捍衛此次完竣各工計
共七千數百丈較之西中兩塘工段尤多而該
工內有念汛大缺口一處正當東南二潮會激
之區逐日潮汐淘刷竟成一片巨浸施工尤為
不易節經前杭防道陳璚林聰彝譚鍾麟及現
任杭防道何兆瀛等先後駐工督率員弁如式
搶辦完固於工竣日隨時驗收妥無草率偷減
情事節經升任撫臣馬　暨臣歷次親詣覆
勘無異茲據塘工總局司道詳請具
奏前來臣查浙省東中西三防自同治四年二月
興工起至上年十二月止做過柴壩五千七百
餘丈埽工埽坦裹頭鑲柴柴工附土子塘橫壩
橫塘面土行路各工七千五百餘丈為時已及
四年在事大小員弁無不凜遵
諭旨悉心講求力圖撙節俾得工堅料實費不虛糜
各該員櫛風沐雨寒暑無間均屬勤奮出力當
此大工告成未便沒其微勞可否仰懇
天恩准臣擇尤酌保以示鼓勵之處出自
聖主鴻慈除將用過銀兩造具冊結圖說另行具
題請銷外謹將東塘缺口搶築柴壩等工完竣緣

由會同閩浙督臣英　恭摺具
奏伏乞
皇太后
皇上聖鑒訓示再西中兩防尚有未竣柴埽各工現
仍督飭廳備工緊趕辦完竣以便壹併造報合
併陳明謹
奏同治八年二月二十八日奏三月二十八日軍
機大臣奉
旨准其擇尤酌保毋許冒濫欽此

臣李　跪
奏為恭報搶築東塘缺口柴垻盤頭並續辦西中
兩防柴埽盤頭等工高寬丈尺用過銀數開列
清單恭摺奏祈
聖鑒事竊照浙省海塘東中西三防柴石盤頭各工
前因賊擾失修間段坍卸經歷任撫臣奏奉
諭旨設局委員興辦計自同治四年二月興工截至
六年九月底止西中兩防已竣柴垻二千五百
五十五丈六尺埽工埽坦裹頭鑲柴柴工附土
子塘橫垻橫塘面土行路各工共長四千一百
七十丈二尺新建柴盤頭一座經升任撫臣馬
取具圖冊開列清單分別
奏報題銷並聲明東塘未竣柴垻及西中兩塘外
埽各工仍督催搶堵嗣東塘自六年九月以後
起截至七年十二月底止連前報辦竣柴垻三
千一百七十餘丈塘後鑲柴六百九十餘丈坍
土土堰子塘橫塘等工共三千三百五十餘丈
柴盤頭一座亦經臣
奏明各在案茲西中兩塘未竣柴埽各工截至八
年正月底止計西防境內續又辦竣埽工埽坦

二千二百二十九丈五尺柴工二百九十丈柴
盤頭一座中防境內續又辦竣埽坦一千八百
五十二丈柴工十二丈統計西中兩塘續辦完
竣埽工埽坦柴工共工長四千三百八十三丈
五尺柴盤頭一座前定西中兩防善後歲修章
程內聲明西防律歲字號盤頭之外水深溜急
形勢危險必須加拋塊石亦已一律拋護完竣
此項續竣各工均經前杭防道陳璚林聰彝及
現任杭防道何兆瀛等先後駐於工次督率廳
備委員如式搶辦完整於工竣日隨時驗收並
經前撫臣馬　暨臣鄧次親往查勘委無草
率偷減情弊茲據塘工總局司道詳請具
奏前來臣復核無異除將用過工料銀兩取具冊
結圖說另行具
題請銷外合將搶築東塘缺口柴壩並續竣西中
兩防柴埽盤頭各工段落丈尺用過銀數謹繕
清單恭摺具
奏伏乞
皇太后
皇上聖鑒謹

奏
謹將浙江省東塘自戴家汛孝字號起連海甯
繞城塘至尖山汛躬字號止沖坍缺口搶築柴
垻盤頭塘後鑲柴附土土堰橫塘子塘并西塘
李家汛自西長字號起至翁家汛餘字號止續
辦柴工埽工埽坦盤頭又中塘翁家汛師字號
起至戴家汛因字號止續辦柴工埽坦各工做
過工段高寬丈尺用過例加工料銀數敬繕清
單恭呈
御覽
一東塘境內戴家汛孝字號起至尖山汛躬字
號止搶築柴垻三千一百七十九丈七尺四
寸底寬三丈至六丈二尺面寬二丈至三丈
五尺高二丈至二丈四尺頂土高二尺寬二
丈至三丈五尺加築前後托垻各一道計長
四百丈面寬二丈至三丈底寬二丈至三丈
高二丈一尺至二丈四尺上加頂土高二尺
牽寬二丈五尺垻外拋填塊石面寬八尺五
寸底寬二丈五尺高二丈一尺至二丈四尺
一用軍字號建築柴盤頭一座後身長二十四

大外圍長二十八丈中面寬五丈東西兩雁翅各面寬三丈二尺中底寬六丈兩雁翅各底寬四丈四尺築高二丈二尺頂土高二尺勻寬三丈八尺勻長二十六丈

一甘字等號塘後鑲柴工六百九十五丈上寬二丈下寬一丈八尺高八尺至一丈上加頂土高二尺寬二丈又則字等號填築坍土二千九百三十五丈牽寬一丈五尺牽深一丈二尺又世字等號建築橫塘一百二十六丈面寬一丈二尺底寬三丈六尺高一丈又池碍等號建築子塘一百九十八丈上寬一丈一尺下寬一丈四尺牽寬一丈二尺五寸築高一丈四尺又沙字等號建築土堰九十九丈上寬一丈下寬一丈四尺高一丈三尺

一西塘境內李家汛西長字號起至翁家汛餘字號止建築埽工埽坦二千二百二十九丈五尺底寬一丈九尺至三丈五尺面寬一丈八尺至三丈六尺高八尺至二丈二尺頂土高二尺寬一丈八尺至三丈六尺又地字等號搶築柴工二百九十丈面寬一丈五尺腰寬二丈底寬三丈高二丈頂土高二尺寬一丈五尺

一元黃字號建築柴盤頭一座後身長二十六丈外圍長三十丈中面寬六丈東西兩雁翅各面寬三丈三尺中底寬七丈兩雁翅各底寬四丈六尺築高二丈二尺頂土高二尺勻寬四丈二尺勻長二十八丈又前建律歲字號柴盤頭一座外拋塊石面寬八尺五寸底寬二丈五尺高二丈二尺

一中塘翁家汛師字等號建築埽坦一千八百五十二丈底寬一丈八尺至三丈四尺面寬一丈一尺至二丈高一丈五尺至二丈頂土高二尺寬一丈一尺羊景二號搶築柴工十二丈面寬一丈五尺腰寬二丈底寬三丈高二丈頂土高二尺寬一丈五尺

以上東西中三塘共用過例加工料銀一百三十七萬五千三百九十七兩四分七釐理合登明

同治八年八月二十六日奏九月三十日軍機大臣奉

旨該部知道單併發欽此又于清單内奉
旨覽欽此

同治十一年十一月十一日准
工部咨為題銷浙江省搶築東塘缺口柴壩並
西中两防續辦柴埽等工用過銀數應准開銷
事都水司案呈工科抄出浙江巡撫楊　題
同治六七八等年搶築東塘缺口並西中两防
續辦柴埽等工用過銀两造冊題銷一案同治
十年正月二十六日題三月二十日奉
旨該部察核具奏欽此當經臣部行取段落字號丈
尺詳細清單去後嗣于同治十一年四月初二
日據該撫將段落字號丈尺清單咨送到部該
臣等查得浙江巡撫楊　疏稱東中西三防
境内搶築缺口柴壩並建復柴埽盤頭等工前
經截至同治六年九月底止所有西中两防先
竣各工業已造冊題銷其六年以後東防搶築
柴壩並西中两防續辦完竣柴埽等工高寬丈
尺銀數於上年八月間開單奏報在案茲據督
辦塘工總局布政使盧定勳按察使興奎鹽運
使錫祉督糧道如山杭嘉湖道何兆瀛候補道
唐樹森補用道林聰彝前任杭嘉湖道陳璚會
詳自同治六年九月以後東防境内興辦各工

截至七年十二月底止計連前報辦竣柴壩三千一百七十餘丈塘後鑲柴六百九十餘丈附土土堰子塘橫塘等工共三千三百五十餘丈柴盤頭一座又西中兩防境內至八年正月底止計西塘續竣埽工埽坦二千二百二十九丈五尺柴工二百九十丈柴盤頭一座中塘續竣埽坦一千八百五十二丈柴工十二丈西律歲字號盤頭之外加拋塊石統共用過例加工料銀一百三十七萬五千三百九十七兩四分七厘均經專員核實經理尚無浮冒其支用銀兩係在於海塘捐輸及提濟塘工經費等款項下分別動支此項工程經該防道先後親駐工次督率廳備委員搶辦隨時驗收前于奏報摺內聲明其用款一切自應由司道等公同造報以歸核實合將東塘搶築柴壩並西中兩塘續竣柴埽等工用過例估加貼工料銀兩分具圖冊詳送具題等情臣復核無異除冊圖送部外理合具題等因前來查浙江省同治六七八等年搶築東塘缺口柴壩以及西中兩防續竣各工先據前任浙江巡撫李　奏浙省東中西三防柴石盤頭各工前因賊擾失修間段坍卸經歷任撫臣奏奉

諭旨設局委員興辦等因並將高寬丈尺銀數開單

奏報嗣據浙江巡撫李　將東防境內辦竣柴壩共工長三千一百七十九丈七尺四寸塘後鑲柴六百九十五丈附土土埝子塘橫塘等工三千三百五十八丈柴盤頭一座又西中兩防境內柴工三百二十丈埽工埽坦共工長四千八十一丈五尺柴盤頭一座並律歲字號盤頭之外加拋塊石統計共用過例加工料銀一百三十七萬五千三百九十七兩四分七厘造冊題銷經臣部行令造具詳細清單咨送到部以便核題茲據該撫將前項各工分晰開列詳細清單咨部核銷臣部按冊查核內所開工段丈尺字號銀數核與原奏清單均屬相符工料價值亦與海塘志載及准銷成案均無浮冒應准開銷其支用海塘捐輸提濟塘工經費等款銀兩之處並行文戶部查照同治十一年六月二十八日題七月初一日奉

旨依議欽此

海塘新案
奏疏坿部文
臣楊　跪
奏為東塘境内海甯繞城塘外改砌竹簍仍建條
石二坦并興竣日期恭摺仰祈
聖鑒事竊照東塘境内海甯繞城二坦四百五十二
丈前因水深難以施工援照舊案改砌竹簍於
七年三月初五日完竣經升任撫臣馬
奏明在案計自七年入秋以後霪雨不時潮汐盛
旺直逼繞城一帶致將前項竹簍於九月内先
後澈散塊石蕩然無存查明該工已逾固限自
應修築但竹簍僅藉竹纜聯絡勢難經久一遇
潮浪潑卸不免塊石漂失頭坦亦牽動坍損於
保護塘根大有關繫似不如仍建條石二坦由
該管廳備禀經塘工局司道批准估辦去後隨
據前代理東防同知梁銘樹前署海防營守備
何國楨會同禀覆遵即親往覆勘自于性字號
東十丈起至殿字號東十六丈止共工長四百
五十二丈原辦竹簍僅止拋填塊石並未安砌
條石目下竹簍坍卸塊石業經漂失此後添補
塊石均須隨時採辦並無存石可抵其水深處
所應用塊石填底亦須加添至清檣釘樁施工
尤為不易兼之木石人夫價值均有加增若照
例銀估辦委難敷用力求核實共估需工料銀
二萬四千餘兩經駐工前杭嘉湖道陳璚履勘
估銀尚無浮冒由局核明詳准飭辦于同治七
年九月初一日開工將性字號東十丈静情逸
心滿字號各二十丈逐字號西十丈守志字號
各二十丈都字號東十六丈邑華夏東西二京
背邙面洛渭據等十三號各二十丈殿字號東
十六丈計二十四號共建復條石二坦工長四
百五十二丈挨次釘樁安砌於八年三月十五
日一律完竣經杭防道何兆瀛親詣驗收委係
如式堅固並無草率情弊並經撫臣李　覆
驗無異惟所有工料銀數核之例估未免懸殊
實因兵燹之餘民物凋瘵凡採購木石招募匠
夫在在棘手而工程緊要欲期迅速蔵事不得
不寬予價值此與前辦海甯繞城石塘情形相
同並不敢稍有浮冒除將用過銀數另造冊結
圖說請銷外所有海甯繞城塘外前次改砌竹

簍現仍建復條石二坦并完工日期由該總局
司道核明具詳撫臣李　未及核辦移交前
來臣覆核無異除飭取報銷冊結圖說另行具
題外理合繕摺具
奏伏乞
皇太后
皇上聖鑒施行謹
奏同治九年四月初三日奏本月十五日軍機大
臣奉
旨該部知道欽此八月初三日准
工部咨爲奏明請
旨事都水司案呈内閣抄出署浙江巡撫楊　奏
東塘境内海甯繞城二坦改砌竹簍于七年三
月完竣入秋以後潮汐盛旺直逼繞城一帶致
將竹簍于九月内先後激散塊石蕩然無存該
工已逾固限自應修築但竹簍勢難經久不如
仍建條石二坦共需工料銀二萬四千餘兩于
同治七年九月初一日開工將性字號東十丈
靜情逸心滿字號各二十丈逐字號西十丈守
志字號各二十丈都字號東十六丈邑華夏東
西二京背邙面洛渭據等十三字號各二十丈
殿字號東十六丈計二十四號共建復條石二
坦工長四百五十二丈於八年三月完竣惟所
用工料銀數核與例估懸殊寔因兵燹之餘採
購木石招募夫匠在在棘手不得不寬予價值
用過銀数另冊具題等因一摺同治九年四月
十五日軍機大臣奉
旨該部知道欽此欽遵抄出到部臣等查例載浙江
土備塘工保固三年條石塊石各塘保固一年
附石土塘保固半年搶修加築柴塘竹簍各工
歷春伏秋三大汛方准限滿俱于收工之日起
限如有限内坍塌著承修之員賠補等語此案
海甯繞城塘外竹簍工程據稱七年三月完工
於九月内先後激散塊石亦蕩然無存論固限
則未歷三大汛論起限則甫及半年乃即稱該
工已逾固限殊爲朦混至漂失之後又不即時
奏報據實参賠尤屬與例不合應將前項竹簍
工程估銀二萬四千餘兩照例著落承辦之員
賠補不准開銷其條石二坦工程係因竹簍漂
失後改建之工當時亦並未奏明今忽稱于八

年三月完工又聲稱採購木石招募夫匠在在
棘手並不奏明請
旨遵行擅自寬予價值致所用工料銀數與例價懸
殊寔屬不合臣部萬難率准應請
旨飭下浙江巡撫將前項竹簍工程勒令承辦之員
賠補至條石二坦工程請
飭下該撫查明有無事後捏飾其工料價值仍令照
例辦理不得違例增加以杜浮冒所有臣等查
明塘工應令賠修各緣由理合恭摺具奏伏乞
聖鑒訓示遵行謹
奏請
旨同治九年五月二十日具奏即日奉
旨依議欽此



臣楊　跪
奏為查明部駁海甯繞城二坦原砌竹簍寔係限
外潡散仍建條坦請免賠補恭摺奏祈
聖鑒事竊准部咨海甯繞城塘外竹簍工程七年三
月完工九月內潡散論因限未及三汛即稱湯
然無存與例不合應將前項竹簍銀兩著令賠
補其條石二坦仍照例辦不得增加以杜浮冒
等因當經轉行遵照去後茲據塘工總局司道
詳稱查得此項繞城二坦改建竹簍工程係於
同治七年三月初五日完工當經署杭防道譚
鍾麟暨駐工督辦補用道林聰彝會同驗明均
係如式完整即經驗收結報並責令該管廳備
按照向限保固半年在案自完工後歷經霉伏
秋三大汛工程穩固頭坦塘身足資擁護詎意
九月內潮汐旺盛直逼繞城一帶勢甚洶猛致
將限外竹簍全行潡散塊石隨潮漂沒情形頗
覺險要當於落汛察看水勢已較前辦竹簍時
稍淺亟應趕緊建復庶免牽及頭坦轉與塘身
有礙因再建竹簍猶恐仍難經久是以督飭廳
備即將該工仍照原估做法建築條石二坦並

於底深處多填塊石以期結實經久詳經前撫
臣李　委勘確實批准照辦所用工料銀數
係照前辦繞城塘案内原估二坦銀數辦理雖
與例價不符實因兵燹之餘物力維艱時勢不
同所致均係實在情形委無事後搪飾浮冒等
事請免賠補等情詳請具
奏前來臣復查無異除咨明工部查照外合將奉
部查駁原砌海甯繞城竹簍實係限外激散請
免賠補緣由謹繕摺具
奏伏乞
皇太后
皇上聖鑒敕部查照施行謹
奏同治十年五月二十六日奏七月初五日軍機
大臣奉
旨着照所請該部知道欽此

同治十二年正月二十九日准
工部咨爲題銷浙江省東塘海甯繞城二坦改
砌竹簍坍卸仍建條石坦水工程用過銀兩應
准開銷事都水司案呈工科抄出浙江巡撫楊
題同治七年建築海甯繞城條石坦水工
程用過銀兩造册題銷一案同治十一年六月
十四日題九月二十八日奉
旨該部察核具奏欽此于十月初六日科抄到部該
臣等查得浙江巡撫楊　疏稱海甯繞城二
坦工長四百五十二丈前因水深難以施工改
砌竹簍嗣于限外被冲激散塊石隨潮漂沒仍
一律建復條石坦水估需工料銀二萬四千餘
兩於同治八年三月十五日一律完竣節經前
撫臣李　臨工覆驗由局將做成字號丈尺
用過銀數詳請奏報完竣並陳明所用工料銀
數核之志載例估加貼未免懸殊實緣兵燹之
餘民物凋瘵與前辦繞城石塘情形相同不敢
稍有浮冒嗣准部咨以此項竹簍七年三月完
工九月内激散論固限未及三汛即稱蕩然無
存與例不合應將前項竹簍銀兩着令賠補其

坦水仍照例辦不得增加以杜浮冒等因隨經該司道會查此項繞城二坦改建竹簍工程於同治七年三月初五日完工當經署杭嘉湖道譚鍾麟駐工督辦補用道林聰彝會同驗明均係如式完整結報並令該管廳備按照向限保固半年歷經霉伏秋三大汛工程穩固足資擁護詎意九月間潮汐盛旺直逼繞城一帶勢甚洶猛致將限外竹簍全行激散塊石隨潮漂沒情形險要于落汛察看水勢已較前辦竹簍時稍淺是以建復條石二坦並于底深處多填塊石以期平滿結寔所用工料銀數係照前辦繞城塘案內原估二坦銀數辦理雖與例價不符實因兵燹之餘物力維艱時勢不同所致均係實在情形委無事後揑飾浮冒情事奏請免予賠補等因嗣准工部咨欽奉

諭旨着照所請該部知道欽此欽遵各在案茲據督辦塘工總局布政使盧定勳等會詳前項建復條石坦水用過銀兩係于提濟塘工經費暨海塘捐輸各款項下動支由該司道等造具冊圖具題等情呈復核無異除冊圖送部外理合具

題等因前來查浙江省同治七年東塘海甯繞城二坦改砌竹簍坍卸仍建條石坦水工程先據浙江巡撫楊　奏明東塘海甯繞城二坦工長四百五十二丈前因水深難以施工援案改砌竹簍于七年三月初五日完竣自入秋以後潮汐盛旺于九月內激散塊石蕩然無存查明該工已逾固限自應仍建條石二坦惟所用工料銀數核與例估未免懸殊等因當經呈部議覆此案竹簍未歷三汛蕩然無存與例不合應將前項竹簍銀兩着落賠補至條石坦水工料銀兩仍照例辦不得增加復據該撫奏稱竹簍工按照向限保固半年歷經霉伏秋三汛詎意九月內潮汐盛旺直逼繞城一帶勢甚洶猛致將限外竹簍全行激散塊石隨潮漂沒情形險要仍照原估做法建復條石二坦其所需工料銀兩係照前辦繞城石塘案內原估二坦銀數辦理雖與例價不符寔因兵燹之餘物力維艱時勢不同所致均係實在情形並無事後揑飾情事詳請覆奏請免賠補奏奉

諭旨着照所請該部知道欽此欽遵各在案今據該

撫將前項修建條石二坦共工長四百五十二丈計用例估加貼銀一萬九千五百九十五兩二錢七分四厘新加貼銀四千四百五十二兩六錢三分六厘統共例估加貼新加銀二萬四千四十七兩九錢一分造冊題銷臣部按冊查核內所開工料例估加貼與例相符其新增加貼亦與奏明奉
旨允准之案無浮應准開銷至竹簍一項照例應歷
春伏秋三大汛今於秋汛內潑散是尚在保固限內惟既據該撫奏准免其賠補應毋庸議于
同治十一年十一月二十二日題是月二十四日奉
旨依議欽此

臣楊　跪
奏為請修東塘塔山石壩工程估需工料銀數恭
摺奏
聞仰祈
聖鑒事竊照東塘境內有塔山石壩一道原建工長二百丈橫摔海中為全塘之鎖鑰乾隆年間百計成之惟年久失修潮汐沖激塊石散落應須及早修築以免疎虞臣於履勘三防塘工大概情形摺內曾經聲明在案茲經塘工總局司道飭據委員候補知府甘炳暨該管廳備勘明該工原建添地元黃宇宙日月盈昃辰宿列張寒來暑往秋收等字二十號每號十丈共計壩身二百丈緣年久失修護壩竹簍早經霉朽漂沒以致壩身間段坍卸亟應分別修築以免倒塌現查日字號起至收字號止兩面間共工長一百九丈七尺又雁翅十丈均已坍卸應請添石理砌內自張字號起至收字號止七十丈並請加高塊石三尺並將地字號起至收字號止一百九十丈一律加填面土二尺再于壩外加拋塊石以護根腳而資鞏固按照時價撙節估計

共約需工料銀九千七百餘兩由該局核明開
摺詳請具
奏前來臣查此項石壩居于尖山塔山之間為尖
汛一帶石塘屏障因歲久失修被潮冲刷外護
竹簍早經漂沒以致塊石散落壩身日就低薄
核與親勘情形無異所估工價尚屬核寔除飭
趕緊集料興辦工竣專案造冊報銷外謹將估
修塔山石壩工料銀數緣由恭摺具
奏伏乞
皇太后
皇上聖鑒訓示謹
奏同治九年八月二十八日奏九月二十九日軍
機大臣奉
旨該部知道欽此



臣楊　　號

奏為修砌東塘境內塔山石壩工竣日期恭摺仰
祈
聖鑒事竊照東塘境內尖塔二山之間原建石壩一
道工長二百丈横排海中為全塘鎖鑰因年久
失修潮汐冲激外護竹簍漂沒無存塊石散落
壩身低薄前經督飭委員候補知府甘炳暨該
管廳偕勘明估計業經
奏明興修在案茲據塘工總局司道具詳籌撥經
費飭令該委員等購料集夫于本年四月十三
日祀土興工督飭在工員弁寔力趕修于八月
二十八日一律完竣計添石理砌日盈昃辰宿
列張寒來暑往秋收等十三號兩面間共工長
一百九丈七尺又雁翅十丈並於張寒來暑往
秋收等七號添石加高工七十丈又地元黃宇
宙日月盈昃辰宿列張寒來暑往秋收等十九
號加填面土工一百九十丈壩外一律加抛塊
石以護根脚共用石價土方夫工雜料等銀九
千七百餘兩經前署杭防道林聰彝勘明該工
如式完固尚無草率偷減詳請具

奏前來伏查此項石壩工程前據報竣臣于赴塘
勘工之便逐加親驗委係工堅料實並無偷減
情事其工段丈尺以及估用銀數均與原奏相
符亦無浮冒除飭將用過工料銀兩另行專案
造冊
題銷外合將修砌東塘境內塔山石壩工竣緣由
恭摺具
奏伏乞
皇太后
皇上聖鑒謹
奏同治九年十二月十九日奏十年正月三十日
軍機大臣奉
該部知道欽此

同治十二年正月二十九日准
工部咨為題銷浙江省東塘境內修砌塔山石
壩工程用過銀兩與例相符應准開銷事都水
司案呈工科抄出浙江巡撫楊　題同治九
年修砌東塘境內塔山石壩工程用過銀兩造
冊題銷一案同治十一年六月十四日題九月
十四日奉
旨該部察核具奏欽此欽遵嗣于九月十七日科抄
到部該臣等查得浙江巡撫楊　疏稱東塘
境內尖塔二山之間原建石壩一道工長二百
丈橫捍海中為全塘鎖鑰嗣因年久失修潮汐
冲激外護竹簍漂沒無存塊石散落壩身低薄
前經督飭委員候補知府甘炳暨該管廳備勘
估詳請奏明興修於同治九年四月十三日啟
工至八月二十八日一律分別修竣計自日字
號起至收字號止十三號內兩面間共添石理
砌工一百九丈七尺又雁翅十丈並於張字號
起至收字號止七號添石加高工七十丈又於
地字號起至收字號止十九號加填面土工一
百九十丈壩外一律加拋塊石以護根腳共用

過例估加貼工料銀九千七百餘兩工竣均經
前署杭防道林聰彝逐一驗收結覆經臣覆勘
均係工堅料實並無偷減情事當經奏奉
諭旨該部知道欽此並准部咨欽遵查照等因均各
在案茲據該司道等會查前項工用銀兩係于
提濟塘工經費以及海塘捐輸各款項下動支
督飭委員核實經理仍由該司道等公同造具
冊圖具題等情臣復核無異除冊圖送部外理
合具題等因前來查浙江省同治九年修砌東
塘境內塔山石壩工程先據浙江巡撫楊
奏明東塘境內塔山石壩一道原建工長二百
大因年久失修護壩竹簍早經霉朽漂沒以致
壩身間段坍卸亟應分別修築以免倒塌等因
在案今據浙江巡撫楊　　將前項修砌石壩
自日字號起至收字號止兩面間共添石理砌
工一百九丈七尺又雁翅十丈並于張字號起
至收字號止添石加高工七十丈又于地字號
起至收字號止加填面土工一百九十丈壩外
一律加拋塊石以護根腳統計共用過例估加
貼銀九千七百二十八兩三錢二分九厘造冊

題銷臣部按冊查核內所開工料價值與例相
符應准開銷同治十一年十一月初二日題本
月初四日奉
旨依議欽此

臣馬　跪

奏為海甯繞城石塘將次竣工現擬接辦西防大
工謹將勘估大概情形酌議章程恭摺具
奏仰祈
聖鑒事竊維海塘工程為江浙兩省農田保障關係
最重前因軍興之後年久失修以致塘身坍缺
甚多鹹水內灌下游郡縣胥受其害自克復省
城以來前撫臣左　護撫臣蔣　先後勸
辦土塘暫資抵禦臣到任後仍循原議趕築柴
壩堵塞缺口為土塘屏蔽數年之間仰賴
聖主洪福雨順風調波恬浪靜柴土各工均稱穩固
俾數郡田疇咸安耕鑿第土塘柴壩僅堪暫救
目前不能垂之久遠是以上年冬間經臣
奏明先將最為緊要之海甯繞城石塘尅期開辦
迄今已及一載在工各員無不勤慎從事臣每
於大汛之後親臨查勘督催面加獎勵即夫役
人等亦皆不遺餘力工程固屬堅實為時亦尚
迅速現已將次告竣應俟勘明另行
奏報伏查本年正月間督臣吳　會勘海塘摺內
欽奉
上諭所築柴壩各工不過暫時堵禦潮汐將來仍需
興建石塘等因欽此欽遵在案茲查得西塘之
十堡十二堡等處地當扼要日受潮汐撞激蕭
之山水頂沖本年五月間陰雨連旬山潮兩水
沖刷尤甚險工迭出經駐工之前署杭防道林
聰彝降調杭防道陳璚督率廳備竭力搶護幸
保無虞目下海甯繞城石塘既將告成自應接
續興辦西防石工以資經久當將應修石塘工
段字號丈尺並應否建復盤頭飭據該廳備勘
明西塘西萬及賴木草被化七號條塊石塘口
門坍卸共長一百十五丈八尺散裂共長四丈
二尺緣該工現築柴壩緊貼原塘舊趾埽底水
深礙難施工今請由壩後建復並拆接兩龍頭
共增長二十一丈計實應建復坍卸者共一百
三十六丈八尺拆修散裂者四丈二尺又西食
駒二號條塊石塘應就舊趾建復口門坍卸者
二十丈二尺拆修散裂者六丈八尺又西竹在
鳳三號條塊石塘應就舊基建復口門坍卸者
四十丈拆修散裂者三丈四尺又西黎育二號
魚鱗石塘應就舊基建復口門坍卸者十三丈

拆脩散裂者三丈又西人官烏火師翔潛淡鹹蘆十號魚鱗石塘口門坍卸共長一百七十九丈六尺散裂共長三丈八尺緣該處原塘缺口形勢已成灣窩海水又深且與現築柴壩相去甚遠礙難循舊今請由壩後建復並拆接兩龍頭共增長十五丈六尺計寔應建復坍卸者共一百九十五丈二尺拆脩散裂者三丈八尺又西菜柰李珍四號魚鱗石塘應就舊基建復口門坍卸者五十五丈三尺拆脩散裂者五丈又西麗生金霜四號魚鱗石塘應就舊基建復口門坍卸者四十四丈三尺拆修散裂者一丈五尺又西律歲成餘閏藏冬收秋往暑來寒十三號魚鱗石塘口門坍卸共長二百二十五丈四尺散裂共長一丈七尺該處形勢與西人官各號相同今請由壩後繞道建復計減少工八丈三尺現定新基築過東龍頭八丈二尺連口門坍卸者實應建復二百二十五丈三尺拆修散裂者一丈七尺又黄宇二號條塊石塘二十丈現經矬陷拗裂應請拆修又宙日二號條塊石塘應就舊基建復口門坍卸者十三丈七尺拆修散裂者十一丈五尺又成歲律呂調陽雲騰致雨十號魚鱗石塘內口門坍卸共長五十六丈五尺其餘均有散裂今請由咸字號東三丈起順其地勢繞後斜建與中塘露字號接頭以資聯絡計連口門坍卸者應建復共五十六丈五尺拆修散裂者共一百二十六丈五尺統計前項應建復條塊石塘共二百一十丈七尺應建復魚鱗石塘共五百八十九丈六尺應拆修條塊石塘共四十五丈九尺應拆修魚鱗石塘共一百四十一丈五尺合計建復拆修條塊魚鱗各石塘共九百八十七丈七尺又查西在鳳字號塘後附土單薄且與南岍長山衕對衝甚為緊要今請于該處添建柴盤頭壹座又查西黎育字號亦係山水沖擊今請于該處添建柴盤頭壹座又查西制始人官等號為山潮兩水會激之區沖刷尤甚從前烏官字號原建盤頭壹座現已坍卸今請移至制始人官字號改建大裹頭六十丈似此逐段挑溜方臻周妥再建復魚鱗石塘應用檣石夫工鍋錠灰蔴等項每丈約估銀四百八十兩建復條塊石塘每丈約

估銀二百四十一兩八錢有零拆修魚鱗石塘其舊石照例准抵五成今並打撈舊石約抵一成共除該抵六成外每丈約估銀三百一十七兩五錢有奇拆修條塊石塘除舊石亦抵六成外每丈約估銀一百七十一兩四錢有奇計建復拆修條塊魚鱗各石塘總共約估銀三十八萬六千七百八十餘兩其建復在鳳字號盤頭一座黎育字號盤頭一座每座約估銀一萬七百五十餘兩改建制始人官字號大裹頭六十丈約估銀三萬五百三十餘兩計移建盤頭裹頭總共約估銀五萬二千三十餘兩統計建拆條塊魚鱗各石塘並移建盤頭裹頭共約計銀四十三萬八千八百一十餘兩文武員弁薪水局項等費不在其內所估銀數核之例價酌加二成有奇實因兵燹之後百物昂貴不得不按照時價確估以期工堅料實其盤頭銀數較之上年海甯繞城塘所估之價不相上下惟裹頭銀數較多寔緣該處向被山水潮汐洩刷塘外水深一丈六七尺及二丈有餘其搭底樁柴需用尤鉅且塘底全係活沙來去無定必須多拋塊石以固根脚即所釘樁木亦須格外加長地形迥別以致估數稍增等情由該總局司道逐段履勘悉屬相符其所請添建柴盤頭裹頭相度形勢亦屬萬不可省之工惟建復條塊石塘二百一十丈七尺擬一律改為魚鱗塘以資永久核計工料照原估約加銀五萬餘兩統共約需銀四十八萬九千餘兩但所估銀數核之例價稍有未符而物料增昂地形各異尚無浮濫至此次開辦西防大工需石甚鉅除舊石抵用外尚須添購新石十餘萬丈浙省刻已委員分投採辦誠恐不敷所用自應查照志載循案移咨江蘇辦運協濟以速工用等情具詳前來臣復親詣覆勘情形無異惟所估工料價值核與例定稍有加增寔因物力維艱時勢不同所致並無絲毫浮冒至開辦大工以採購塘石為最急之務除飭該司道等督率在事各員趕緊採辦新石打撈舊石及一切應用物料俟各物漸次齊集擇吉開工另行

奏報外相應請

旨飭下江蘇撫臣委員在於洞庭等山按照尺寸採

辦條石五萬丈迅速運浙以濟工用其石價水脚運費等項壹併由蘇籌辦自行報銷合將勘估西防石塘大概情形酌擬章程繪圖貼說謹會仝閩浙督臣吳　兼署督臣英　恭摺具
奏伏乞
皇太后
皇上聖鑒訓示謹
奏

謹將開辦西防石工應辦事宜酌擬章程六條繕具清單恭呈
御覽

計開

一擬移建塘址以順地勢也查舊例脩築海塘不得挪移寸步原恐有礙民間田廬惟今昔形勢不同必須變通辦理現在西塘興築各工再三履勘其小缺口之處海水尚淺仍可先築外埽以禦浸漏即于舊基建復其大缺口之處因數年來潮水冲刷舊塘基址坍沒無存並有水深至二三丈者從前搶築柴垻已難循舊現在修復石塘更難措手勢不得不變通酌辦惟有請將現築柴垻作為外埽即由垻後興築石工繞接東西兩頭舊塘以資鞏固是柴垻仍非無用而新塘亦易施工現在塘內荒田尚多非昔時烟戶稠密有礙廬舍可比也

一建復條塊石塘擬一律改為魚鱗塘以資久遠也查條塊石工每丈只用梅花樁四十根馬牙樁四十根條石三十餘丈塊石十餘方較之魚鱗石工估價雖省而坍卸亦易究非持久之道現辦各工除散裂拆脩之條塊石塘照舊辦理外所有此次西防建復條塊石塘二百一十丈七尺擬請一律改為魚鱗石塘以資遠久

一舊塘形勢變遷擬一律改為十八層以期鞏固也查西防原建石塘十六七層不等塘身既矮地勢復低每遇夏秋大汛幾至漫塘而過今就舊基建復者統應加高一二層增為十八層以資抵禦其由柴垻後建復各工亦請一律辦理以免漫溢之患

一移建盤頭以挑急溜也查西塘自七堡至十

四堡原建盤頭七座裹頭三處除七堡西蓋此身三號之大裹頭十二堡西律歲之盤頭業經建復外餘俱坍没無存目今南沙日漲潮勢北趋加以山水搜刷西防各工處處吃重非多建裹頭盤頭斷難殺其洶湧漩溜之勢惟今昔地勢不同緩急迥異查西在鳳字號西黎育字號皆當山水衝激日夜搜刷塘根實為最險工段請移建盤頭兩座又西制始人官字號為山潮兩水會激之區冲刷尤甚應請將烏官號之盤頭移至該處改建大裹頭六十丈如此擇要脩築與七堡十二堡之裹頭盤頭一氣聯接逐段挑溜南沙冀漸次冲塌矣

一新脩石塘擬請外築埽工內填附土以資保護也查石塘均以埽工為外護附土為內靠庶塘身穩固可期持久除舊工陸續建復埽工外此次新工告成應請循舊分案一律辦理埽工附土以固塘身

一西防應需石料循案咨請蘇省協濟以免缺誤也查乾隆四十五年及四十八年又道光十四年浙省辦理塘工需用條石均由江蘇辦運協濟所用銀兩即由江蘇自行報銷此次開辦西防石塘大工除舊石祇用外尚須新石十餘萬丈最為急需刻已委員于紹屬烏門羊山等處採辦之石萬難敷用應請查照成案由江蘇撫臣委員于洞庭等山按照志載尺寸六面做光每條寬一尺二寸厚一尺長四五尺如式採辦五萬丈運浙濟用工價運費一併由蘇籌辦自行報銷仍由本省派員會同蘇省委員東公量收加蓋印記運工應用如有尺寸不符及毛糙之石應行駁回承辦不得拒交驗收之員亦不得任意刁難如違均准稟究

同治六年十二月初三日奏本月十四日軍機大臣奉
旨另有旨欽此同日奉
上諭馬　奏接辦西防石塘大工單開章程並繪圖呈覽一摺海甯繞城石塘將次完竣現辦西防石塘大工通共約需銀四十八萬九千兩據稱所估工料價值核與例定稍有加增實因物力艱難

時勢不同所致自係寔在情形惟所估銀數既經
加增焉 當督飭屬員認真購辦務期工堅料
實為一勞永逸之計所有勘估各工及章程六條
均着照焉 所擬辦理該撫即實心經畫迅速
開辦以重要工此項工程須添購新石十餘萬丈
浙省採辦萬難敷用着郭 遴委妥員在于洞
庭等山按照志載尺寸六面見光每條寬一尺二
寸厚一尺長四五尺如式採辦五萬丈運浙濟用
毋稍遲誤其石價水脚運費等項均由江蘇籌款
自行報銷將此各諭令知之欽此

---

臣馬 跪
奏為興辦西防石塘開工日期恭摺奏
聞仰祈
聖鑒事竊臣前以建築海甯繞城石塘將次告竣擬
當接辦西防石工隨將酌議章程勘估情形開
單於上年十二月間會同調任四川督臣吴
兼署閩浙督臣英 奏奉
上諭馬 奏接辦西防石塘大工單開章程並繪
圖呈覽一摺海甯之石塘將次工竣現接辦西防
石塘大工通共約需銀四十八萬九千兩援稱所
估工料價值核與例定稍有加增實因物力艱難
時勢不同所致自係實在情形惟所估銀數既經
加增焉 當督飭屬員認真購辦務期工堅料
實為一勞永逸之計所有勘估各工及章程六條
均着照焉 所擬辦理該撫即實心經理迅速
開辦以重要工此項工程須添購新石十餘萬丈
浙省採辦斷難敷用着郭 遴委妥員在于洞
庭等山按照志載尺寸六面見光每條寬一尺二
寸厚一尺長四五尺如式採辦五萬丈運浙濟用
毋稍遲誤其石價水脚運費等項均由江蘇籌款

自行報銷將此各諭令知之欽此欽遵在案臣當即督同司道遴委妥員分赴紹屬之烏門羊山等處招集岩戶開採石料並往徽州衢嚴等處購運椿木搶柴一面催集抬班夫役人等打撈舊石另設分局派定職司將應用物料逐一購辦去後茲據塘工總局司道轉據各委員稟報石料椿木灰油等項均已陸續運到工次堪以興辦謹擇于正月十八日開工查前議鳳在黎青字號水深潮猛之處各建柴盤頭一座現已首先搶辦以資挑溜而利興工一面分撥椿架于十堡十四堡等處開槽清底接辦石塘其一切做法均照建築海甯繞城石塘之式逐層鑿嵌生熟鐵錠鋦加用米汁石灰桐油蔴絨等料以防滲脫而期鞏固等情具詳前來臣維此次興辦大工事關重大必得專委大員督辦以昭慎重查有降補同知前任杭嘉湖道陳璚在工三年辦事認真能耐勞苦于工程情形甚為熟悉現經臣飭委該員常駐西塘會同現任杭防道何兆瀛督率在工各員實力趕辦不准草率遲延臣仍不時親往督催稽查勤惰量予勸懲俾要工速成而事歸核實除再咨催江蘇撫臣將協辦石料趕緊運浙濟用外謹將興辦西防石塘開工日期恭摺陳明伏乞

皇太后

皇上聖鑒謹

奏同治七年正月二十六日奏二月初九日軍機

大臣奉

旨知道了欽此

臣楊　跪

奏為建復脩整西防魚鱗條塊石塘盤頭裹頭各
工丈尺用過銀數并工竣日期恭摺奏
聞仰祈
聖鑒事竊查開辦西防石工當經升任撫臣馬
將酌議章程勘估情形開單會奏欽奉
上諭現辦西防石塘大工通共約需銀四十八萬九千兩據稱所估工料價值核與定例稍有加增實因物力艱難時勢不同所致自係實在情形惟所估銀數既經加增馬　當督飭屬員認真購辦務期工堅料實以為一勞永逸之計所有勘估各工及章程六條均着照所擬辦理該撫即宜實心經畫迅速開辦以重要工等因欽此欽遵在案茲據塘工總局司道會詳前項工程自開辦以來經杭嘉湖道何兆瀛前杭嘉湖道陳璚督率工員廣募夫役多集料物力求撙節分段趕辦自同治七年正月十八日興工起至八年七月二十三日一律完竣計西萬字號起至雨字號止原估改建并建復魚鱗石塘八百丈三尺今辦成八百二十七丈八尺較原估續添建復魚鱗工二十七丈五尺又原估拆脩魚鱗石塘一百四十一丈五尺今辦成一百五十五丈較原估續添拆脩魚鱗工十三丈五尺又原估拆脩條塊石塘四十五丈九尺今辦成三十七丈四尺較原估減省條塊工八丈五尺又原估西在鳳黎育四號盤頭兩座今如式辦成原估西始制人官四號裹頭五十丈今移於西文制始人四號築成裹頭六十丈較原估續添裹頭十丈統查原估銀四十八萬九千餘兩今又續添裹頭並建復拆脩魚鱗石塘估銀二萬三千五百八十餘兩合計原估續估共銀五十一萬二千五百八十餘兩除酌減拆脩條塊石塘八丈五尺省銀一千四百餘兩實共估銀五十一萬一千一百三十餘兩其建復魚鱗石塘原擬全用新石今搭用打撈舊石實共用銀四十九萬六百餘兩計共節省銀二萬四百餘兩此項節省銀兩應請發商生息以備盤頭兩座裹頭六十丈限外歲脩之用以上續添減省更移各工均經駐工督辦之員於開辦時詳細察看或因海水復深難以措手或因潮勢變遷隨時酌量辦理

致與前估丈尺銀數稍有未符所有辦竣各工
均經如式完固並無草率偷減前經撫臣李
親臨勘驗并委杭州府知府陳魯逐細驗收
分別結報在案茲據承辦各員開明脩建丈尺
用過工料銀數由總局司道呈請核
奏前來伏查此次建復脩整西防石塘各工坍近
省垣為赴塘必由之路臣兩次查工順道履勘
逐加復驗委係工堅料實如式完固並無草率
偷減情弊其工段丈尺并估銀數目與原奏稍
有未符者係臨辦時察看形勢因地制宜分別
酌辦所用工料銀兩核與例價稍有加增實因
兵燹後物力艱難時勢不同所致亦無浮冒情
事所有承辦各員為時已及兩年櫛風沐雨寒
暑無間均屬始終勤奮異常出力可否仰懇
天恩准臣擇尤酌保以示鼓勵之處出自
鴻慈除將用過例加工料銀兩細數另行造冊
題銷外謹將西防建復石塘等工丈尺用過銀數
并工竣日期恭摺具
奏伏乞
皇太后
皇上聖鑒訓示謹
奏同治九年四月初三日奏是月十五日軍機大
臣奉
旨著准其擇尤酌保毋許冒濫欽此
再浙省海塘三防建立石塘前有柴埽石坦後
有坍土土戧各項工程與石塘相為表裏而中
西兩防柴埽之後石塘之前又有溝槽等工遍
栽楊柳以期盤根鞏固查西防間段建復條塊
魚鱗石塘自七堡萬字號至十四堡雨字等號
共成新工一千二十丈二尺均已一律完竣除
將驗收完竣日期另行
奏報外惟石塘前後空潤低窪之處春夏雨水難
免不浸漬其中自應仿照向章做法塘後幫厚
坍土塘前填滿溝槽俾石塘與柴埽聯為一氣
唇齒相依益臻周妥當飭石工局員黎錦翰督
同在工員弁於各段各號分別丈量面底寬深
撙節勘估核計應用土方并工價約共錢一萬
五千四百餘串經督辦西防石塘前杭防道陳
璚開摺移局詳明飭辦一律完固所用經費核
實專案報銷由塘工總局司道核明請

奏前來臣查前項填槽坍土實為保護塘根起見業經勘明一律工竣所用錢文自應准其造銷除飭令核寔造冊另行
題銷外謹附片陳明伏乞
聖鑒謹
奏同治九年四月初三日奏是月十五日軍機大
臣奉
旨該部知道欽此八月初三日准
工部咨為奏明請
旨遵行事都水司案呈內閣抄出署浙江巡撫楊
奏建脩西防條塊魚鱗石塘盤頭等工一摺同治九年四月十五日軍機大臣奉
旨着准其擇尤酌保毋許冒濫欽此欽遵抄出到部查原奏內稱前項工程自同治七年正月開工起至八年七月一律完竣計改築建復石塘辦成八百二十七丈八尺原估拆脩魚鱗石塘今辦成一百五十五丈又原估拆脩條塊石塘今辦成三十七丈四尺又原估拆脩西在鳳黎育四號盤頭兩座今如式成原估西制始人官四號裹頭五十丈今移于西丈制始人四號築成裹頭六十丈較原估續添裹頭十丈統查原估銀四十八萬九千餘兩今又續添裹頭並建復拆脩魚鱗石塘估銀二萬三千五百八十餘兩除酌減拆脩條塊石塘八丈五尺省銀一千四百餘兩實共估銀五十一萬一千一百三十餘兩其建脩魚鱗石塘原擬全行用以新石今搭用打撈舊石實共用銀四十九萬六百餘兩計共節省銀二萬四百餘兩此項減省銀兩應請發商生息以備盤頭兩座裹頭六十丈限外歲脩之用以上各工與前估丈尺銀數稍有未符所有用過銀兩核與例價稍增承辦各員可否擇尤酌保等語臣等查歷辦石塘工程案內凡拆脩石工均選用舊石以節糜費此案西防魚鱗條塊石塘工程除改建及建復石塘八百二十七丈八尺外計拆脩條塊魚鱗石塘等工長一百九十二丈自應照案揀選舊石抵用乃該撫原奏內並未詳細聲明殊屬含混至打撈舊石值銀二萬四百餘兩亦應按原估銀四十八萬九千餘兩內照數扣除今該撫作為節省銀兩尤屬不合又查西防石塘大工原估銀至四

十八萬九千兩之多則裹頭及拆脩魚鱗石塘
等工自應一併在内何以又有續添各工另生
枝節且當時並未將續估各工奏明保無事後
搜飾增添等弊至所用工料銀兩與例稍增一
節臣等查該撫于海塘工程每以與例稍增為
詞殊不知例價之設所以杜工員浮冒之弊不
容輕議增加此項工料價值該撫既經奏准稍
增即應將所用各項例價若干應稍增者若干
分晰擬定奏明俟
旨遵行豈得概以稍增為詞漫無定數為該工員任
意開銷地步殊非核寔之道應一併請
旨飭下該撫將西防工程按照臣部指駁各條核寔
覆奏俟覆奏到日再由臣部酌核辦理所有臣
等查明具奏緣由是否有當伏候
命下臣部行文浙江巡撫欽遵辦理為此謹奏請
旨

再據署浙江巡撫楊　片奏西防建復條塊
魚鱗石塘前後空潤低窪之處填槽坿土工程
一律工竣所用錢文核寔造銷等因同治九年
四月十五日軍機大臣奉
旨該部知道欽此臣等查前項工程雖係仿照向章
做法惟此案石塘原估銀四十八萬九千餘兩業經臣
該撫增估銀二萬三千五百八十餘兩
部擬駁今又據該撫片奏魚鱗石塘前後空潤
低窪之處填槽坿土又增用土方工價錢一萬
五千四百餘串之多此項工程該撫既未先期
奏明難保無事後加增等弊若不從嚴指駁恐
各項塘工紛紛效尤勢必任意加增漫無底止
應請
飭下浙江巡撫將坿土工程所用工料錢文全數扣
除不得任意開銷以昭核寔理合坿片陳明謹
此具
奏同治九年五月二十八日奏即日奉
旨依議欽此

臣楊　跪
奏為部查辦竣西防魚鱗條塊石塘裹頭盤頭暨
填槽坿土各工用過銀數並無事後揑飾任意
加增情弊恭摺覆陳仰祈
聖鑒事竊准部咨西塘拆脩魚鱗條塊石塘等工自
應揀選舊石抵用原奏並未詳細聲明至打撈
舊石所值銀兩亦應按原估銀內照數扣除續
添裹頭各工當時並未奏明工料稍增若干豈
得漫無定數應一併請
旨飭令核寔覆奏並將填槽坿土所用工料錢文扣
除等因於同治九年五月二十八日具奏奉
旨依議欽此欽遵咨行到浙即經轉飭遵照去後茲
據塘工總局司道詳稱遵查西防拆脩魚鱗條
塊石塘一百九十二丈四尺原係照案揀選舊
石抵用六成其改建建復魚鱗石塘八百二十
七丈八尺原估本係全用新石嗣于興辦時見
沿塘尚有可用舊石隨即飭夫打撈揀取搭用
以資節省綜核該工原估續估銀數除寔用暨
減辦拆脩條塊工外統計各項撙節並搭用舊
石共節省銀二萬四百餘兩應請全數提出發
商生息以備所辦盤頭兩座裹頭六十丈限外
歲脩之用至續添改建建復魚鱗石塘二十七
丈五尺續添拆脩魚鱗石塘十三丈五尺續添
裹頭十丈皆係臨時察看情形因地制宜酌量
辦理並無事後揑飾所用工料較之例價稍增
前次興辦時曾經前撫臣馬　奏奉
諭旨允准在案查前項所用工料銀兩照例扣除石
塘加築坿土一項另案造報外寔計用例估加
貼並稍增銀四十九萬餘兩核與前次興工原
奏案內聲明稍增二成有奇本屬相符其請增
之數寔因兵燹後民物凋殘百價昂貴夫則僱
自他方料則採諸遠地水陸兼運紆折赴工隨
在維艱虛曠時日若不寬以價值斷難辦理應
手種種竭蹶情形曾經前撫臣馬　詳晰具
奏在案至局員支發各項工價經督辦前杭防道
陳璚親駐工次認真稽察又經總局司道再三
核寔委無絲毫浮冒所有新建石塘前後空潤
低窪之處若非塘後幫厚坿土塘前填滿溝槽
一經雨水勢必浸潰其中故前後填槽坿土皆
係必不可少之工曾於議辦石塘章程第五條

內陳明新工告成循舊分案辦理並經附案奏
奉
諭旨允准亦在案該防石塘完竣自應將前工照章分案興辦俾石塘與柴埽聯為一氣唇齒相依藉以保護塘根寔無事後加增之弊應請俯念
關繫全工難于開銷等情請具
奏覆前來臣查海塘工程為江浙兩省農田保障關繫甚重承辦各員倘有浮冒情弊自應嚴行查辦而物料昂貴工係險要又不得不隨時隨事酌量變通以期周妥所有此案工程係前撫臣馬　勘估興辦工竣之後復經升任撫臣李　親臨查驗其打撈舊石續添工程酌增例價填槽坍土當時皆幾經審度而後定議臣接撫篆後兩次履勘逐加覆驗委係工堅料寔如式完固茲復確切查核並無事後揑冒任意開銷情弊合無仰懇
天恩俯准勅部查照核銷並免扣除填槽坍土工料錢文以便造銷恭摺覆陳伏乞
皇太后
皇上聖鑒訓示施行謹
奏同治十年八月初七日奏九月十三日軍機大臣奉
旨着照所請該部知道欽此

同治十一年十一月十四日准

工部咨為題銷浙江省建復拆脩西防魚鱗條塊石塘盤頭裹頭加填溝槽坿土各工用過銀兩與例相符應准開銷事都水司案呈工科抄出浙江巡撫楊　題同治七年至八年建復拆脩西防魚鱗條塊石塘盤頭裹頭加填溝槽坿土各工用過銀兩造册題銷一案同治十一年四月二十七日題七月二十五日奉

旨該部察核具奏欽此于七月二十七日科抄到部該臣等查得浙江巡撫楊　疏稱杭州府屬西防李翁二汛境內七堡至十四堡等處地當首沖塘身日受潮汐沖激山水搜刷年久失脩間段坍卸應行分別建脩經前撫臣馬　奏准興辦于同治七年正月十八日興工至八年七月二十三日一律完竣自西萬字號起至雨字號止辦成改建建復十八層魚鱗石塘八百二十七丈八尺拆脩魚鱗石塘一百五十五丈拆脩條塊石塘三十七丈四尺柴盤頭二座裹頭六十丈並于新塘前後一律加填溝槽坿土均經升任撫臣李　親臨勘驗並檄飭杭州府知府陳魯赴工逐細驗收由局將做過工段丈尺詳請奏報並陳明所用工料銀兩核與例價稍增實因兵燹後物力艱難時勢不同所致嗣准部咨拆修魚鱗條塊石塘自應揀選舊石抵用原奏並未詳細聲明打撈舊石銀兩亦應按照原估銀內扣除續添裹頭各工當時並未奏明工料稍增若干豈得漫無定數請

旨飭令核寔覆奏並將填槽坿土所用工料錢文扣除等因臣即經行局查明拆修魚鱗條塊石塘原係照案揀選舊石抵用六成其改建建復魚鱗石塘原估本係全用新石臨辦時亦揀取舊石搭用至續添改建建復拆脩魚鱗各石塘及裹頭十丈皆係臨時察看情形因地制宜勘酌辦理除石塘加築填槽坿土一案另行造報外寔用銀四十九萬餘兩核與原奏稍增二成有奇本屬相符所有新辦填槽坿土皆係必不可少之工經臣奏覆懇請並免扣除以便造銷嗣准部咨奉

旨著照所請該部知道欽此欽遵到浙即經行局查照在案茲據督辦塘工總局布政使盧定勳按

察使蒯賀蓀等會詳前項各工所用銀兩均係在于提濟塘工經費暨海塘捐輸各款項下動支由該司道等公同造報所有驗收保固各結分造清冊詳送具題等因臣復核無異除冊圖送部外理合具題等情前來查浙江省同治七年至八年建復拆脩西防魚鱗條塊各石塘並盤頭裏頭及填槽坿土各工先據原任浙江巡撫馬　奏明興辦西防石塘自西萬字號起至雨字號止辦成建復魚鱗石塘八百二十七丈八尺拆脩魚鱗石塘一百五十五丈拆脩條塊石塘三十七丈四尺柴盤頭兩座裏頭六十丈並于新塘前後一律加填溝槽坿土等工復據浙江巡撫李　奏報工竣聲明工料銀兩核與例價稍增寔因兵燹後物力艱難時勢不同所致嗣經臣部查明拆脩石塘自應揀選舊石該撫原奏内並未聲明又未奏明工料稍增若干奏請

飭下該撫核實覆奏嗣據該撫查明覆奏奉

旨着照所請該部知道欽此轉行遵照均各在案今據該撫將前項建復魚鱗石塘自西萬字號起至雨字號止共工長八百二十七丈八尺拆脩魚鱗石塘一百五十五丈拆脩條塊石塘三十七丈四尺柴盤頭兩座裏頭六十丈除選用舊石扣除不計外共用例估加貼銀三十九萬二千五百二十七兩七錢二分三釐二毫五絲八忽八微一纖稍增銀九萬八千一百三十一兩九錢三分八毫一絲四忽六微九纖又填槽坿土共用銀一萬二百八十七兩五錢一分三釐八毫四絲五忽一微四纖三項共用銀五十萬九百四十七兩一錢六分七釐九毫一絲八忽六微四纖造冊題銷臣部按冊查核内所開工料價值例估加貼銀兩與例相符其酌增例價填槽坿土各節均經該撫奏明奉

旨允准應准開銷同治十一年九月十八日題本月二十日奉

旨依議欽此

臣楊　　跪

奏為浙省東西二防境內坍缺拗裂石塘處所續又搶築柴壩鑲柴盤頭埽工埽坦等工丈尺年終彙截數目恭摺

奏報仰祈

聖鑒事竊照浙省杭州府屬東西中三防海塘各工自同治四年二月興工計東防境內截至七年十二月底止共辦竣柴壩三千一百七十九丈七尺四寸鑲柴坿土土堰子塘橫塘等工四千五十三丈柴盤頭一座西中兩防境內截至八年正月底止先後辦竣柴壩二千五百五十五丈六尺埽工埽坦裏頭鑲柴柴工坿土子塘橫壩行路各工共長八千五百五十三丈七尺柴盤頭二座做成工段高寬丈尺用過例加工料以及夫土檏用等項銀兩業經各前撫臣分別開單先後

奏報各在案今自八年正月起截至十二月止東塘續竣柴壩一百四丈五尺鑲柴五十丈盤頭兩座西塘又竣埽工萬化場等三號三十二丈埽坦九十六丈其工段尤險之處並經加築托壩拋護塊石以資保衛此次東塘續竣各工在同治三四年擇要勘辦之時舊石塘僅止拗拜者尚可從緩興築現計閱時將及五載潮大浪急漸至潰裂傾卸本應建復石塘因正辦西中兩塘石工未能同時併舉祇得搶築柴壩暫資抵禦潮汐其舊有盤頭兩座及西防埽工埽坦亦皆善後應辦之工其已滿固限之柴壩固須加意保衛即新築柴工仍恐土性鬆浮必須坿外厚培柴土以期鞏固所有東西兩防續完各工均經杭嘉湖道何兆瀛親駐工次督率員弁如式搶築完固均於工竣後隨時驗收尚無草率偷減情事並經前撫臣李　　歷次臨工履勘無異除飭將做成高寬丈尺用過例加工料銀兩分別開單造具冊結圖說另行

題奏報銷外據塘工總局司道核明詳請具

奏前來前撫臣李　　未及核辦移交到臣臣覆核無異謹將東西二防境內坍缺拗裂石塘處所續又搶築柴壩鑲柴盤頭埽工埽坦等工完竣丈尺年終彙截數目緣由恭摺具

奏伏乞

皇太后
皇上聖鑒施行謹
奏同治九年二月初四日奏三月初七日軍機大
臣奉
旨該部知道欽此六月初五日准
工部咨為浙省海塘大工興辦多年尚無告竣
日期請
旨飭查以重大工事都水司案呈同治九年三月十
一日内閣抄出署浙江巡撫布政使楊　奏
浙江東西兩防境内坍缺石塘處所續又搶築
柴壩鑲柴盤頭埽坦等工丈尺年終彙截數目
一摺同治九年三月初七日軍機大臣奉
旨該部知道欽此欽遵抄出到部據原奏内稱杭州
府屬東西中三防海塘各工計東防辦竣柴壩
鑲柴坿土土埝子塘横塘等工又柴盤頭一座
西中兩防境内先後辦竣柴壩埽工埽坦裹頭
鑲柴柴工坿土子塘横壩行路各工柴盤頭兩
座做成工段高寬丈尺用過例加工料以及夫
土雜用等項銀兩業經各前撫臣分别開單先
後題奏各在案今自八年正月起截至十二月
止東塘續竣柴壩一百四丈五尺鑲柴五十丈
盤頭兩座西塘又竣埽工萬化場等三號三十
二丈埽坦九十六丈其工段尤險之處並經加
築托壩拋護塊石以資保衛此次東塘續竣各
工在同治三四年擇要勘辦之時尚可從緩脩
築現計閱時將及五載潮大浪急漸至潰裂傾
卸本應建復石塘因正辦西中兩防石工未能
同時併舉祇得搶築柴壩暫資抵禦潮汐其舊
有盤頭二座及西防埽工埽坦亦皆善後應辦
之工其已滿固限之柴壩固當加意保衛即新
築壩工仍恐土性鬆浮必須壩外厚培柴土以
期鞏固等語臣等伏查各省脩辦大工該督撫
將段落銀數預先估定奏明辦理原所以杜事
後增添浮冒等弊浙江海塘工程於同治三年
臣部會同户部議覆御史洪昌燕條奏海塘大
局摺内准令開捐辦理嗣據該撫先後將西中
兩塘缺口搶築柴壩埽坦盤頭等工並西防石
塘海甯繞城石塘中防石塘東塘戴鎮二汛坦
水盤頭又搶築東塘缺口柴壩續辦西中二防
柴埽盤頭等工各案陸續奏報總共用銀已三

百餘萬兩今該署撫臣楊　又奏東西兩防續竣搶築柴塤鑲柴埽坦等工並稱此項東塘續竣各工在擇要勘辦時尚可從緩刻已將及五年潮大汛急漸至潰裂等語查西中兩防柴塤已據報銷東防柴塤亦據奏報清單均已完竣此項續竣各工既係柴塤告竣後續出之工並非缺口自應歸入歲脩案內撙節估辦何得牽混大工致多糜費且該塘應脩者固自應認真督辦無許草率緩辦者更宜防守嚴密無致蹤虞此係向來一定辦法即或潮大汛急亦宜設法搶護何至聽其潰裂殊不可解再查該署撫履勘塘工案內奏稱已滿限者固多坍卸未滿限者亦多損壞等語臣等查已滿限者即應歸入歲脩未滿限者如有傷損即宜分別叅賠何以籠統奏請殊屬含混又據奏稱石塘缺口以東中兩防為多缺口之大者以翁家埠念里亭兩汛為最各處小缺口條石坍卸今日見為十丈者逾數月已加寬數丈合百餘處缺口計之一年內增出之工又復不少擬俟翁汛石工報竣後即當接辦東防先將各處小缺口補齊再辦念里亭大缺口等語查該塘缺口既已堵築柴塤何以又有翁家汛念里亭大缺口尚須修築現在擇要興修之石工及尖塔二山戴鎮二汛各等工是否必不可已之工有無裨益該撫是否確有把握均宜澈底查明以免弊混該撫身任封疆海塘是其專責乃用銀至數百萬為期逾五六年尚不能全塘一律完竣仍復陸續增添有加無已永無告成之期殊屬不成事體相應請

旨飭下浙江巡撫確切查明據實覆奏將全塘工程先行繪圖貼說分別已脩未脩詳細開載奏咨報部以憑核辦仍責成該撫嚴督承辦之員妥速辦理勒限將全塘工程早為一律告竣不得任意增添名目致滋冒濫其已竣各工責成該撫切寔驗明務要一律完固如有潦艸偷減等弊即由該撫據寔叅奏不得含混題銷以重帑項臣等為慎重海塘大工起見是否有當理合恭摺具

奏伏乞

聖鑒訓示施行謹

奏請
旨同治九年四月初一日具奏是日奉
旨依議欽此

臣楊　　跪
奏為恭報續又搶築東塘坍缺拗裂石塘柴垻及塘後鑲柴建築盤頭並西防續辦埽工埽坦各工高寬丈尺用過銀數開列清單恭摺仰祈
聖鑒事竊照浙省海塘東中西三防各工自同治四年二月興工截至八年正月止先後辦竣柴土石各工字號段落高寬丈尺用過例加工料銀兩經各前撫臣取具圖冊分案開單分別
奏報題銷各在案其同治八年正月以後起截至十二月止續辦東防柴垻一百四丈五尺塘後鑲柴五十丈柴盤頭兩座西塘埽工三十二丈埽坦九十六丈並工段尤險之處加築托垻拋護塊石當於年終截數
奏明在案茲據塘工總局司道具詳前項續辦各工均由駐工杭防道親歷督率搶辦如式完整隨時驗收並無草率偷減情事所有做成高寬段落丈尺用過工料銀數核明開單詳請具
奏前來臣覆核無異除將用過工料銀兩取具冊結圖說另行具
題請銷外謹繕清單恭摺具

奏伏乞
皇太后
皇上聖鑒謹
奏
謹將浙江省東防鎮念尖三汛典字等號沖坍缺口搶築柴壩塘後鑲柴建築柴盤頭併西防李翁二汛萬字等號建築埽工新列虹隄永慶安五號埽坦及加築托壩拋護塊石做過工段高寬丈尺用過例加工料銀兩敬繕清单恭呈
御覽

一東防境內鎮汛典字號起至尖汛某字號止搶築柴壩一百四丈五尺底寬五丈至六丈五尺面寬三丈至四丈高一丈八尺至二丈二尺頂土高二尺寬三丈至四丈加築托壩一道計長五十二丈五尺面寬二丈五尺底寬三丈八尺高二丈四尺又馳岱二號十七丈加拋塊石面寬八尺四寸底寬二丈四尺高一丈六尺

一東防境內尖汛敲寵增三號塘後鑲柴五十丈上寬二丈下寬一丈八尺高一丈四尺除面土高二尺實鑲柴高一丈二尺

一東防境內念汛魏橫字號建築柴盤頭一座外圍長二十八丈後身長二十四丈中面寬五丈東西兩雁翅各面寬三丈二尺中寬六丈二尺東西兩雁翅各底寬四丈四尺築高三丈二尺面勻寬三丈八尺除頂土高二尺實築高三丈底面共勻寬四丈四尺勻長二十六丈又外圍加拋塊石面寬九尺底寬二丈七尺五寸高三丈

一東防境內念汛合濟字號建築柴盤頭一座外圍長二十八丈後身長二十四丈中面寬五丈東西兩雁翅各面寬三丈二尺中寬六丈二尺東西兩雁翅各底寬四丈四尺築高二丈四尺面勻寬三丈八尺除頂土高二尺實築高二丈二尺底面共勻寬四丈四尺勻長計二十六丈又外圍加拋塊石面寬九尺底寬二丈七尺五寸高二丈二尺

一西防境內李汛西萬化場三號建築埽工三十二丈面寬二丈底寬三丈高二丈四尺除頂土高二尺實築柴高二丈二尺又埽外拋

護塊石面寬八尺底寬二丈四尺高一丈六
尺五寸
一西防境內翁汛新列虹限永慶安五號柴壩
之外添建埽坦九十六丈面寬一丈五尺底
寬二丈築高一丈六尺又坦外拋護塊石面
寬五尺六寸底寬一丈八尺高一丈二尺
以上東西二防各工共用過例估加貼工
料銀七萬四千八百七十八兩有奇理合
陳明
同治十年六月二十八日奏八月十五日軍機
大臣奉
旨該部知道單併發欽此又清單內仝日奉
旨覽欽此十一月十三日准
工部咨為奏明請
旨事都水司案呈內閣抄出浙江巡撫楊　奏恭
報續又搶築東塘坍缺石塘柴壩及塘後鑲柴
建築盤頭並西防續辦埽工埽坦各工高寬丈
尺用過銀數開單具奏一摺同治十年八月十
五日軍機大臣奉
旨該部知道單併發欽此又清單內仝日奉
旨覽欽此欽遵抄出到部據原奏內稱浙省海塘自
同治八年正月以後起截至十二月止續辦東
塘柴壩一百四丈五尺塘後鑲柴五十丈柴盤
頭二座西塘埽工三十二丈埽坦九十六丈並
工段尤險之處加築托壩拋填塊石當於年終
截數奏明在案茲據塘工總局司道具詳前項
續辦各工搶築如式完整隨時驗收所有做成
高寬段落丈尺用過工料銀數謹繕清單恭摺
具奏等因臣等查浙省續辦搶築東西兩防坍
缺石塘柴埽盤頭等工於同治九年三月間該
撫奏報工竣摺內經臣部查明此項工程係柴
壩告竣後續出之工並非缺口自應歸入歲脩
案內撙節估辦奏明行知該撫確切查明據實
覆奏在案迄今一年有餘並未據該撫聲覆又
不遵照奏案認真釐剔僅憑局員具詳率行開
單奏報將臣部奏准飭查之案置若罔聞殊屬
含混臣部礙難照辦應請
旨嚴飭該撫迅即遵照臣部前奏確實查明將此項
續出之工認真釐剔不得牽混缺口大工以省
糜費再臣部前因浙省脩辦海塘大工用銀已

數百萬為期逾五六年全塘尚不能一律完工
且該省辦理此案工程並未將應修段落預先
估定奏明辦理僅憑工員具詳陸續開報恐啟
事後增添浮冒等弊是以奏令將全塘工程繪
圖貼說分別已修未修詳細開載先行具奏並
咨報臣部乃該撫並不覆奏亦不繪圖據寔報
部但憑該工員具詳陸續奏報並不通籌全塘
大局亦不報明未辦者尚有若干臣部無可稽
查即該工員等浮冒增添臣部亦無從稽察殊
非核寔之道應請
飭下該撫查照臣部前奏迅將全塘已脩未脩各工
段於文到日限兩個月詳細繪圖核寔覆奏倘
再遲延即由臣部據寔奏參以為玩泄者戒所
有臣等具奏緣由是否有當伏候
訓示遵行為此謹
奏請
旨同治十年九月十八日具奏即日奉
旨依議欽此

臣楊　　跪
奏為海塘關繫重大不敢苟簡原坍段落過多未
能赶期告竣據寔覆陳仰祈
聖鑒事竊前准工部咨議覆臣奏報八年分東塘續
辦柴垻各工丈尺一摺內開此項續竣各工既
係柴垻後竣後續出之工並非缺口自應歸入
歲脩估辦何得牽混大工又查該塘缺口既已
堵築柴垻何以又有翁家汛念里亭大缺口尚
須修築現在擇要興脩之工及尖塔二山戴鎮
二汛各等工是否必不可已有無把握均宜澈
查以免弊混該撫身任封疆海塘是其專責乃
用銀至數百萬為期逾五六年尚不能全塘一
律完工仍復陸續增添有加無已永無告竣之
期殊屬不成事體請
旨飭臣確切查明據寔覆奏將全塘工程先行繪圖
貼說分別已未脩詳細開載報部核辦仍當嚴
督承辦之員妥速辦理勒限將全塘工程一律
告竣不得任意增加名目致滋冒濫等因奉
旨依議欽此欽遵抄摺行文到臣跪聆之下惶悚莫
名伏查浙省被兵首尾僅止五年三塘縱因失

脩何遂敗殘至此臣前在藩司任內雖亦會辦局務而今任事繁祇任籌款之責新舊工程未能深悉底蘊自蒙
恩擢任巡撫將及兩年每與僚屬周諮博訪得知梗概蓋舊工坍敗如此之大者其故有三焉三防石塘全恃柴埽石坦保護塘根原定歲脩之款本無不足相沿既久積弊叢生款項不能如數到工歲脩不免偷減及至軍興以後歲脩之款大半移作軍需海塘無暇兼顧數年間無寸土尺木之培無怪外埽坦水蕩然無存而石塘孤露日受潮激根底淘空樁木朽爛石工之節連坍卸此其一也道光十年以後潮勢北趨南沙日漲險工疊出雖禁南岸圍堤卒亦無濟迨至浙省被兵海塘逐漸坍塌水勢愈趨而北從前塘基變成海壑近來南岸沙性益堅沙面益潤海潮山溜皆靠塘根而過塘之易於沖坍此其二也雍正乾隆之際物阜民康工料人夫皆稱足用所做工程價廉堅寔現存石塘有屹立如故者蓋其樁木長大入土甚深石塊平正接縫扣筍故得歷久不壞至道光年間疊被水災官民交困工料貴重而又限於例價迫以時日傳聞當時每出險工例價之外無可籌畫恆調實缺州縣認辦工段以資其力若輩不過敷衍目前豈顧日後之患現于缺口中起出舊樁有長不滿三尺者所謂條塊石塘僅止外用條石中以散碎塊石實之既省工料又速時日孰知今日之散裂倒坍特甚者即在于此此其三也至于新工之不能剋期告竣其難亦有三焉兵燹以後正賦尚未復額而用款倍之雖有釐金一項亦非不竭之源塘工經費在浙為最要之需而京協各餉尤在緊要不能不舍此就彼通盤籌撥查前督臣吳　等會奏原定每年提銀八十萬兩為建復全塘工程之用約以十年為率邇來每歲所撥新舊柴石工料統計不過得半之數雖有海塘捐例所收無多此經費之難也開辦石塘固以條石為要樁木並之從前興辦大工蘇省合力通作協濟石料今則數千丈鉅工所需木石較之從前何止十倍而浙省一力承之初辦時尚有舊石湊用近則無可打撈全須採辦新料山石雖隨處皆有非觸刃而碎即

堅不受鑿能用以砌塘者殊不多覯椿木產於衢嚴一帶自遠兵燹近地樹木斫伐殆盡現在採辦須入深山人工盤費因而加增轉運亦艱時日此物料之難也工匠人夫今非昔比脩造工價無不貴至數倍海塘用人既多非厚其值皆裹足不前誠以土曠人稀農民力田者多應募者少石匠固不可多得而椿架夫一項又非是人所能溯查乾隆年間辦理石塘椿架多至四五百副現查工次所用椿架統共不足八十副無可再招臨水之工先築子塘然後開槽日有兩潮必須停作潮退戽水事倍功半石匠安砌下底亦須乘潮未至乃可施工每日所做不過兩時之久此做工之難也臣身任封圻何一非臣專責目覩海塘要工極思尅期蕆事惟是工程如此之大而籌辦如此之難欲速不能計無所出寔非有意延宕在部臣遇事詰難或係為節費考功起見而臣受
恩深重具有天良何敢任意增添致涉冒濫區區愚忱諒邀
洞鑒所有部查各節亦經飭據總局司道會詳如原

奏內稱此項續坍各工既係柴埧告坍續出之工並非缺口自應歸入歲脩估辦何得牽混大工一節查三防堵禦原坍缺口之柴埧雖已陸續辦竣而散裂拗拜之石塘尚未一律與辦此項東塘續竣柴埧一百四丈五尺鑲柴五十丈即係同治六年前督臣吳　等會勘案內與馳等字十三號散裂拗拜石塘段落當時尚可從緩比越數年潮汐沖刷漸成缺口因未能與西中兩防石工同時併舉仍照原案辦法先行搶築柴埧其潰裂而尚未傾卸者不得不趕于塘後鑲柴以資抵禦既係續辦之工未便歸於歲脩自應另案造報並無牽混且以前緩辦之工又經數年情形變遷每逢伏秋大汛潮高浪急人力有所難施設風雨交加險工猝出更有非意料所及尚非草率從事聽其潰裂至已堵柴埧均由承脩之員照例出具保固其坍卸在限外者自應歸入歲脩辦理其蛰陷在限內者均著令承脩之員賠脩完固辦有定章並無含混之處又如原奏所稱該塘缺口既已堵禦柴埧何以又有翁汛念汛大缺口尚須脩築現在擇

要與脩之石工及尖塔二山戴鎮二汛各等工是否必不可已有無把握等語查石塘缺口以東中兩防為多缺口之大者以翁家汛念里亭為最此項缺口係指未脩之石塘而言非築柴埧而石塘即無缺口也至尖塔兩山為潮來門戶戴鎮二汛各工皆係八年間奏案所稱次第辦理必不可已之工其餘已築柴埧未建石塘之處及塘外埽坦盤頭並坿土各工仍當隨時擇要次第勘估建脩等情臣覆加確核均屬寔情與歷次親勘情形無異又部文所稱用銀至數百萬為期逾五六年尚不能全塘一律完竣仍復陸續增添有加無已永無告竣之期殊屬不成事體等語臣查前督臣吳　會勘摺內陳明三防石塘缺口四千四百九十六丈外拜拗裂二千二百十九丈海甯繞城石塘開辦在先不在其內約計各工非用七八百萬金竭十年人力不能告厥成功此指全塘未辦之工一律建復而言計自同治七年正月起至十年三月底止西中兩防共脩建石塘一千六百六十丈有奇柴盤頭兩座裹頭六十丈共用銀七十八萬二千餘兩均經先後奏咨有案為時雖逾三年而石塘用款不過七十餘萬經費物料均難廣集此其明證以現在度支而論本非興辦大工之時但石塘缺口若不補脩完整每逢大汛難免續坍石塘既坍又不能不接脩柴埧是石工之辦固難中止石工未完以前柴埽各工亦不能不間有增添現查升任撫臣李　任內奏准開辦戴鎮兩汛之石坦及臣奏辦戴鎮兩汛之小缺口約計明年均可完竣此外中防翁汛東塘念汛尖汛原坍續坍石塘缺口未辦者約有三千餘丈而拗拜之石塘尚不在內屆時或請

欽派大臣來浙督辦抑仍接續興辦之處容再察看情形奏請

諭旨遵行臣現惟督飭在事大小各員將已竣之工隨時認真保護毋任損壞現辦之工妥速趲做勒限完竣仍不准草率偷減以期鞏固除將全塘工程繪圖貼說咨送工部查核外合將查明海塘工程艱難告竣緣由據實覆

奏伏乞

皇太后
皇上聖鑒訓示謹
奏同治十年十一月十六日奏十二月十四日軍
機大臣奉
旨工部知道欽此

同治十一年八月初十日准
工部咨爲奏明請
旨事都水司案呈竊臣部前以浙江省海塘工程與
辦多年尚未一律告竣奏請
飭下該撫將全塘工程分别已脩未脩確切查明繪
圖具奏茲據該撫將原奏並圖咨送到部臣等
查同治六年二月初六日奉
上諭吴　馬　奏遵勘浙省海塘要工籌撥款項
分别工程辦理一摺浙江海塘工程浩大值此經
費支絀之時若一時悉行開辦必致有名無實自
應循照舊章分别最要次要次第辦理吴　等以
堵禦缺口之柴壩爲最要保護殘損石塘爲次要
擬每年撥定銀八十萬兩佐以海塘捐輸次第興
脩此亦就目前情形而論惟所築柴壩趕鑲外埽
建復坦水各工不過暫時堵禦潮汐將來仍須復
建石塘馬　當通盤籌畫使現辦各工堅實穩
固石塘興建後即可以保護塘身則此次辦理各
工錢糧不致虚糜而於將來有益若祇爲目前一
時之計則日後興建石塘仍須多費帑項未免漫
無規畫馬　既知以十年爲期諒能籌畫及此

海甯塘工現在祇辦有二成焉　飭令酌加鑲錮自當益臻堅固開道光年間帥承瀛在浙江巡撫任內脩理海鹽石塘最為精密歷久不壞即著飭令在工各員仿照辦理倘此次海甯塘工辦理不能經久必將承辦各員賠脩治罪決不寬貸海塘用款雖繁歷屆辦理銀數皆有案可稽現即工料較昂何至七八百萬該督撫等不可任聽屬員張大之詞稍存畏難之心是為至要欽此臣等恭讀

諭旨該撫所請七八百萬之數尚未奉

旨允准將來全塘告竣合計銀數必較原奏之數有減無增方為正辦歷查該撫奏報西中兩塘柴壩各工銀九十餘萬兩又東塘柴壩並西中兩塘埽坦等工銀一百三十七萬餘兩又東塘西塘柴壩鑲柴等工三次奏報清單共銀十四萬餘兩又東塘戴鎮二汛頭二坦條石柴盤頭銀三十五萬餘兩又中塘翁汛魚鱗石塘銀二十九萬餘兩又坿土等銀一萬三千餘兩又東中兩塘戴鎮二汛魚鱗石塘頭二坦水埽坦等銀五十五萬餘兩又西塘魚鱗條塊石塘銀四十九萬餘兩又坿土錢一萬五千四百餘串又東塘塔山石壩添石理砌並加面土等工用銀九千七百餘兩又東塘海甯繞城石塘等工銀十八萬四千餘兩共計用銀已四百餘萬兩而未辦各工據稱戴鎮兩汛之石坦及兩汛之小缺口約計明年均可完工此外中防翁汛東防念汛尖汛原坍續坍石塘缺口未辦者約有三千餘丈而拗拜之石塘尚不在內等語所需錢糧均未核定將來塘工告竣合計銀數較原奏之數有無增減礙難懸揣該省海塘工段甚長不能不分案辦理即不能不分案報銷但所分共有幾案每案需銀若干自應先為估定則總數可稽不致漫無限制倘不先事核明即行開辦任令隨辦隨銷勢必難於稽核且恐與從前奏案不符殊非核實辦公之道臣等以為與其駁查於事後何如估定於事前相應請

旨飭下浙江巡撫將海塘未辦工程三千餘丈及拗拜各工確切估計需銀若干專摺奏明其戴鎮兩汛之石坦及兩汛之小缺口等工亦即核定銀數先行奏明統由臣部查照該撫原奏核明

辦理臣等為慎重帑項起見是否有當伏乞
聖鑒訓示遵行為此謹
奏請
旨同治十一年五月十五日具奏本日奉
旨依議欽此

同治十二年四月十一日准
工部咨為題銷浙江省續竣東防柴壩鑲柴盤頭暨西塘埽工埽坦各工用過銀兩與例相符應准開銷事都水司案呈工科抄出浙江巡撫楊　題同治八年續辦東防柴壩鑲柴盤頭暨西塘埽工埽坦各工用過銀兩造冊題銷一案同治十一年七月二十八日題十月二十三日奉
旨該部察核具奏欽此於十月二十六日科抄到部
該臣等查得浙江巡撫楊　疏稱東西中三防海塘工程自同治四年二月興辦起至八年正月止先後辦竣柴土各工均經分案題銷在案所有八年正月以後起至十二月止續辦東塘柴壩一百四丈五尺塘後鑲柴五十丈柴盤頭二座西塘埽工三十二丈埽坦九十六丈並於工段尤險之處加填塊石建築托壩以資擁護工竣均經杭嘉湖道何兆瀛隨時驗收結覆並前撫臣李　臨工履勘均無草率偷減情事當于年終截數奏報完竣陳明此次東塘續竣各工在同治三四年擇要勘辦之時尚可從

緩興築現計閱時將及五年潮大浪急漸至潰
裂傾卸今應建復石塘因正辦西中兩防石工
未能同時並舉祇得搶築柴壩暫資抵禦嗣准
部咨以此項續辦各工既係柴壩告竣後續出
之工並非缺口自應歸于歲脩估辦何得牽混
大工請
旨飭下確切查明據實覆奏等因旋據塘工總局司
道會查三防堵禦原坍缺口之柴壩雖已陸續
辦竣而散裂坍拜之石塘尚未一律興辦此項
東塘續竣柴壩一百四丈五尺鑲柴五十丈即
係同治六年前督臣吴　撫臣馬　會勘塘
工案內散裂坍拜石塘段落當時尚可從緩迨
越數年潮汐沖刷漸成缺口因未能與西中兩
防石工同時並舉先行搶築柴壩其潰裂而尚
未傾卸者不得不趕于塘後鑲柴以資抵禦既
係續辦之工未便歸入歲脩自應另案造報並
無牽混經臣於海塘關繫重大不敢苟簡案內
奏覆奉
旨工部知道欽此並准部咨遵照在案茲據該司道
等會查此項續竣東西兩防各柴工所做字號

段落高寛丈尺用過例估加貼工料銀兩先經
開列清單詳請奏報所有用過工料銀七萬四
千八百七十八兩二錢三分六厘五毫七絲五
忽均係在于提濟塘工經費暨海塘捐輸各款
項下動支督飭各該管廳備核實經理應由該
司道等公同造具冊圖詳請具題等情臣覆核
無異除將冊圖送部外理合具題等因前來查
浙江省自同治八年正月起截至十二月止續
辦東塘柴壩鑲柴盤頭暨西防埽工埽坦各工
先據浙江巡撫楊　奏明東塘續竣柴壩各
工在勘辦之時尚可從緩興築現計閱時將及
五年潮大浪急漸至傾卸本當建復石塘因正
辦西中兩防石工未能同時並舉祇得搶築柴
壩暫資抵禦當經　臣部議令此項續竣柴壩各
工並非缺口自應歸於歲脩案內撙節估辦嗣
據該撫陳奏海塘關繫重大不敢苟簡摺內聲
明三防堵禦原坍缺口之柴壩雖已陸續辦竣
而散裂坍拜之石塘尚未一律興辦此項東塘
續竣柴壩各工係前督臣吴　等會勘散裂坍
拜石塘段落當時尚可從緩比越數年潮汐沖

刷漸成缺口因未能與西中兩防石工同時並
舉先行搶築柴垻既係續辦之工未便歸入歲
脩自應另案造報奏奉
諭旨工部知道欽此臣部欽遵行知在案今據該撫
將前項搶築柴垻一百四丈五尺鑲柴五十丈
盤頭二座西塘又竣埽工三十二丈埽坦九十
六丈共用過例估加貼銀七萬四千八百七十
八兩二錢三分六厘五毫七絲五忽造冊題銷
臣部按冊查核內所開工段字號丈尺銀兩核
與原奏清單均屬相符其工料價值與例亦屬
無浮應准開銷等因同治十一年十二月十七
日題本月十八日奉
旨依議欽此

臣楊　　跪
奏為查明海塘所需脩費不致有逾原估並仍請
分案估報以昭核寔恭摺覆
奏仰祈
聖鑒事竊准部咨歷查該撫奏報已辦三防各工銀
數共計用銀已四百餘萬兩而未辦各工尚不
在內將來塘工告竣合計銀數較原奏估需銀
七八百萬兩有無增減礙難懸揣該省海塘工
段甚長不能不分案辦理即不能不分案報銷
但所分共有幾案每案需銀若干自應先為估
定則總數可稽不致漫無限制請
旨飭臣將海塘未辦工程三千餘丈及拗拜各工確
切估計需銀若干專摺奏明其戴鎮二汛之石
坦暨西汛之小缺口等工亦即核定銀數先行
奏明辦理等因奉
旨依議欽此欽遵到臣當即行局遵照查明詳辦去
後茲據塘工總局各司道等查得海塘坍損之
工同治六年前督臣吳　等會勘估需脩費七
八百萬之數雖屬約畧綜計然核較工段情形
不甚逕庭惟自會勘以來又經六七年之久凡

未脩之工日受兩潮沖激坍土土埝因而隨卸
損壞情形較彼時加增除經節次估辦東中西
三塘各案柴石土等工共動用銀四百三十八
萬有奇此外中防翁汛東防念汛二汛原坍續
坍未辦石塘三千餘丈暨拘拜未脩石塘以及
隨塘柴埽坦水塘後坍土土埝并尖山以東鹽
平二汛潑損工段尚須隨時酌量情形分案先
估後辦斷不敢漫無限制隨辦隨銷致與從前
奏案不符現查尚未估辦各工將來一律脩復
全整期以事事核寔務求節省核計約需銀數
較之原奏之數總可有盈無絀至戴鎮兩汛坦
水等工及該兩汛小缺口石塘等工均於興辦
時分案估定詳請
奏明在案應俟工竣後截算寔用數目另行造冊
報銷等情呈請具
奏前來臣查浙省海塘自軍興失脩之後外埽坦
水蕩然無存石塘孤立因而坍卸同治六年前
督臣吳　等查勘興脩估需銀七八百萬兩雖
係約畧估計要皆酌中定議旋經各前撫臣暨
臣次第擇要興工均係逐案確切勘估

奏明開辦工竣核寔報銷並無浮冒經部覆准在
案茲准部行令將未辦工程先行估定奏報雖
為慎重經費期有把握起見惟海塘各工最為
險要朝潮夕汐時有變遷而需費既鉅年限久
遠工程之緩急料價之增減丈尺之多寡實不
能先事預計今若先行分案估報仍係約畧之
數未能準確將來察看情形或有不得不更改
之處必須逐案奏請轉致多煩案牘況分估與
並估總期撙節無浮事無二致所有海塘未辦
各工應請仍照前各案隨時核實估辦以免掣
肘惟辦理工程揀員任事自昔為難況海塘工
大費鉅採木運石監工催督用人甚多雖隨處
留意認真稽察仍恐耳目難周臣於工程務求
堅寔而於各項用款無不力求撙節分別駁減
以致失意之員不免造言誹謗近來仕途流品
不一所欲不遂即生怨讟然承辦工員首在操
守廉潔能耐勞苦尤須熟諳事體脩築得法以
故數年以來結寔可靠堪當任使者不過十數
人未敢輕易生手此外亦不得不舍短用長以
濟乃事臣惟不避嫌怨持以公正督率辦理遇

有不職之員輕則記過撤委重則奏叅以期共
襄厥成不為人言所惑現查東中兩防戴鎮二
汛石塘小缺口將次完竣仍應接續興辦以免
失時臣現恭奉
恩旨校閱浙江營伍必須出省兩三月之久現時核
辦秋審事畢已在夏初能否出巡屆時再行察
看秋冬之間又有文武闈鄉試應辦事宜均關
緊要臣才短智淺恐難兼顧可否仰懇
天恩簡派熟悉工務大員來浙督辦塘工之處伏候
聖裁除將勘估中東兩防翁尖兩汛應修石塘小缺
口丈尺銀數另行具
奏外謹將海塘所需修費不致有逾原估及仍請
逐案估報緣由恭摺覆
奏伏乞
皇上聖鑒訓示謹
奏同治十二年三月二十二日奏四月二十七日
奉
硃批覽奏已悉着該撫督飭承辦工員核實經理勿
避怨嫌所請另派大員督辦之處着毋庸議欽此

同治十二年八月初三日准
工部咨為奏
聞事都水司案呈內閣抄出浙江巡撫楊　奏查
明海塘所需修費不致有逾原估並仍請分案
估報一摺同治十二年四月二十七日奉
硃批覽奏已悉着該撫督飭承辦工員核實經理勿
避怨嫌所請另派大員督辦之處着毋庸議欽此
欽遵抄出到部查該撫奏稱查得海塘坍損之
工同治六年前督臣吳　等會勘估需修費七
八百萬之數雖屬約畧綜計然核較工段情形
不甚逕庭除節次估辦東中西三防各案柴石
土等工共用銀四百三十八萬有奇此外中防
翁汛東防念尖二汛原坍續坍未辦石塘三千
餘丈及拗拜未修石塘併隨塘柴埽坦水塘後
附土土埝並尖山以東潑損工段隨時酌量情
形分案先估後辦斷不敢漫無限制致與從前
奏案不符現查尚未估辦各工將來一律修復
事事核寔務求節省核計約需銀數較之原奏
之數總可有盈無絀惟海塘工程最為險要朝
潮夕汛時有變遷工程之緩急料價之增減丈

又之多寡不能先事預計今若先行分案估報仍係約畧之數未為准確將來察看情形或有不得不更改之處必須逐案奏請轉致多煩案牘況分估與並估總期撙節無浮事無二致所有海塘未辦各工應請仍照各前案隨時核寔估辦以免掣肘等語臣查浙江脩辦海塘工程同治六年該督等具奏塘工情形欽奉

諭旨海塘用欵雖繁歷届辦理銀數皆有案可稽現即工料較昂何至七八百萬等因欽此臣部前以該撫奏報各工共計用銀已四百餘萬兩而未辦各工所需錢糧均未核定恐隨辦隨銷浮於原估之數與從前奏案不符奏請

飭下該撫將未辦各工確切估計以憑稽核茲據該撫奏稱除節次估辦柴石土等工動用銀四百三十八萬有奇此外未辦未脩以及潑損工段隨時酌量情形分案先估後辦不敢漫無限制與從前奏案不符並稱較之原奏之數總可有盈無絀是該撫於未辦各工雖未先行估定而約計銀數已有成算其所奏海塘工程最為險要時有變遷不能先事預計亦係寔在情形所請將海塘未辦各工仍照各前案隨時核寔估辦之處應如所奏辦理所需脩費既據該撫查明不致有逾原估應請

旨飭下該撫於全塘告竣之時將通工所用欵項合計總數專摺奏報以示限制而昭核寔臣等為慎重帑項起見是否有當伏乞

皇上聖鑒謹

奏同治十二年五月十七日具奏即日奉

旨知道了欽此

海塘新案

奏疏附部文

臣李　跪

奏為接辦中防石塘並將估需工料銀數恭摺具

奏仰祈

聖鑒事竊臣前經親詣三防勘驗塘工查得西防石塘將次告竣應即預籌接辦中防石工以資聯絡鞏固惟該防缺口較多自應擇要辦理以期覈實當經飭委司道會勘確估詳辦去後茲據塘工總局具詳經署臬司如山杭防道何兆瀛侯補道馮禮藩前杭防道陳璚會同親赴中塘督率廳備各員勘得自翁家埠汛露字號起至潛字號止共坍卸魚鱗石塘六百十四丈又散裂魚鱗石塘六丈該處原係大缺口情形較為吃重且形勢灣窩數年來潮汐晝夜沖刷原塘基趾久已坍沒無存即柴垻亦非久遠之圖亟應首先舉辦石塘以資保衛茲應仿照西防石塘之西人官等號變通辦理擬繞柴垻後斜接龍頭約畧增長三十五丈共散裂六丈一律建復統應建復已坍散裂并增長魚鱗石塘六百五十五丈每丈照西防石工成案估銀四百八十兩共需工料銀三十一萬四千四百兩其文武員弁薪水局用均不在內所估銀兩較之例價不無稍增緣兵燹之後未遂復元物力昂貴與辦繞城石塘時無殊不得不按照西防石工確估以期工堅料實至前工增長丈尺均係約畧聲叙將來有無加減仍須開辦時察看情形酌量核定其餘坍卸石塘尚可從緩者另行察辦以紓庫項至所坍舊石能否打撈及撈獲若干約可抵用幾成亦須隨時核扣方能作準將來石工蕆事仍專歸一案造銷等情呈請具

奏前來臣復核無異除飭趕緊興辦將所撈舊石核實揀選抵用專案報銷外謹將接辦中防石塘估需工料銀數緣由恭摺陳明伏乞

皇太后

皇上聖鑒施行謹

奏同治八年十月初四日奏十一月初六日軍機

大臣奉

旨該部知道欽此

臣楊　　跪

奏為建復中防翁家埠汛魚鱗石塘丈尺用過銀數并完竣日期開列清單恭摺

奏報仰祈

聖鑒事竊查接辦中防石塘經升任撫臣李　　當

奏明并委前杭防道陳璚駐工督辦在案茲查前將勘估工料銀數情形專摺

奏明并委前杭防道陳璚駐工督辦在案茲查前

將勘估工料銀數情形專摺

頭工程經總局司道遴委幹員分投購料監工設立分局於同治八年九月二十六日祀土開工經督辦陳璚會同杭道何兆瀛督率在工員弁募夫集料力求撙節挨號趕辦至十年三月二十三日一律完竣計建復翁家埠汛露結為霜金生麗玉出崑岡劍號巨闕珠稱夜光果珍李柰菜重芥薑鹹淡鱗潛翼三十二字號十八層魚鱗石塘六百四十丈惟此案工程原以該處形勢灣寫擬繞柴壩鉗接龍頭原估連增長共計請辦工六百五十五丈每丈估需工料銀四百八十兩共應估銀三十一萬四千四百兩嗣於臨辦時相度地勢討論工作以槽底畧為向外俾塘身順直稍減增長之工以節經費經臣親詣工次察勘指授機宜量予變通計減辦原估增長工十五丈實辦成工六百四十丈核計打撈各號舊石約抵一成實共用木石雜料夫工等項銀二十九萬一千五百餘兩除較原估少辦工十五丈應減省銀七千二百兩外計節省銀一萬五千六百餘兩辦竣之工均係駐工督辦之員親率員弁夫匠認真趲辦悉係工堅料實如式完固並無草率苟簡報經臣親臨勘驗并委杭州府知府陳魯赴工逐號驗收結覆亦在案今據督辦工員開明辦竣字號丈尺用過工料銀數由總局司道詳請核

奏前來伏查此次接辦建復中防石塘工程臣節次臨工履勘逐加復驗委係料寔工堅如式完固並無草率偷減情弊足資捍禦其工段丈尺并估計銀數與原奏稍有未符者係臨時察看形勢因地制宜分別減辦所用工料銀兩較之前辦西防建復石塘用數不相上下實無絲毫浮冒所有承辦各員為時將及兩年夙興夜寐寒暑無間尤能事事核寔工堅費節均屬始終勤奮著有微勞可否仰懇

天恩准臣擇尤酌保以示鼓勵之處出自
聖主鴻慈除將用過例價工料銀兩細數另行造册
題銷外合將建復中防翁汛魚鱗石塘丈尺用過
銀數并工竣日期謹繕清單恭摺具陳伏乞
皇太后
皇上聖鑒訓示謹
奏
摺開
一建復露結為三號魚鱗石塘六十丈于九年
三月二十三日完工
一建復霜金生麗四號魚鱗石塘八十丈于九
年四月二十五日完工
一建復玉出崑岡劍號六號魚鱗石塘一百二
十丈于九年七月二十日完工
一建復巨闕珠三號魚鱗石塘六十丈于九年
八月二十七日完工
一建復稱字號魚鱗石塘二十丈于九年九月
二十二日完工
一建復夜光果珍李柰六號魚鱗石塘一百二
十丈于九年十一月二十六日完工

一建復菜重芥薑鹹淡六號魚鱗石塘一百二
十丈于九年十二月二十六日完工
一建復鱗潛二號魚鱗石塘四十丈于十年二
月二十七日完工
一建復翼字號魚鱗石塘二十丈于十年三月
二十三日完工
以上三十二號共建復魚鱗石塘六百四
十丈
同治十年九月二十一日奏十月十八日軍機
大臣奉
旨該部知道單併發在工各員着准其擇尤酌保毋
許冒濫欽此又清單内同日奉
旨覽欽此
再浙省三防海塘建立石塘前有柴埽石坦後
有附土土戧各項工程與石塘相為表裏其西
中兩防柴埽之後石塘之前又有溝槽等工遍
栽楊柳以期盤根鞏固歷辦如斯查中防翁汛
露字等號建復魚鱗石塘六百四十丈均已一
律完竣除將驗收完竣日期另行
奏報外惟石塘前後空潤低窪之處春夏雨水勢

必浸積其中應仍仿照向來做法塘前填滿溝槽並於石塘附土後加築托垻俾石塘與柴埽聯爲一氣唇齒相依益臻周妥當由駐工督辦前杭防道陳璚率同在工員弁於中防翁汛露字等三十二號新塘前後分别丈量面底寬深搏節核估共需土方工價銀一萬三十餘兩即經挨號填築于同治十年六月二十日一律完工由在工分局委員報經總局司道核明請
奏前來臣查前項填槽附土實爲保護塘根必不可少之工係照成案辦法所做之工業經勘明一律堅固所需土方工價亦係核實無浮自應准其造銷除將用過銀數另行造冊
題銷外謹附片陳明伏乞
聖鑒謹
奏同治十年九月二十一日奏十月十八日軍機
大臣奉
旨該部知道欽此

同治十二年四月十一日准
工部咨爲題銷浙江省建復中防翁汛露字等號魚鱗石塘並填築槽溝托垻各工用過銀兩應准開銷事都水司案呈工科抄出浙江巡撫楊　題同治八年至十年建復中防翁汛露字等號魚鱗石塘並填槽托垻各工用過銀兩造冊題銷一案同治十一年七月初六日題九月二十六日奉
旨該部察核具奏欽此嗣于十一月初十日據該撫將冊籍揭送到部該臣等查得浙江巡撫楊
疏稱浙省杭州府屬中防境內翁汛自露字號起至翼字號止三十二號共建復十八層魚鱗石塘六百四十丈並于塘前填滿溝槽附土後加築托垻工竣均經親臨履勘悉係料實工堅如式完固並無草率偷減情弊當將做成工段字號丈尺用過銀數并完工日期分案奏報並陳明所用工料銀兩較之前次西防建復石塘用數不相上下實無絲毫浮冒所有填槽托垻等工亦係仿照向來做法俾與石塘表裏相護益臻鞏固均經奏

旨該部知道欽此欽遵在案茲據督辦塘工總局布政使盧定勳按察使蒯賀蓀等會詳此案建復石塘所用工料銀二十九萬一千五百六十三兩六錢八分五厘二毫七絲填槽托壩工料銀一萬三千一兩八錢五分九厘五毫六微均係在於提濟塘工經費暨海塘捐輸各款項下動支由該司道等公同造冊詳送具題等情臣覆核無異除冊圖送部外理合具題等因前來查浙江省同治八年九月起至十年二月止建復中防翁汛露字等號魚鱗石塘並填築溝槽托壩各工先據前任浙江巡撫李　奏明勘驗西塘石塘將次告竣應籌接辦中防石塘准該防缺口情形較為吃重其形勢灣窩數年來潮汐晝夜沖刷原塘坍沒無存柴壩亦非久遠之圖亟應首先舉辦石塘以資保衛並奏明照西防石工成案估銀等因嗣據浙江巡撫楊　將所做工段字號丈尺銀數開單奏報在案今據該撫將前項中防翁汛露字號起至翼字號止三十二號共建復十八層魚鱗石塘六百四十丈並於塘前填槽附土後加築托壩各工共用過例估加貼並稍增銀三十萬一千五百九十五兩五錢四分四厘七毫七絲六微造冊題銷臣部按冊查核內所開工料例估加貼與例相符其稍增銀數經該撫奏明較例價不無稍增按照西防石工確估應准開銷等因同治十一年十二月十七日題是月十八日奉

旨依議欽此

臣楊　　跪
奏為東塘境內散裂拗拜石塘被沖增刷續又辦
竣搶築柴垻各工丈尺年終截數開單奏祈
聖鑒事竊照浙省西中東三防石塘自同治四年二
月興工起至八年十二月止前後辦竣各工節
經分別開單造冊
題奏各在案復自九年正月起截至閏十月底止
東塘境內散裂拗拜年遠石塘除前經估辦戴
鎮二汛石塘小缺口不計外是年陸續增卸念
尖二汛石塘間共工長二百三十六丈九尺又
續辦竣柴垻一百三十三丈五尺鑲柴一百六
十丈五尺外埽四十丈附土土堰眉土九百七
十丈三尺伏查該防散裂拗拜石塘即同治六
年間調任督臣吳　前任撫臣馬　會勘摺
內所稱次第興辦之工實因年久失修塘外坦
埽全無護沙早經刷盡又兼根脚空虛底樁齣
朽下既不能負重上又日受潮沖前所謂散裂
外拜稍輕者轉為今日更形吃重之處不時間
段坍卸實非人力所能保護總計東塘境內增
卸石塘二百餘丈其已坍卸者當即搶築柴垻

散裂加甚者亦應趕鑲柴工俾潮水不致內灌
至附土外埽等工亦係防有沖缺之虞定不可
少之工均經該管道親駐工次督率廳備委員
分投搶辦截至閏十月底止如式完固統共用
過例加工料銀三萬八千二百餘兩均於工竣
隨時驗收並無草率偷減情事至該防境內所
有增卸石塘處所雖經搶築柴垻鑲柴只因工
力不及暫資抵禦若為長久之計自應跟接建
修石塘以期一勞永逸將來接建石塘所有柴
垻各工或作外埽或為內戧均可酌量作用尚
非糜費其附土土堰等工亦係擇要應辦之工
經臣歷次親臨勘明所搶各工均係暫救目前
以免決裂由塘工總局司道核明呈請
奏報等因前來臣復核無異除將做成工段高寬
丈尺用過例加工料銀數另行造冊
題銷外合將同治九年搶築東塘散裂拗拜石塘
被沖增卸續辦柴垻等工丈尺年終截數緣由
先行開單具陳伏乞
皇太后
皇上聖鑒訓示謹

奏
謹將同治九年正月起截至閏十月底止東塘境内續辦接築改建柴垻鑲柴外埽附土土堰眉土各工字號丈尺恭繕清單敬呈
御覽

計開

一東塘戴家汛似字號西十丈起至下字號西四丈止續辦塘後鑲柴共工長五十八丈於九年七月初六二十等日先後完工

又戴汛深字號東四丈起至婦字號西九丈二尺止續辦附土共工長二百丈七尺於九年七月二十日完工

又戴汛映字號東十五丈起至婦字號西九丈二尺止續辦土堰共工長一百八十一丈七尺於九年七月二十日完工

一鎮汛訓字號東十丈入字號二十丈奉字號西六丈仁字號東四丈慈字號二十丈共續辦塘後鑲柴工長六十丈於九年四月二十四日完工

又鎮汛婦字號東十丈八尺起至磨字號二十丈止續辦附土共工長一百九十五丈八尺於九年四月二十四日完工

又鎮汛婦字號東十丈八尺起至磨字號二十丈止續辦眉土共工長二百十一丈八尺於九年四月二十四日完工

又鎮汛婦字號東十丈八尺起至磨字號二十丈止續辦土堰共工長一百八十丈三尺於九年四月二十四日完工

一念里亭汛羣字號中東一丈五尺次東五尺稾字號西一丈五尺鍾字號次東四丈五尺又中東二丈又中二丈五尺府字號西四丈羅字號東九丈路字號西中一丈五尺又東十丈俠字號西五丈戶字號次東一丈封字號西中五尺兵字號東三丈又次東三丈高字號西十九丈冠字號次東一丈五尺驅字號東二丈轂字號西七丈纓字號中一丈駕字號次西四丈又西中三丈又次東四丈肥字號次東五丈又中六丈策字號次東二丈又次東三丈刻字號東中四丈又次東四丈又東二丈銘字號西二丈曲字號東四丈阜

字號西四丈五尺最字號次東二丈五尺州
字號次東三丈五尺止共續辦改建接築柴
垻工長一百三十三丈五尺於九年三月十
五日起至十月十七等日先後完工
又念汛沙字號東六丈五尺漠字號二十丈馳
字號西十六丈共續辦鑲柴工長四十二丈
五尺於九年六月二十八日完工
又念汛霸精二號續辦外埽工長四十丈於九
年閏十月二十六日完工
以上共續辦柴垻工一百三十三丈五尺
鑲柴工一百六十丈五尺外埽工四十丈
附土土堰眉土共工長九百七十丈三尺
統共用過工料銀三萬八千二百餘兩
同治十年八月初七日奏九月十三日軍機大
臣奉
旨該部知道單併發欽此又清單內同日奉
旨覽欽此

臣楊　跪
奏為恭報同治九年分東塘境內續辦柴垻鑲柴
附土土埝眉土外埽各工做成高寬丈尺用過
銀數開列清單恭摺仰祈
聖鑒事竊照浙省杭州府屬西中東三防海塘工程
自同治四年二月興工起至八年十二月止先
後辦竣各工字號段落高寬丈尺用過例加工
料銀兩節經前撫臣取具圖冊分案開單分別
奏報題銷各在案其自同治九年正月起截至閏
十月底止東塘境內散裂拗拜年遠石塘被冲
增卸續又搶辦柴垻一百三十三丈五尺塘後
鑲柴一百六十丈五尺外埽四十丈附土土堰
眉土九百七十丈三尺當于年終截數
奏明在案茲據塘工總局司道具詳前項續辦各
工均由駐工該管道親歷督率搶辦如式完固
隨時驗收並無草率偷減情事所有做成高寬
段落丈尺用過工料銀數核明開單詳請具
奏前來臣復核無異除將用過工料銀兩取具冊
結圖說另行具
題請銷外謹繕清單恭摺具

奏伏乞
皇太后
皇上聖鑒謹
奏

謹將東防境内續辦戴鎮念三汛同治九年正月起截至閏十月底止塘後鑲柴加築附土眉土土埝柴壩外埽等工字號段落做成高寬丈尺用過工料銀數敬繕清單恭呈
御覽

一東防戴家汛似字號西十丈止字號西八丈恩字號次東九丈詠字號次東三丈五尺貴字號次西五丈尊字號東十三丈和字號東五丈五尺下字號西四丈共計工長五十八丈一律塘後鑲柴每丈工寬二丈下寬一丈六尺牽寬一丈八尺高一丈四尺除頂土高二尺實鑲柴高一丈二尺

又戴汛深字號東四丈履字號西七丈松字號東九丈之字號二十丈映字號東十五丈榮字號東十二丈攝字號二十丈職字號西十丈從字號西六丈又東五丈政字號西十三丈棠字號東三丈而字號西十八丈詠字號次西六丈卑字號西八丈睦字號東十丈五尺夫字號二十丈唱字號東五丈婦字號西九丈二尺共計工長二百丈七尺一律加築附土每丈底面牽寬一丈六尺牽深一丈二尺

又戴汛映字號東十五丈攝字號二十丈從字號東十六丈政字號二十丈棠字號東三丈而字號西十八丈樂字號東十三丈殊字號西三丈尊字號東十丈和字號東六丈下字號西四丈睦字號東十丈五尺夫字號二十丈唱字號東十四丈婦字號西九丈二尺共計工長一百八十一丈七尺一律填築土埝每丈底寬八尺面寬五尺牽寬六尺五寸牽深六尺

一鎮海汛訓字號東十丈入字號二十丈奉字號西六丈仁字號東四丈慈字號二十丈共計工長六十丈一律塘後鑲柴每丈工寬二丈下寬一丈八尺牽寬一丈九尺高一丈四尺除頂土高二尺實鑲柴高一丈二尺

又鎮汛婦字號東十丈八尺隨字號西六丈又東四丈外字號西十丈傅字號東十八丈訓字號西十丈比字號東十二丈兒字號二十丈孔字號二十丈懷字號西九丈投字號二十丈分字號西十九丈切字號東十七丈磨字號二十丈共計工長一百九十五丈八尺一律加築附土每丈底面牽寬一丈八尺牽深一丈

又鎮汛婦字號東十丈八尺隨字號西六丈東四丈外字號西十丈傅字號二十丈訓字號二十丈比字號東十二丈兒字號二十丈孔字號二十丈懷字號西九丈投字號二十丈分字號二十丈切字號二十丈磨字號二十丈共計工長二百十一丈八尺一律加築眉土每丈底面牽寬四丈高一尺五寸

又鎮汛婦字號東十丈八尺訓字號東西中九丈入字號二十丈奉字號東六丈比字號東十二丈兒字號二十丈孔字號二十丈懷字號西二丈五尺投字號二十丈磨字號二十丈切字號二十丈分字號二十丈共計工長一百八十丈三尺一律填築土埝每丈底寬七尺面寬四尺牽寬五尺五寸牽深五尺

一念里亭汛葦字號中東二丈槀字號西一丈五尺鍾字號中東九丈府字號西四丈羅字號東九丈路字號西中東十一丈五尺俠字號西五丈戶字號次東一丈封字號西中五尺共計坍成缺口搶築柴壩工長四十三丈五尺每丈面寬二丈五尺底寬三丈五尺牽寬三丈築高二丈除頂土高二尺實築柴高一丈八尺

又念汛兵字號東六丈高字號西十九丈冠字號次東一丈五尺驅字號東二丈轂字號西七丈纓字號中一丈駕字號中十一丈肥字號東中十一丈策字號次東五丈刻字號中東十丈銘字號西二丈曲字號東四丈阜字號西四丈五尺最字號次東二丈五尺州字號次東三丈五尺共計坍成缺口搶築柴壩工長九十丈每丈面寬二丈五尺底寬三丈牽寬二丈七尺五寸築高二丈除頂土高二尺實築柴高一丈八尺

又念汛沙字號東六丈五尺漢字號二十丈馳
字號西十六丈共計工長四十二丈五尺一
律塘後鑲柴每丈上寬二丈下寬一丈八尺
牽寬一丈九尺高一丈二尺除頂土高二尺
實鑲柴高一丈
又念汛霸字號二十丈精字號二十丈共計工
長四十丈一律搶築外埽每丈工寬二丈下
寬三丈牽寬二丈五尺築高二丈四尺除頂
土高二尺實鑲柴高二丈二尺
以上共用過例估加貼工料銀三萬八千
二百七十一兩九分四厘
同治十一年三月十六日奏四月二十四日軍
機大臣奉
旨該部知道單併發欽此又清單內同日奉
旨覽欽此

同治十二年八月初三日准
工部咨開爲題銷浙江省續辦東塘搶築柴壩
外埽鑲柴附土土戧各工用過銀兩與例相符
應准開銷事都水司案呈工科抄出浙江巡撫
楊　題同治九年續辦東塘搶築柴壩外埽
鑲柴附土土戧各工用過銀兩造冊題銷一案
同治十二年二月初六日題四月十八日奉
旨該部察核具奏欽此於四月二十一日科抄到部
該臣等查得浙江巡撫楊　疏稱東中西三
防海塘工程自同治四年二月興辦起至八年
十二月止先後辦竣柴土各工字號段落高寬
丈尺用過例加工料銀兩均經分案造冊題銷
所有九年正月起至閏十月底止續辦搶築柴
壩一百三十三丈五尺塘後鑲柴一百六十丈
五尺外埽四十丈附土土戧眉土九百七十丈
三尺暫資抵禦工竣均經杭嘉湖道何兆瀛隨
時驗收當於年終截數完竣並將各工所做字
號段落高寬丈尺用過例估加貼工料銀兩均
經開單先後奏報各在案茲據該司道等會查
此項續竣東塘柴壩外埽鑲柴附土土戧眉土

各工所有用過工料銀三萬八千二百七十一兩九分四厘均係在于提濟塘工經費以及海塘捐輸等各款項內動支督飭該管廳備等經理應由該司道等造具冊圖詳請具題等情臣覆核無異除冊圖送部外理合具題等因前來查浙江省同治九年正月起截至閏十月底止續辦東塘搶築柴垻外埽鑲柴附土土埝眉土各工先據浙江巡撫楊　奏明東塘境內石塘其已坍卸者當即搶築柴垻散裂加甚者亦應趕辦鑲柴俾潮水不致內灌至附土外埽等各工亦係防有冲缺之虞均經該管道親駐工次督率廳備委員分投搶辦如式完固等因並將做過工段字號丈尺銀數開單奏報在案今據該撫將前項搶築柴垻一百三十三丈五尺塘後鑲柴一百六十丈五尺外埽四十丈附土土埝眉土九百七十丈三尺統共用過例加銀三萬八千二百七十一兩九分四厘造冊題銷臣部按冊查核內所開工料土方例價加貼與例相符應准開銷其動支塘工銀款並行文戶部查照同治十二年六月初十日題本月十二

日奉

旨依議欽此

臣楊　跪

奏為同治十年分東塘念尖二汛散裂拗拜石塘被冲增卸續又搶築柴壩埽坦各工丈尺年終截數開單奏祈

聖鑒事竊浙省西中東三防海塘工程年久失脩節節坍卸自同治四年二月興工起至九年年終止先後辦竣柴壩柴埽盤頭裹頭附土各工節經分别開單造冊

題奏各在案茲自十年正月起至十一月止東塘念尖二汛續又搶築柴壩六十八丈五尺建築埽坦二百三十四丈五尺並將埽外一律加拋塊石以資擁護伏查此項續辦柴壩工段即係同治六年調任督臣吳　前任撫臣馬　會勘摺内所稱年遠舊石老塘散裂拗拜之工比時情形稍輕陳明次第興辦閱今數載護沙刷盡外埽久無底樁纖朽日受兩潮冲擊以致吃重之處續又坍卸本應建復石塘以期一勞永逸惟當此戴鎮二汛石塘坦水同時興辦工力不及是以趕先搶築柴壩暫資抵禦俾潮水不致内灌將來建復石塘或作外埽或為内戧臨時仍可酌量抵用尚非虛糜經費所有建築埽坦之工緣念汛九里橋一帶間存石塘久無外埽勢成孤立每遇大潮冲激多有損卸惟于塘外趕築埽坦埽外一律加拋塊石庶期石塘藉以擁護不致再有冲損是目前保得一段舊塘即將來省得一段新工之費因時制宜實係至要應辦者核計統共用過例加工料并七分公費總計銀二萬七千七百餘兩均經該杭防道親駐工次督率該管廳備實力搶辦如式完固工竣隨時驗收均係料寔工堅並無草率偷減情事經臣歷次臨工履勘無異由塘工總局司道核明截數呈請

奏報前來臣覆加查核委係工關緊要用款核寔除將做成工段高寛丈尺用過例加工料銀數另行造冊

題銷外合將同治十年分東塘念尖二汛散裂拗拜石塘被冲增卸續又搶辦柴壩埽坦各工丈尺年終截數緣由先行開單具陳伏乞

皇太后

皇上聖鑒訓示謹

奏

謹將同治十年正月起截至十一月止東塘境内續辦接築改建柴壩埽坦各工字號丈尺並完工日期恭繕清單敬呈

御覽

計開

一東塘念里亭汛阜字號次西一丈五尺杜字號東十丈羅字號七丈稾字號中一丈五尺路字號西中三丈五尺續辦添建改築柴壩共工長二十三丈五尺于十年三月二十九四月二十六月十八日等先後完工

又念汛俠字號東十七丈起至駕字號西二丈止計十三號續辦埽坦共工長二百三十四丈五尺于十年七月二十日完工

一央山汛邈字號次西三丈岫字號西中十五丈謹字號東九丈教字號西三丈傚字號東六丈載字號西九丈續辦添築改建柴壩共工長四十五丈于十年十一月二十九日完工

以上共續辦柴壩工六十八丈五尺埽坦工二百三十四丈五尺並埽外一律加抛塊石統共用過例加工料銀二萬七千七百餘兩

同治十一年正月二十八日奏三月初六日軍機大臣奉

旨該部知道單併發欽此又清單内同日奉

旨覽欽此

臣楊　跪

奏為恭報同治十年分東塘境內念尖二汛續辦柴壩埽坦並埽外拋護塊石各工做成高寬丈尺用過銀數開列清單恭摺仰祈

聖鑒事竊照浙省杭州府屬東中西三防海塘工程自同治四年二月興工起至九年年終止先後辦竣柴土各工字號段落高寬丈尺用過例加工料銀兩節經分案開單造册

題奏各在案其自同治十年正月起至十一月止東塘念尖二汛續又搶築柴壩六十八丈五尺建築埽坦二百三十四丈五尺並于埽外一律拋護塊石當于年終截數

奏明在案茲據塘工總局司道具詳前項續辦各工均由駐工該管道親歷督飭搶辦如式完固隨時驗收並無偷減情事所有做成段落丈尺高寬用過工料銀數核明開單詳請具

題前來臣復核無異除將用過工料銀兩取具册結圖說另疏具

奏請銷外謹繕清單恭摺具陳伏乞

皇太后

皇上聖鑒謹

奏

謹將東防念尖二汛境內同治十年正月起至十一月止搶築柴壩添建埽坦並拋埽外塊石等工字號丈尺做成高寬用過銀數敬繕清單

恭呈

御覽

計開

一東防念里亭汛阜字號次西一丈五尺杜字號東十丈羅字號中乙丈稾字號次西一丈五尺路字號西中三丈五尺共計坍成缺口搶築添建改築柴壩工長二十三丈五尺每丈面寬二丈五尺底寬三丈牽寬二丈乙尺五寸築高二丈除頂土高二尺實築柴高一丈八尺

一尖山汛邈字號次西三丈岫字號西中十五丈謹字號東九丈敕字號西三丈假字號東六丈載字號西九丈共計坍成缺口搶築添建改建柴壩工長四十五丈每丈面寬二丈五尺底寬三丈牽寬二丈乙尺五寸築高二

丈除頂土高二尺寔築柴高一丈八尺
一念里亭汛侠字號東十七丈槐字號二十丈
卿字號二十丈户字號二十丈封字號二十
丈八字號二十丈縣字號二十丈家字號二
十丈給字號西十五丈五尺祿字號二十丈
富字號二十丈車字號二十丈駕字號西二
丈石塘之外建築埽坦共計工長二百三十
四丈五尺每丈底寬一丈八尺面寬一丈二
尺牽寬一丈五尺築高一丈四尺並于外口
臨水加抛塊石每丈底寬一丈二尺面寬五
尺牽寬八尺五寸高九尺
以上統共用過例加工料銀二萬七千七
百九十三兩七錢六分五厘五毫二絲五
忽
同治十一年十一月初四日奏十二月初九日
軍機大臣奉
旨工部知道單併發欽此又清單内同日奉
旨覽欽此

同治十三年正月十七日准
工部咨開浙江省東防境内念汛二汛續又搶
築柴壩並建築坦水拋護塊石各工用過銀兩
與例相符應准開銷事都水司案呈工科抄出
浙江巡撫楊　　題同治十年東防境内念汛
二汛續又搶築柴壩並建築坦水抛護塊石各
工用過銀兩造册題銷一案同治十二年七月
初二日題九月十三日奉
旨該部察核具奏欽此于九月十四日科抄到部該
臣等查得浙江巡撫楊　　疏稱浙省杭州府
屬東中西三防海塘工程自同治四年二月興
工起至九年年終止先後辦竣柴土各工均經
分案造册題銷在案所有十年正月起至十一
月止東防念汛二汛續又搶築柴壩建築埽坦
並埽外加抛塊石以資擁護此項工段係同治
六年調任督臣吳　　等會勘摺内所稱年遠石
塘散裂摺奏陳明次第興辦閱今數載護沙刷
盡外埽底樁霉朽日受兩潮沖激以致吃重緣
念汛九里橋一帶間存石塘久無外埽勢成孤
立每遇大潮冲激多有損卸惟於塘外趕築埽

坦埽外拋塡塊石庶期石塘藉以擁護不致再有冲損實係因時制宜之工竣均經杭嘉湖道何兆瀛隨時驗收結覆並臣歷次親臨勘明將各工所做字號段落高寬丈尺用過例估加貼工料銀兩開單奏報在案玆據塘工總局布政使盧定勳等會同詳稱此項續竣東防念汛二汛柴垻六十八丈五尺埽坦工二百三十四丈五尺並埽外加拋塊石各工用過工料銀二萬七千七百九十三兩七錢六分五厘五毫二絲五忽均係在于提濟塘工經費暨海塘捐輸各款項下動支督飭該管廳備核寔經理應由該司道等公同造具冊圖詳請具題等情臣復核無異除冊圖送部外理合具題等因前來查浙江省同治十年東防境內念汛二汛續又搶築柴垻並建築埽坦拋護塊石各工先據浙江巡撫楊　奏明並將各工字號丈尺銀數開單奏報在案今據該撫將東防念汛二汛續又搶築柴垻六十八丈五尺建築埽坦二百三十四丈五尺並埽外加拋塊石共用過例加工料銀二萬七千七百九十三兩七錢六分五厘五毫二絲五忽造冊題銷臣部按冊查核內所開各工字號丈尺銀數核與奏報清單相符其工料價值與例亦屬無浮應准開銷等因同治十二年十一月二十六日題是月二十八日奉

旨依議欽此

臣李　跪
奏為開辦東防戴鎮二汛頭二坦水盤頭各工估
需工料銀數恭摺奏
聞仰祈
聖鑒事竊照東防石塘前因年久失脩塘外柴埽坦
水盤頭逐漸坍沒以致石塘孤立間段坍卸其
缺口處所前撫臣飭令搶築柴壩鑲柴盤頭各
工以資抵禦業已完竣先後
奏明在案茲查西防石工尚未全竣如東防石塘
同時並舉不特經費難籌且人工物料一時萬
難購集前經臣親臨東防察看石塘坍卸段落
甚多所有舊塘多露塘脚坦水殘缺不全再遇
潮汐復有坍卸則塘身更形孤立今日保一丈
之舊塘將來即少脩一丈之新工權衡輕重東
防工程應以速辦石坦為要上年臣於巡閱塘
工情形摺內亦經聲明在案當飭總局查明現
存石塘工段應築若干勘明確估開摺詳辦并
委候補知府慶泰駐工董率去後茲據塘工總
局司道轉據該廳備暨各委員會同赴工逐一
勘覆除去歲汛坦水另辦并繞城已竣各工及

各口已築柴壩不計外所有現存舊石之塘均
皆顯露即原建埽工現亦無存應請一律改建
頭二坦水計自戴汛積字號起至鎮汛典字號
止應辦頭坦工長二千三百六十一丈一尺內
併辦二坦工長二千七百六十四丈六尺兩共
工長六千一百二十五丈七尺內有舊存條石
三十六丈塊石三百四十八方樁木一千七百
八十丈五尺均已霉朽間有低矬不堪抵用前
工內有僅辦頭坦者情形吃重准如所估釘用
排樁兩路以資關鍵其頭二坦並辦者應照例
仍釘排樁一路共估需工料銀三十萬六千三
百九十九兩零又勘得戴鎮念三汛原建忠則
如松同氣甲帳聚羣十號大小柴盤頭五座均
已坍盡一概無存亦請一體建復以挑水勢共
估需工料銀四萬三千六百四兩統共銀三十
五萬三兩零所估工料係援照上屆繞城坦水
成案科算核與定例稍增然體察情形今非昔
比此時物料人工較前昂貴與前辦繞城工程
無異且坦水露底深者亦須多用塊石在在增
費尚無浮冒由總局司道核明開摺具詳請

奏前來臣覆加確核與親勘情形無異此係舊塘
新坦應請專案報銷以清眉目合將興辦東防
戴鎮二汛頭二坦水盤頭各工緣由繕摺具
奏伏乞
皇太后
皇上聖鑒訓示謹
奏同治八年八月初十日奏九月初十日軍機大
臣奉
旨該部知道欽此

同治八年十二月初八日准
工部咨開都水司案呈內閣抄出浙江巡撫李
奏開辦東塘戴鎮二汛坦水盤頭各工估
需工料銀數一摺同治八年九月初十日軍機
大臣奉
旨該部知道欽此欽遵抄出到部臣等查原奏內稱
東防石塘年久失脩坍卸段落甚多塘脚坦水
殘缺不全再遇潮汐則塘身更形孤立應以速
辦石坦為要上年臣于巡閱塘工情形摺內聲
明在案茲據塘工總局司道暨各委員赴工逐
一勘覆應請一律改建頭二坦水計自戴汛積
字號起至鎮汛典字號止應辦頭二坦工釘用
排樁兩路以資關鍵共估需工料銀三十萬六
千三百九十九兩零又戴鎮念三汛原建忠則
如松同氣甲帳聚羣十號大小柴盤頭五座均
已坍盡亦請一體建復共估需工料銀四萬三
千六百四兩零所估銀兩係援照上屆繞城坦
水成案科算與例稍增臣復加確核與親勘情
形無異此係舊塘新坦應請專案報銷以清眉
目等因臣等查浙省上年拆脩海甯石塘工程

前據浙江撫臣覆奏脩辦海甯石工若不另增
加貼斷難辦理應手經臣部以該撫所奏係為
工程緊要准其酌增此外各項塘工均不得援
以為例奏明在案茲據奏稱戴鎮汛内改建頭
二坦水盤頭各工聲明援照上屆繞城坦水成
案科算查前案尚未題銷並經臣部奏明此外
各項塘工不得援以為例該撫何以復行援案
請增且該撫並未聲明所增數目奏明請
旨遵行僅聲稱與例稍增恐該工員等藉以冒銷殊
非慎重錢粮之道相應請
旨飭下浙江撫臣嚴督工員核實辦理毋得含混加
增稍涉浮冒以資撙節所有臣等查明具奏緣
由是否有當伏乞
聖鑒訓示遵行謹
奏請
旨同治八年十月十三日具奏即日奉
旨依議欽此

臣楊　跪
奏為查明估辦東防戴鎮二汛頭二坦工實無浮
冒委難核減仍請援案辦理恭摺仰祈
聖鑒事竊准部咨上屆繞城坦水稍增例價一案奏
明此外各項塘工不得援以為例何以此次戴
鎮二汛改建頭二坦水盤頭各工復行援案請
增且未陳明所增數目僅稱與例稍增恐該工
員藉以冒銷殊非慎重錢粮之道請
旨飭臣嚴督工員核實辦理毋得含混加增稍涉浮
冒等因即經轉行遵照去後今據塘工總局司
道詳稱查此案請辦東防戴鎮二汛坦水盤頭
各工原因該處石塘孤立舊築坦水埽工歲久
失脩早經坍沒外無衛護潮汐冲激僅憑一綫
石塘難資抵禦是以擇要估辦以固舊塘至於
估需工料銀兩當此經費艱難之際何敢稍任
浮冒實緣今昔情形不同故不得不援案請增
溯查乾隆年間脩辦海塘石工其時人物豐稔
例價尚嫌不敷致有加貼今則兵燹之後民物
凋殘與此鉅工所有木石各料均皆採自深山
紆廻盤越腳價增至數倍至匠作夫工亦係僱

諸他方惟有加給工食方可募集若不援案請增辦理萬難應手是工程之緊要購料之艱難催夫之棘手無不與前辦繞城坦水同一情形原估銀數本係核寔無浮奉飭前因復經會同督飭援辦坦工委員及該防廳備細將工程物料夫匠等項逐一科算又復通盤核計原估銀兩在在核寔無可再減且現距估辦之時已逾兩載海中潮汐變遷南沙日漸寬濶海潮盡趋北岸坦基搜刷益深已估未經興辦者原估平底之工現多露底其原估露底一二尺者又或加深至三四尺不等即原估塊石一項已虞不敷況原估頭二兩坦並辦者頭坦祇釘單排樁木嗣於臨辦相度形勢間有險要之處又須加釘排樁拋湪塊石俾舊塘新坦兩受其益由臣親臨察看指受機宜仿照通志辦法於未成頭坦一律加釘以期鞏固是原估銀數不惟難於核減抑且深慮不敷若使拘執例價勉節經費勢必有妨工務該司道等一再稽核均係實在情形委難刪減等情詳請具

奏前來臣復加確查寔無浮冒情事除咨明工部查照外合將奉部駁查東塘坦工委難核減仍

請援案辦理緣由據寔覆

奏伏乞

皇太后

皇上聖鑒敕部查照施行謹

奏同治十年十二月十八日奏十一年正月二十

日軍機大臣奉

旨着照所請該部知道欽此

臣楊　跪

奏為東防戴鎮二汛舊存石塘建復頭二坦水盤頭各工丈尺並完竣日期恭摺具

奏仰祈

聖鑒事竊照浙省杭州府屬東防境内戴鎮二汛積字等號舊存石塘應建頭二坦水盤頭等工經陞任撫臣李　臨工勘明擇要興辦飭局委員估計銀數

奏明在案經該總局司道委員分投購料監工設立分局于同治八年九月初一日祀土興工並委候補知府慶泰暨接辦工員候補知府陳乃澣先後駐工會同該管廳備督率在事員弁募夫集料挨號趕辦至十一年七月二十五日一律完竣計自東塘戴汛積字號東頭坦六丈五尺起至鎮汛典字號西頭二坦各十丈止原估應辦頭坦工長三千三百六十一丈一尺二坦工長二千七百六十四丈六尺大小柴盤頭五座先經慶泰辦竣頭二坦工長三千一百三十六丈典亦盤頭一座嗣經陳乃澣辦竣頭二坦工長二千九百三十五丈忠則如松盤頭各一座候補知縣石家麟辦竣頭二坦工長一百四十五丈均經一律完竣惟該工興辦已歷三年之久其中潮勢變遷情形頗異有較原估應增之工如建築忠則盤頭照原估丈尺外實添築外圍二丈八尺面寬四尺如松盤頭添築後身工長六丈五尺外圍沖鋒一律加寬又併辦二坦之澄取字等號頭坦間段工長五百六十四丈四尺原估只釘單排椿今應一律添釘雙排方資抵禦有照原估應移應增之工如典亦盤頭原估建于聚羣字號今酌量情形應移建于西首之典亦字號其迤東迎潮極重並酌量加幫雁翅添築後身沖鋒方禦沖激有照原估應改之工如同氣甲帳四號原估盤頭二座近日情形較輕改辦頭二坦水亦能保護塘根除原估坦水外計添辦頭二坦工各長五十三丈九尺有照原估應減之工如松盤頭丈尺既增後身即占地位則字號原估坦工並有重複丈尺共計應減辦頭坦工十一丈五尺二坦工六丈以上原估續添各工抵計共實辦成頭坦工長三千四百三丈五尺二坦工長二千八百一十

二丈五尺柒盤頭三座統查原估工料銀三十
五萬三兩零今有續添頭坦並加釘排樁添築
盤頭後身沖鋒雁翅等工續共估銀一萬七千
四十三兩零合計原估續估共銀三十六萬七
千四十餘兩除減辦坦水盤頭等工應於原估
數內扣除銀二萬一千七百六十餘兩外寔共
估銀三十四萬五千二百八十兩零此項工程
均經監辦工員於興辦時察看情形酌量更改
似不能拘定前估丈尺銀數稍事遷就致誤要
工臣於

奏覆部查前項坦工估數委難核減案內陳明亦
在案所有辦成頭坦工三千四百三丈五尺二
坦工二千八百一十二丈五尺柒盤頭三座內
除慶泰經辦之坦工潑損一千六百餘丈遵照
奏案飭令賠脩擬報工竣應俟驗收結覆另案辦
理外其餘辦竣各工由總局司道查明具詳請
奏前來臣查此項建復改建頭二坦工程各悉依
舊跡折釘安砌以及盤頭各工均皆如式完固
並委臬司蒯賀蓀赴工驗收其所築工段丈尺
間有寬窄不等及估用銀數與原奏未符之處
委係臨辦時察看形勢因地制宜分別酌辦所
估工料銀兩核與例價稍增臣已奏蒙
聖恩允准在案所有該工字號丈尺併實用銀數除
俟總局核詳另行繕單
題奏請銷外謹將建復改建東塘戴鎮二汛頭二
坦水盤頭各工丈尺並完竣日期恭摺具
奏伏乞
皇太后
皇上聖鑒敕部查照施行謹
奏同治十一年十二月初三日奏十二年正月初

臣楊　號
奏為辦竣東防戴鎮二汛頭二坦水盤頭各工字
號丈尺用過銀數敬繕清單恭摺
奏報仰祈
聖鑒事竊照浙江省杭州府屬東防境內戴鎮二汛
積字等號舊存石塘應建頭二坦水盤頭各工
前經陞任撫臣李　親勘擇要估計銀數
奏明飭局委員興辦在案經該總局司道委員分
投購料監工設立分局自同治八年九月初一
日興工起至十一年七月二十五日一律完竣

四日軍機大臣奉
旨該部知道欽此
統共辦成頭坦工長三千四百三丈五尺二坦
工長二千八百十二丈五尺柴盤頭三座內經
委員候補知府慶泰辦竣頭二坦水工長三千
一百三十六丈柴盤頭一座候補知府陳乃瀚
辦竣頭二坦工長二千九百三十五丈柴盤頭
二座候補知縣石家麟辦竣頭二坦工長一百
四十五丈工竣後當委臬司蒯賀蓀赴工驗收
均係工堅料實如式完固並無草率偷減情事
經臣將完竣日期並寔共估計工料銀三十四
萬五千二百八十兩零

奏報在案茲據塘工總局司道會查得該分局前
後收支委員造送冊報用過工料經費核共銀
三十三萬五千二百餘兩逐一勾稽均屬核寔
無浮其坦水丈尺間有寬窄不等實係限於地
勢因時酌宜工料亦有所省照估寔計節省銀
一萬餘兩開單詳請具
奏前來臣復核無異除飭將辦竣工段字號丈尺
用過銀數照例開具冊結另請
題銷外合將辦竣東防戴鎮二汛坦水盤頭各工
用過例估加貼新增工料銀兩緣由開單具
奏伏乞
皇太后
皇上聖鑒敕部查照施行謹
奏
謹將東防戴鎮二汛舊存石塘建築頭二坦水
盤頭拋護塊石各工字號丈尺做成高寬用過
例估加貼新增工料銀數敬繕清單恭呈
御覽
計開
一東塘戴鎮積字號東六丈五尺福緣善慶尺

壁寶寸陰是競資父事均曰嚴與敬孝等字二十號各二十丈力字號東七丈忠字號西十七丈則字號東九丈五尺命字號西十丈流字號東十一丈不字號中十丈息字號次東五尺澄字號次東五丈五尺取字號東四丈映字號二十丈思字號中十丈辭安定篤初慎等字六號各二十丈終字號東十丈宜字號二十丈令字號西十八丈榮字號東十三丈業基藉甚竟學優登等字八號各二十丈從字號次西四丈詠字號東十丈樂殊二號各二十丈貴字號西十丈尊字號西十四丈卑字號西六丈又鎮汛訓入二號各二十丈奉字號西三丈五尺同字號二十丈氣字號西四丈仁字號東四丈四尺慈圖二號各二十丈楹字號西五丈五尺筵字號二十丈設字號西東八丈席鼓二號各二十丈瑟字號西四丈吹字號東十丈笙字號二十丈共計工長一千一百五十丈四尺一律建築條石頭坦每丈照例築寬一丈二尺上除蓋面條石不計外下用塊石墊底填深自三尺起至六尺五寸止前工或因僅辦頭坦或因潮勢吃重打釘排樁二路

一東塘戴汛臨字號東十五丈五尺深履薄夙興溫凊似蘭斯馨等字十一號各二十丈如字號西十三丈五尺松字號東九丈五尺之盛二號各二十丈川字號西十七丈息字號東一丈五尺淵字號二十丈澄字號西九丈五尺容止若三號各二十丈思字號東西十丈言誠美三號各二十丈令字號東二丈榮字號西七丈所仕攝職四號各二十丈從字號西六丈東六丈政字號西十七丈存字號東九丈以字號西十六丈棠字號東十一丈而字號二十丈益字號西十三丈詠字號次東八丈貴字號東十丈禮字號二十丈別字號西三丈九尺東七丈六尺尊字號東六丈卑字號中十一丈五尺上字號中十四丈和字號東十六丈下睦夫三號各二十丈唱字號西四丈東五丈婦字號西九丈二尺又鎮汛婦字號東十丈八尺隨外受傅四號各二十丈奉字號東十六丈五尺母儀諸姑伯叔

猶子比兒孔懷兄弟等字十四號各二十丈氣字號東十六丈連枝交友投分切磨箴規等字十號各二十丈仁字號西十五丈六尺隱惻造次弗節義盤鬱樓觀飛禽畫綵仙靈丙舍傍啟甲帳等字二十三號各二十丈楹字號東十四丈五尺肆陛二號各二十丈階字號西中九丈納字號東十八丈陞弁轉三號各二十丈疑字號西十二丈東三丈星右通三號各二十丈廣字號西八丈內字號東六丈左達承三號各二十丈明字號西七丈既字號東三丈集字號二十丈典字號西十丈共計工長二千二百四十八丈一尺一律建築條石頭坦每丈照例築寬一丈二尺上除蓋面條石不計外下用塊石墊底填深自三尺起至六尺五寸止折釘排樁一路

一東塘戴汛臨字號東十五丈五尺深履薄夙興溫凊似蘭斯馨等字十一號各二十丈如字號西十三丈五尺松字號東九丈五尺之盛二號各二十丈川字號西十七丈息字號東二丈淵字號二十丈澄字號西十五丈取字號東四丈映容止若思言辭安定篤初誠美慎等字十四號各二十丈終字號東十丈宜令榮業所登仕攝職等字九號各二十丈從字號西十丈東六丈政字號西十七丈存字號東九丈以字號西十六丈棠字號東十一丈而字號二十丈益字號西十三丈詠字號東十八丈樂殊貴禮等字四號各二十丈別字號西三丈九尺東七丈六尺尊字號二十丈卑字號西十七丈五尺上字號中十四丈和字號東十六丈下睦夫三號各二十丈唱字號西四丈東五丈婦字號西九尺二尺

又鎮汛婦字號東十丈八尺隨外受傅訓入奉母儀諸姑伯叔猶子比兒孔懷兄弟同氣連枝交友投分切磨箴規仁慈隱惻造次弗節義盤鬱樓觀飛圖寫畫綵仙靈丙舍傍啟甲帳楹肆筵等字六十二號各二十丈設字號西東八丈席鼓二號各二十丈瑟字號西四丈吹字號東十丈笙陞二號各二十丈階字號西中九丈納字號東十八丈陞弁轉三號各二十丈疑字號西十二丈東三丈星右

通三號各二十丈廣字號西八丈內字號東六丈左達承三號各二十丈明字號西七丈既字號東三丈集字號二十丈典字號西十丈共計工長二千八百十二丈五尺一律建築條石二坦每丈照例築寬一丈二尺工除蓋面條石不計外下用塊石墊底填深自三尺起至六尺五寸止扦釘排樁兩路

一東防戴汛忠字號東三丈則字號西十丈五尺建築柴盤頭一座外圍工長二十丈八尺後身長十三丈五尺中面寬五丈二尺底寬六丈東西兩雁翅各面寬三丈二尺各底寬四丈四尺除頂土高二尺寔築柴高三丈二尺

一東防戴汛如字號東六丈五尺松字號西十丈五尺建築柴盤頭一座外圍工長二十二丈五尺後身長十七丈中面寬五丈底寬六丈東西兩雁翅各面寬三丈二尺各底寬四丈四尺除頂土高二尺寔築柴高三丈二尺

一東防鎮汛典字號東九丈亦字號西十五丈建築柴盤頭一座外圍工長三十丈後身長二十四丈中面寬六丈底寬七丈東西兩雁翅各面寬三丈四尺各底寬四丈六尺除頂土高二尺實築柴高三丈五尺並逾東加築雁翅四丈面寬一丈八尺底寬二丈二尺高三丈五尺

前項盤頭三座均因埽外水深酌量加拋塊石面寬自八尺起至九尺止底寬自二丈五尺起至二丈七尺五寸止高自三丈起至三丈三尺止

以上統共用過例估加貼新增工料銀三十三萬五千二百餘兩係動支提濟塘工經費暨海塘捐輸等款理合陳明

同治十二年四月二十二日奏五月二十日奉

硃批工部知道單併發欽此又清單內同日奉

硃批覽欽此

同治十三年十一月初十日准
工部咨為題銷浙江省東防戴鎮二汛建築頭二坦水盤頭等工用過銀兩應准開銷事都水司案呈工科抄出浙江巡撫楊　題東防戴鎮二汛同治八年建築頭二坦水盤頭等工用過銀兩造冊題銷一案同治十三年三月初六日題五月二十八日奉
旨該部察核具奏欽此于六月初二日科抄到部該臣等查得浙江巡撫楊　疏稱浙省杭州府屬東防戴鎮二汛境內石塘前因年久失脩坍卸段落甚多塘外柴埽坦水盤頭逐漸坍沒所存舊塘多露塘脚亟應一律建築坦水盤頭方足以衛石塘而挑水勢所估工料係援照上屆繞城坦水成案科算核與定例稍增然體察情形今非昔比物料人工較前昂貴與前辦繞城工程無異且坦水露底深者亦須多用塊石比項工段係前陞撫臣李　遴員赴工興辦奏奉
諭旨該部知道欽此嗣准工部咨以上屆繞城坦水稍增例價一案奏明此外各項塘工不得援以為例何以此次戴鎮二汛改建頭二坦水盤頭各工復行援案請增奏明行令核寔辦理毋得含混加增等因當經飭令委員廳偹細將工程物料夫匠等項逐一科算又復通盤核計原估銀兩在在核寔無可再減並以原估頭二兩坦並辦之頭坦祇釘單樁經臣親臨勘明仿照通志辦法飭於末成頭坦一律加釘雙樁以期鞏固是原估銀數尚慮不敷實難刪減等情奏覆欽奉
諭旨著照所請該部知道欽此接准部咨欽遵行令查照各在案計東塘戴汛積字號東頭坦六丈五尺起至鎮汛典字號西頭二坦各十丈止間共建築頭坦工長三千四百三丈五尺二坦工長二千八百十二丈五尺柴盤頭三座自同治八年九月初一日興工至十一年七月二十五日一律完竣當經飭委按察使蒯賀蓀等逐細驗收茲據塘工總局布政使盧定勳等會同詳稱此項辦竣各工除舊存條石三十六丈塊石三百三十八方不計錢糧外所用例估加貼增貼工料銀三十三萬五千二百二十二兩一錢

三分七厘六毫九絲五忽均係在于提濟塘工經費暨海塘捐輸各款項下動支督飭該管廳備核寔經理應由該司道等公同造具冊圖詳請具題臣復核無異除將冊圖送部外理合具題等因前來查浙江省東防戴鎮二汛同治八年至十一年建築頭二坦水盤頭等工先據暨任浙江撫臣李　奏明東塘境內戴鎮二汛石塘援照工屆繞城坦水成案科算核與定例稍增當經臣部奏明行令核寔辦理毋得含混加增等因復經浙江巡撫楊　以原估銀兩無可再減並以原估頭二坦水工祇釘單樁經臣親臨勘明加釘雙樁是原估銀數尚慮不敷實難刪減等情奏覆奉

旨着照所請該部知道欽此欽遵在案茲據該撫將東防戴鎮積字號東頭坦六丈五尺起至鎮汛典字號西頭二坦各十丈止間共建復頭坦工長三千四百三丈五尺二坦工長二千八百十二丈五尺柴盤頭三座共用例估加貼增貼工料銀三十三萬五千二百二十二兩一錢三分七厘六毫九絲五忽造冊題銷臣部按冊查核內所開工料例估加貼增貼經該撫查明覆奏奉

旨允准應准開銷其動支塘工經費暨海塘捐輸各款銀兩并行文戶部查照至西中兩防同治六七兩年歲修柴壩裹頭等工先據該撫造冊題估迄今數載尚未題銷並同治八年至十二年歲修各工亦未具題殊屬延玩應令該撫迅將各該年分歲修工程挨次分案具題以憑核辦等因同治十三年九月十九日題本月二十一日奉

旨依議欽此為此合咨前去欽遵施行

撫院楊　片奏

再升任撫臣李　任內于同治八年八月間
奏請於東中兩防尚存舊石塘外趕脩頭二坦水
以資保護計共工長六千一百餘丈估需銀三
十萬有零飭委候補知府慶泰駐工董率欽奉
諭旨該部知道欽此欽遵在案臣接任後照案督飭
趕辦旋因督工委員候補知府慶泰不能得力
由局詳請撤退該員旋即丁憂因與支發委員
另案參革通判張玉澍賬目轇轕恐有浮冒情
事未准回籍當飭總局司道督同該員等澈底
清查分別結算去後乃慶泰任意延宕屢催罔
應已屬藐玩茲復查得該員經辦坦水工段計
三千餘丈現已潑損一千六百餘丈雖因上年
潮旺所致然該工甫經兩年即潑損如是之多
其辦工不能堅寔已可概見前項工程丈尺過
多全工未竣保固尚未起限原無賠脩之例惟
既有支發賬目轇轕即難保無偷減情弊若不
稍示懲儆何以慎重要工相應請
旨將丁憂候補知府暫行革職勒令將潑損坦水工
段一律賠脩完固一面將經手賬目分別結算
清楚核實造銷後再行
奏請開復飭令回籍守制倘敢抗違及查有侵冒
重情另行從嚴參辦不稍姑容謹會同兼署閩
浙總督臣文　附片具
奏伏乞
聖鑒訓示謹
奏同治十一年二月十二日奏是月二十四日軍
機大臣奉
旨慶泰着暫行革職勒令賠修餘俱依議該部知道
欽此

臣楊　跪

奏為工員賠脩工程業已完竣並所稟橋木細小各節查無其事請

旨開復原官恭摺仰祈

聖鑒事竊前因候補知府慶泰承辦東中兩防坦水工程三千餘丈內潑損一千六百餘丈並與支發委員已革通判張玉澍帳目轇轕經臣奏參

奉

旨慶泰着暫行革職勒令賠脩等因欽此轉行遵辦嗣據塘工總局詳報該革員業將各工賠脩先後詳請委員驗收正在核辦之間忽據慶泰稟稱前次損壞之工因辦橋委員張兆芝所辦橋木瘦小不能抵禦潮勢條石無依致被沖損並聞張兆芝採辦木料浮銷價錢十餘萬串運工橋木雖係該革員經收一時疎忽自行檢舉稟請質訊等情臣以該革員係奏委督辦坦工之員如果當時辦橋委員運木到工如不合式何以早不稟揭濫行收受迨至工竣潑損責令賠脩之後始以橋木瘦小為詞委係妄稱檢舉意存諉過可知惟張兆芝採辦橋木是否合式價值有無浮冒亦應澈底清查以昭核寔即經批飭藩司臬司檄調浦江縣知縣張兆芝來省傳同該革員慶泰當面對質取具親供以憑奏辦去後今據該司等會同詳稱移准塘工總局查覆慶泰經辦坦工已一律賠脩完整至橋木一項委員採辦定有圍圓長短尺碼並有刻刷雙聯印票發給工次分局每汛委員運木到工由工員點驗量收於聯票內填明尺碼截付採辦委員收執於造冊報銷時送局核對相符方准核銷此次張兆芝所辦坦工橋木圍圓局中以工次收票較對該員冊報尺碼價值均與定章相符一面督同杭州府確詢據慶泰面稱前因經辦坦工潑損至一千六百餘丈奉飭賠脩遂思潑損工段或由于橋木不能抵禦當時傳說不一即以辦橋委員張兆芝浮冒公款具稟今已查明前稟寔係誤信傳言潑損之工現已賠修完整懇請轉詳銷案並據張兆芝以賸運橋木悉遵塘工局定章並無朦混浮冒等情由該司等會傳質訊無異惟慶泰係督辦之員責在收木用木當時木料採運甚多任其揀擇如果

張兆芝運木到工果不合式自應隨到隨駁豈能強其驗收更不能強其釘用乃驗收既有該革員收票尺碼為憑釘用又係該革員自行督匠工作今因坦工潑損遂欲諉過他人咎將誰執至所稟張兆芝浮冒一節查東塘坦工共用木二十六萬三千餘枝合計價腳洋十九萬二千餘元以十九萬餘元之腳價而謂有十餘萬串之浮冒揆之情理殊屬不實等情詳覆前來當經撥委鹽運使靈杰馳赴工次將慶泰賠修坦水工段逐一驗收實係如式完整並無草率偷減情弊具結申覆在案臣查暫革候補知府慶泰承辦坦水被潮潑損工程業已一律賠修如式完固委驗屬實前與張玉澍賬目轇轕並已核算清楚其所稟張兆芝樁木細小價值浮冒各節既經該司等查無其事應無庸議惟該革員妄聽人言率行具稟究有不合除飭司記過外姑念在工兩年有餘辛勞頗歷且前項坦工亦已賠修完固尚知愧奮合無仰懇
天恩俯准將暫革候補知府慶泰開復原官以昭激勸至張兆芝採辦樁木既係合式價值並無浮冒亦毋庸議謹將工員賠修工程業已完竣擬
請開復緣由會同閩浙總督臣李　　恭摺具
奏伏乞
皇太后
皇上聖鑒訓示謹
奏同治十二年三月十九日奏四月初一日奉
硃批着照所請該部知道欽此

同治十三年正月二十六日准
吏部咨開為核議具題事考功司案呈吏科抄出本部具題議得内閣抄出浙江巡撫楊
奏稱竊前因候補知府慶泰承辦東中兩防坦水工程三千餘丈内潑損一千六百餘丈並與支發委員已革通判張玉澍賬目轇轕經臣奏參暫行革職勒令賠脩等因轉行遵辦嗣據塘工總局詳報該革員業將各工賠脩完竣詳請驗收核辦等情臣查暫革候補知府慶泰承辦坦水被潮潑損工程業已一律賠脩如式完固委驗屬實前與張玉澍賬目轇轕並已核算清楚應毋庸議惟該革員在工兩年頗歷辛勞前項坦水已賠脩完整尚知愧奮合無仰懇
天恩俯准將暫革候補知府慶泰開復原官以昭激勸謹奏同治十二年四月初一日奉
硃批着照所請該部知道欽此欽遵到部查此案前浙江候補知府慶泰因承辦東中兩防坦水工程尚未全竣即被潑損奏參暫行革職勒令賠脩在案今據浙江巡撫楊　奏稱該員在工兩年頗歷辛勞前項坦工已賠脩完整尚知愧奮請開復原官欽奉
硃批着照所請等因欽此應請將前浙江候補知府慶泰暫行革職之案准其開復仍令該撫出具考語給咨該員赴部引
見恭候
命下同治十二年十二月十一日題本月十三日奉
旨依議欽此相應知照可也

海塘新案

奏疏附部文

臣楊　　跪

奏為同治十一年分東防念汛境内前坍石塘龍頭被冲增卸續辦柴垻並西防翁汛境内原築埽坦山潮冲刷分別加築柴埽各工丈尺年終截數奏報仰祈

聖鑒事竊照浙省杭州府屬東西中三防海塘工程年久失脩間段坍卸自同治四年二月啟工起至十年十一月止先後搶辦完竣柴垻鑲柴盤頭裹頭柴埽坦土等工節經分別開單造冊

題奏各在案茲自十一年正月起至十一月止東防念汛境内續又搶築柴垻十一丈五尺西防翁汛境内加築埽工六十丈柴工六十丈以資擁護查此項東防念汛續又搶辦滌州亭三號柴垻工段即係同治六年調任督臣吳　前任撫臣馬　會勘摺内所稱原坍石塘龍頭散裂拗拜之工比時情形稍輕陳明次第興辦閒今數載護沙刷盡外埽久無底樁癥朽日受兩潮冲激以致吃重之處續又坍卸夲應接建石塘以期一勞永逸惟當此戴鎮二汛石塘坦水同時舉辦工力不及是以趕先搶築柴垻用資抵禦俾潮水不致内浸將來建復石塘或作外埽或為内戧臨時仍可斟酌抵用尚非虛糜經費至西防原築埽坦加築柴工埽工緣西寒張列三號地勢夲屬灣曲山潮搜刷冲漫時虞查量埽外水深至二三丈不等藏閒餘三號工段與大龍頭衿肘毘連且當山潮頂冲尤關緊要僅藉埽坦不足以護塘身必須分別加築埽工柴工庶期石塘得以保護實係因地制宜為至要應辦之工核計統共用過例加工料銀一萬一千四百餘兩均經該管杭道親駐工次督仝該管廳備實力搶辦如式完固工竣隨時驗收均係工堅料寔並無草率偷減情事經臣歷次親臨履勘無異由總局司道核明截數呈請

奏報前來臣復加確查委係工關險要用款核實除將做成高寬丈尺用過例加工料銀數另行分別開單造冊

題奏外合將同治十一年分東防念汛搶築前坍石塘龍頭被冲增卸柴垻並西防原築埽坦情

形吃險分別加築埽工柴工各丈尺年終彙截
数目先行具
奏伏乞
皇上聖鑒訓示謹
奏同治十二年二月初十日奏三月初四日奉
硃批工部知道欽此

---

臣楊　　跪
奏為同治十一年分續辦東防念汛柴垻並加築
西防翁汛柴工埽工字號高寬丈尺用過銀数
彙繕清單恭摺具
奏仰祈
聖鑒事竊照浙省杭州府屬東中西三防海塘工程
年久失修間段坍卸自同治四年興工起至十
年止先後搶辦完竣各工字號丈尺用過工料
銀数節經分別造冊
題奏各在案其自十一年正月起至十一月止東
防念汛境內續又搶築柴垻十一丈五尺西防
翁汛境內加築埽工六十丈柴工六十丈前於
年終截数
奏報完竣亦在案茲據塘工總局司道會督局員
將前項續辦各工字號丈尺並用過工料銀数
詳請具
報前來臣復核無異除飭另取圖結造冊
題銷外合將同治十一年分續辦東西兩防柴垻
柴埽各工字號高寬丈尺並用過銀数彙繕清
單恭摺具

奏伏乞
皇上聖鑒飭部核覆施行謹
奏
計開
一東防念汛漆字號中東一丈州字號中四丈五尺亭字號西中六丈共搶築柴垻十一丈五尺每丈底寬四丈五尺面寬三丈五尺牽寬四丈築高二丈二尺除頂土高二尺實築柴高二丈
一西防翁汛西寒張列三號每號改築埽工二十丈共六十丈每丈面寬二丈底寬三丈牽寬二丈五尺築高二丈四尺除頂土高二尺實築柴高二丈二尺
一西防翁汛藏閏餘三號每號搶築柴工二十丈共六十丈每丈面寬一丈五尺腰寬二丈底寬三丈牽寬二丈一尺二寸五分除頂土實築柴高二丈
以上統共用過例估加貼工料銀一萬一千四百二十七兩有零
同治十二年十一月初九日奏十二月十一日

奉
硃批該部知道單併發欽此又於清單內同日奉
硃批覽欽此

光緒元年正月十九日准
工部咨為題銷浙江省東防念汛境內搶築柴坝並西防翁汛加築柴埽各工用過銀兩與例相符應准開銷事都水司案呈工科抄出浙江巡撫楊　題同治十一年東防念汛搶築柴坝並西防翁汛加築柴埽各工用過銀兩造冊題銷一案同治十三年五月初九日題八月初四日奉
旨該部察核具奏欽此於八月初八日科抄到部該臣等查得浙江巡撫楊　疏稱浙省杭州府屬東中西三防海塘工程自同治四年二月啟工起至十年年終止先後辦竣各工字號丈尺用過工料銀兩節經分案造冊題銷各在案嗣自同治十一年正月起至十一月止東防念汛境內續又搶築柴坝十一丈五尺西防翁汛境內加築埽工六十丈柴工六十丈當於年終截數奏明此項東防念汛續又搶辦柴坝工段即係同治六年間調任督臣吳　前任撫臣馬　會勘摺內所稱原坍石塘龍頭散裂拗拜之工比時情形稍可陳明次第興辦迄今數載護沙刷盡外埽久無底樁糜朽日受兩潮沖激以致吃重之處續又坍卸夲應接建石塘以期一勞永逸惟當此戴鎮二汛石塘坦水同時興辦工力不及是以趕先搶築柴坝用資抵禦俾潮水不致內浸將來建復石塘或作外埽或為內戧臨期仍可斟酌抵用尚非虛糜經費至西防原築埽坦加築埽柴各工緣西寨張列三號地勢夲屬灣曲山潮搜刷沖漫時虞查量埽外水深至二三丈不等藏閏餘三號與大龍頭衿肘毘連且當山潮頂沖尤關緊要僅藉埽坦不足以保護塘身必須分別加築埽工柴工庶期石塘得以擁護妥係因地制宜為應辦至要之工核計統共用過例加工料銀一萬一千四百餘兩均經杭嘉湖道何兆瀛親駐工次督率該管廳備實力搶辦如式完固工竣隨時驗收今據塘工總局布政使盧定勳等公同造具冊圖詳請具題等情臣復核無異除將冊圖送部外理合具題等因前來查浙江省同治十一年東防念汛搶築柴坝西防翁汛加築柴埽各工等先據浙江撫臣楊　奏明東西兩防念翁二汛

境内原坍石塘龍頭散裂拗拜之工護沙刷盡
外埽久無底樁黴朽日受兩潮冲激以致吃重
之處續又坍卸今應接建石塘以期一勞永逸
惟當此戴鎮二汛石塘坦水同時興辦工力不
及是以趕先搶築柴壩用資抵禦等因並將各
工字號丈尺銀數開單奏報在案今據該撫將
前項搶築柴壩十一丈五尺埽工六十丈柴工
六十丈共用例加工料銀一萬一千四百二十
七兩三錢一分四厘六毫二絲五忽造冊題銷
臣部按冊查核内所開各工字號丈尺銀數核
與奏報清單相符其工料價值與例亦屬無浮
應准開銷等因同治十三年十一月二十日題
是月二十二日奉
旨依議欽此為此合咨前去欽遵施行

臣楊　跪
奏為接續興辦東中兩防戴鎮二汛石塘小缺口
並添建坦水埽坦等工估計工料銀數恭摺具
奏仰祈
聖鑒事竊查東中兩防歷年所坍石塘小缺口甚多
擬俟翁汛石工報竣後先行補齊以免續坍經
臣於履勘三防海塘工程大概情形摺内陳明
在案現在補築之中防翁汛大口門將次石工
完竣應即接辦兩防小缺口以資聯絡當經飭
委司道會勘確估詳辦去後茲據塘工總局具
詳前署杭防道林聰彝前任杭防道陳璚會同
親赴該工督率廳備各員勘明東防鎮汛次字
號起至聚字號止石塘缺二十二處計建復工
一百八十一丈四尺拆脩工五十四丈六尺東
防戴汛孝字號起至唱字號止石塘缺二十九
處計建復工一百七十丈三尺拆脩工六十六
丈九尺中防戴汛烈字號起至谷字號止石塘
缺四十二處計建復工五百一丈六尺拆脩工
四十七丈二尺共計東中兩防戴鎮汛内建復
改建魚鱗石塘八百五十三丈三尺拆脩魚鱗

石塘一百六十八丈七尺又東塘戴鎮二汛上年興辦坦水係將各缺口剔除此次建復石塘之外應隨塘添建頭二兩層坦水工共七百八丈五尺二寸又中塘戴汛建復石塘之外應隨塘添建埽坦工六百二十丈五尺均應同時並舉以衛塘身查前項石塘原建時内有搶脩緩脩魚鱗大石等名目自係因時制宜今察看情形刻下潮勢北趨臨水施工塘身吃重惟魚鱗塘做法堅固可以抵禦應請將建復拆脩前項石塘一律改作十八層魚鱗工以期經久所需工料仿照前辦海甯繞城石工成案估計惟繞城石工均有舊石酌抵今建復之工缺口餘石無存應一律全用新石拆脩之工牽抵舊石五成比繞城塘舊石減少必須多購新石增添工料以敷工用核計建復魚鱗石塘每丈約估銀四百九十九兩七錢零拆脩魚鱗石塘每丈約估銀三百五十五兩五錢零添建条石頭坦每丈約估銀四十五兩四錢零二坦每丈約估銀五十六兩八錢零添建埽坦每丈約估銀五十九兩八錢零總共約估銀五十五萬九千九百餘兩核計坦水工價與前辦積字號相仿其石塘工價較之建脩西中兩塘魚鱗石工銀數稍增實緣此次建復之工全用新石而拆脩之工又因前坍舊石曾經西防拆脩石塘撈取抵用今再打撈實屬無多約僅五成可抵且前項缺口均係臨水施工非前辦西中兩防石塘繞從柴垻後身建築者比況自興辦大工以來橋木日採日稀宕石日運日遠水脚料價不能不逐漸加增良由時事不同地形迥異尚無浮冒核明開摺呈請具

奏前來臣查戴鎮二汛石塘一帶年久失脩間段坍卸塘外護埽坦水早經沖沒無存大小口門雖已築成柴垻暫時抵禦亟應建復石工以期經久除東防念汛共汛及中防翁汛已築柴垻各口門及尚可從緩之掬拜各工另行辦理外現議建脩戴鎮二汛之小缺口共九十三處工長一千二十二丈坦水埽坦一千三百二十餘丈均應一律興辦臣于查工之便覆加履勘情形無異所估工價亦無浮冒竊思海塘石工開辦已越四年工程尚未及半極欲多集夫役廣

購物料迅速趕辦以冀及早告成無如撥餉
需過多限於經費地方凋瘵已甚物力艱難心
餘力絀無計可施惟有相度形勢擇要興辦庶
幾日就月將事蕆有日以期仰副
聖主釐保民生之至意此次開辦工程仍應派委大
員督辦以專責成除飭委前署杭防道侯補道
林聰彝常川駐工督率各員趕緊設局集事照
估興辦工竣專案造冊報銷外合將接續興辦
東中兩防戴鎮二汛石塘小缺口並添建坦水
埽坦等工估計銀數緣由恭摺具
奏並繕具字號丈尺清單敬呈
御覽伏乞
皇太后
皇上聖鑒訓示謹
奏
謹將東中兩防戴鎮二汛建復拆脩魚鱗石塘
及添建坦水埽坦各工字號丈尺繕具清單恭
呈
御覽
計開

一東防境內戴家汛孝字號起至唱字
號中東十一丈止間段共石塘工長二百三
十七丈二尺內建復工一百七十丈三尺拆
脩工六十六丈九尺
一鎮海汛次字號東三丈起至聚字號西三丈
七尺止間段共石塘工長二百三十六丈內
建復工一百八十一丈四尺拆脩工五十四
丈六尺
一戴家汛忠字號東三丈起至唱字號中十一
丈止間段建復石塘之外添建隨塘頭二兩
層坦水工共長四百二十五丈內頭坦工二
百二丈二坦工二百二十三丈
一鎮海汛對字號起至聚字號西三丈七尺六
寸止間段建復石塘之外添建隨塘頭二兩
層坦水工共長二百八十三丈五尺二寸內
頭坦工一百四十一丈七尺六寸二坦工一
百四十一丈七尺六寸
一中防境內戴家汛烈字號東三丈起至谷字
號西中九丈六尺止間段共石塘工長五百
四十八丈八尺內建復工五百一丈六尺拆

脩工四十七丈二尺
一戴家汛烈字號東五丈起至谷字號西六丈
止間段建復石塘之外隨塘添建埽坦工長
六百二十丈五尺
同治九年十二月初四日奏本月十六日軍機
大臣奉
旨該部知道欽此單併發又同日清單內奉
旨覽欽此

同治十年四月十二日准
工部咨爲奏明請
旨遵行事都水司案呈内閣抄出浙江巡撫楊
奏接續興辦東中兩防戴鎮二汛石塘小缺口
並添建坦水埽坦等工估計工料銀數一摺於
同治九年十二月十六日軍機大臣奉
旨該部知道單併發欽此又清單內同日奉
旨覽欽此欽遵抄出到部查原奏內稱據塘工總局
具詳勘明東防鎮汛次字號起至聚字號止石
塘缺口二十二處計建復工一百八十丈四尺
拆修工五十四丈六尺戴汛孝字號起至唱字
號止石塘缺口二十九處計建復工一百七十
丈三尺拆修工六十六丈九尺中防戴汛烈字
號起至谷字號止石塘缺口四十二處計建復
工五百一丈六尺拆修工四十七丈二尺共計
戴鎮兩汛建復改建魚鱗石塘八百五十三丈
三尺拆修魚鱗石塘一百六十八丈七尺又東
防戴鎮兩汛上年興辦坦水係將各缺口剔除
比次建復石塘之外應隨塘添建頭二兩層坦
水各工共七百八丈五尺二寸又中防戴汛建

復石塘之外應隨塘添建埽坦六百二十丈五尺均應同時建築以護塘身查前項建復拆修石塘一律改作十八層魚鱗工以期經久所需工料仍照前辦海甯繞城石工成案估計核計建復魚鱗石塘每丈約估銀四百九十九兩七錢零拆修魚鱗石塘每丈約估銀三百五十五兩五錢零添建条石頭坦每丈約估銀四十五兩四錢零二坦每丈約估銀五十六兩八錢零總共約估銀五十五萬九千九百餘兩核計坦水工價與前辦積字等號相仿其石塘工價較之建修西中兩防魚鱗石塘銀數稍有加增緣此次建修之工全用新石而拆築之工又因前拼舊石曾經西防撈取抵用今再打撈實屬無多僅五成可抵且前項缺口均係臨水施工非前辦西中兩防石塘繞從柴壩後身建築者比況自興辦大工以來樁木日採日稀宕石日運日遠水價料價不能不逐漸加增呈請具奏臣於查工之便覆加履勘情形無異所估工價亦無浮冒開具字號丈尺清單具奏並稱海塘石工開辦已越四年工程尚未及半等語臣等查上年浙省海甯繞城石塘工程前據該撫奏准另增加貼經臣部核覆准其酌增並聲明此外塘工不得援以為例此次該撫奏報東中兩防戴鎮二汛石塘小缺口等工聲稱所需工料仍照前辦海甯繞城石工成案估計於臣部奏明不得援以為例之語置若罔聞任聽屬員朦混援引殊屬不合其坦水工價據稱與前辦積字等號相仿查上年該撫奏報戴鎮二汛積字等號工程聲稱係援照上屆繞城坦水成案科算與例稍增經部臣奏駁在案該撫尚未核實覆奏輒行援引亦屬含混臣部均難率准至所稱石塘開辦已越四年工程尚未及半等語查上年臣部因該省海塘工程用銀至數百萬兩為期逾五六年尚未一律告竣奏令該撫查明將已修未修工段據實繪圖覆奏咨部備查迄今半載有餘尚未據實覆奏殊屬延玩之至相應請

旨飭下浙江撫臣嚴飭在工各員將所報東中兩防戴鎮二汛石塘小缺口等工核實刪減專摺覆

奏並請

飭下該撫查照臣部前奏迅將已修未修各工段確
切查明繪圖具奏並將臣部歷次奏駁各案迅
速查明核寔聲覆不得任意延遲所有臣等查
明具奏緣由是否有當伏侯
訓示臣部行文浙江巡撫欽遵辦理為此謹
奏請
旨同治十年正月二十七日具奏是日奉
旨依議欽此

奏為核明部駁東中兩防戴鎮二汛石塘小缺口　臣楊　跪
等工銀數實無浮冒恭摺覆陳仰祈
聖鑒事竊照案准部咨此次奏報東中兩防戴鎮二
汛石塘小缺口等工聲稱所需工料仍照前辦
海甯繞城塘石工成案估計於奏明不得援以
為例之語置若罔聞任聽屬員朦混援引殊屬
不合其坦水工價稱與前辦積字等號相仿查
上年奏報戴鎮二汛積字號工程援照繞城坦
水成案科算與例稍增經部奏駁尚未核實覆
奏輒行援引亦屬含混均難率准經部奏奉
諭旨飭臣嚴督工員核實刪減專摺覆奏等因當經
轉行遵照茲據塘工總局司道詳稱會查此案
請辦石塘坦水等工係於原坍舊基接建修復
緣因對峙南沙日寬漲潤以致塘外護沙早已
刷盡海潮全趨北岸外口水深數尺至丈餘不
等塘底碎石斷樁逐段遺存先須挖淘淨盡然
後始能開槽釘樁臨水做工潮來即須停止若
冬令潮平尚可多事工作然大汛之日力作仍
不過兩時小汛之日加不及半春夏秋三季潮

汐旺大更難措手是工費一項較之陸地施工增至倍蓰安砌石塘與繞城塘一樣做法聯絡和嵌亦多加用錠鋦至坦水原基洩刷年久露底太深墊底塊石尤須多用方得平滿結實埽坦水深之處有當險要者埽外亦須拋填塊石庶足擁護是物料又較尋常之工加多況前辦繞城石塘尚有舊石可以打撈搭用而此次全用採買新石拆脩之工舊石祇堪抵用五成採辦各料自兵燹後本已凋零連年興辦鉅工愈採愈稀日運日遠且土曠民稀招募夫匠尤屬匪易種種棘手情形歷經隨案聲明至是案估需工料當此制用艱難之際無不力求撙節何敢稍涉朦混實緣時事不同地形迥異慎重要工不得不援案估辦原估銀數本係核實無浮茲復會同督飭總理工程委員候補知府李審言調署東防同知吳世榮署中防同知唐勛署海防營守備蔡興邦細將現做工程採辦料價僱募夫匠等項逐一科算又復通盤核計原估銀數均屬在在核實無可刪減等情詳請具

奏前來臣再四稽核確係實在情形原估銀數委無浮冒情弊萬難刪減除仍督飭撙節辦理工竣核實請銷並咨工部查照外合將奉部駁查東中兩防戴鎮二汛石塘小缺口等工銀數實無浮冒緣由恭摺覆

奏伏乞

皇太后

皇上聖鑒敕部查照施行再此案工程原派候補道林聰彝駐工督辦因病改委候補道吳艾生嗣吳艾生委署臬篆復委候補道戴槃駐工督辦合併陳明謹

奏同治十一年二月初五日奏三月初九日軍機

大臣奉

旨着照所請該部知道欽此

臣楊　　跪

奏為東防鎮汛石塘小缺口及隨塘坦水一律竣工並戴汛工程分數減省續估變通辦理恭摺

具

奏仰祈

聖鑒事竊照東防鎮汛原估建脩石塘工二百三十六丈東中兩防戴汛工七百八十六丈東防鎮戴兩汛隨塘頭二坦水共七百八丈五尺二寸中防戴汛埽坦工六百二十丈五尺曾經

奏准興辦在案自同治九年十一月二十九日在海甯州城設立分局興工先從鎮汛辦起所有各字號興竣日期迭據詳報有案茲據塘工總局司道轉准駐工督辦道員戴槃移據辦工委員候補知府李審言署東防同知候補知府陳乃瀚署中防同知唐勛署海防營守備蔡興邦會申稱鎮汛原估自次字號起至聚字號止建復工一百八十一丈四尺拆脩工五十四丈六尺隨塘頭二坦水二百八十三丈五尺二寸內除典字號因另案改建盤頭間隔現只興辦石塘中一丈七尺頭二坦水各一丈其東九丈三尺及相連之亦聚兩號大塘工二十三丈七尺並隨塘頭二坦水共十七丈五尺二寸因興念汛接界該汛石塘早經坍卸無從接扣龍頭又係盤頭後身只好截歸念汛將來估辦時接續興辦庶臻聯絡此項緩辦塘坦工料銀兩應俟全案工程完竣按照丈尺核扣外所有鎮汛原估建脩工二百三十丈茲已一律安砌完竣其隨塘頭二坦水二百六十六丈一併工竣各龍頭續坍加長各工不在其內至東中兩防戴汛工程現在約成十分之四一面趲催趕辦凡屬臨水勉強可以施工之處無不遵照估案臨水興辦惟查中防戴汛原估建脩之知過必改罔短靡恃己長信使羊景行維賢克念作勝德字等計二十二號共工長三百一十九丈二尺該處地勢低窪積水更深自春徂冬塘不見底累乘潮後水平作埧開槽而沙性汕涴底未清而潮復至舊樁未由拔起新樁即無從釘若必拘定臨水工程終歲迄無措辦之日虛糜經費尤復不少且查該段正老鹽倉一帶即志載沙性汕涴寔有不能釘樁之處乾隆年間曾有石工

竣後即以柴塘為外埽之
諭想見當初已在柴塘後興工近因潮勢北趨蓋劃該段低窪受沖臨水實難強辦擬請援照成案繞從柴壩後建築不但做工順手牽量基址形勢又復直截洵屬有利無弊似可變通辦理至臨水工程估價有差自應查照西中塘繞築前案分別建復拆脩按丈核扣計應減除銀六千六百餘兩其石工竣後即可以柴壩為外埽應省辦埽坦三百一十九丈除各龍頭增長丈尺仍應留建埽坦四十六丈七尺實可省辦埽坦工二百七十二丈五尺照估價應扣除銀一萬六千二百餘兩兩項共應減省銀二萬二千九百餘兩又查有未曾估辦之該彼二號及靡恃已三號內石塘工長七十二丈五尺先只矬陷游走近又受兩年潮溜沖刷拗拜更甚又聞在估辦新工之中其塘腳距原基三四尺不等若拘定原估丈尺新工龍頭既不接縫舊工亦難保不續坍亟應續估拆脩俾新舊聯為一氣該工除舊石可抵八成外應查照西中塘前案拆脩估價遞減石價二成每丈約估工料銀二百五十九兩零計需銀一萬八千八百餘兩又應加築隨塘埽工七十二丈五尺每丈約估工料銀六十八兩三錢零計需銀四千九百餘兩續估兩項工程共約需銀二萬三千七百餘兩以前項扣除銀二萬二千九百餘兩抵辦所短無幾即於原估工程內撙節勻補毋庸另籌經費所有此次繞建減省並續估各工經駐工督辦委員候補道戴槃確實勘估移局查照並據辦工委員李審言等分次開摺稟由塘工總局司道核明會詳請

奏前來臣查鎮汛緩辦之工暨增長龍頭均係隨時相度形勢分別辦理其餘原估脩建段落刻已一律如式完固並無草率惟戴汛原估脩建知字等二十二號石塘三百餘丈本係臨水之工現因潮汐日益北趨水勢過深原坍缺口又值頂沖以致開槽清底無從措手臣歷次親詣履勘與督辦工員再三審度迫於地勢不能不援照成案改從柴壩後身繞建石塘以期堅實將來即以柴壩作為外埽又可節省埽坦經費洵屬兩合其宜至該工毘連未曾估辦之該彼

二號及靡恃己三號石塘七十二丈五尺先止
矬陷游走近則拗拜更甚必須趕緊拆築並隨
塘添建埽工以資聯絡估需經費即以節省銀
兩抵用毋須另籌均屬核實似此一轉移間則
辦理得以迅速工程可期穩固除飭在工各員
尅日認真趕辦外合將鎮汛石塘小缺口並隨
塘坦水一律完工及戴汛工程分數並減省續
估變通辦理緣由恭摺具
奏伏乞
皇太后
皇上聖鑒訓示再此案工程原係擇要估辦所有全
汛坍土眉土土埝處處均須培補以臻完固應
俟全工告竣援案另行估脩造報合併聲明謹
奏同治十一年六月初一日奏本月二十九日軍
機大臣奉
旨該部知道欽此

臣楊　　跪
奏為東中兩防建修戴鎮二汛石塘小缺口及坦
水埽坦等工一律告竣日期恭摺具
奏仰祈
聖鑒事竊照浙省東中兩防戴鎮二汛應行建脩石
塘小缺口並添建隨塘坦水埽坦等工字號丈
尺估需銀數前經
奏准興辦嗣將辦成鎮汛石塘坦水丈尺先行
奏報完工並戴汛工程分數及減省續估變通辦
理緣由陳明在案茲據塘工總局司道詳稱東
防戴汛原估建復石塘一百七十丈三尺拆脩
石塘六十六丈九尺業于十一年九月初十日
一律照估分別建修完工其原估隨塘頭二坦
水四百二十五丈內除忠則如松四字號頭二
坦水各二十四丈先經積字等號坦工案內建
有盤頭二座並息字號頭二坦水各五尺亦同
時建築毋庸重辦外其餘應辦頭二坦水三百
七十六丈一併隨塘工竣又中防戴汛原估建
復石塘五百一丈六尺拆脩石塘四十七丈二
尺續估拆脩石塘七十二丈五尺均於十二年

三月三十日一律如式分別建修完竣其原估隨塘埽坦除省辦工丈外原應築埽坦三百四十八丈惟內有周字號十一丈因與續估之該字號埽工毘連若照原估建築埽坦未能聯絡當經酌度情形改築埽工十一丈以期貫串而資鞏固寔計應辦埽坦三百三十七丈並續估埽工七十二丈五尺及續改埽工十一丈亦均一併隨塘完竣據總理工程委員候補知府李審言署東防同知吳世榮署中防同知唐勛署海防營守備蔡興邦會同申請駐工督辦之候補道吳艾生戴槃核由總局詳經臣先後分委運司靈杰臬司蒯賀蓀赴工驗收均係工堅料實一律完固並無草率偷減情弊結報在案經臣歷次親臨履勘確寔惟各該段有地勢低窪蓄水過深無從清檔釘樁經該道戴槃做工時相度情形不能不因地制宜變通辦理之處故所築坦水間有寬窄不等而於原估石料牽計亦有減省至東防鎮汛照原估裁減建複石塘三十三丈頭二坦水十七丈五尺二寸暨戴汛應開除頭二坦水四十九丈各按原估共應核扣工料銀一萬九千八百九十六兩零其中防周字號原估埽坦十一丈現改埽工所增工料無幾業于通工內撙節勻補不再另估經費以歸核實現在通工告竣所用工料銀兩約照原估尚有節省一俟採辦支應各員冊報到齊另由總局核明開具辦成工段字號丈尺高寬清單並用過工料銀兩細數另行詳辦等情呈請具

奏前來臣覆核無異所有該工字號丈尺並寔用銀數除俟總局核詳另行繕單

題奏請銷外所有此案工程自九年冬間開辦起至現在完工止時逾二年工係臨水且地段甚長在事大小各員均係實心實力認真經理不無微勞足錄可否仰懇

天恩准臣擇尤酌保以示鼓勵之處出自

鴻慈謹將建修東中兩防戴鎮二汛石塘小缺口並坦水埽坦各工一律全竣日期恭摺具

奏伏乞

皇上聖鑒再前次陳明該工全汛附土土埝眉土處處俱須培補業經督飭估辦在案應俟一律全

竣驗收後另行
奏報合併陳明謹
奏同治十二年六月初三日奏本月十五日奉
硃批着准其擇尤酌保毋許冒濫欽此

---

目楊　號

奏為恭報浙省辦竣東中兩防戴鎮二汛石塘小缺口等工字號丈尺用過例估加貼新加工料銀兩開列清單恭摺仰祈
聖鑒事竊浙省杭州府屬東中兩防境內戴鎮二汛應辦石塘小缺口暨隨塘坦水埽坦埽工前曾
奏明設局興辦並委補用道吳艾生等先後駐工督飭廳備委員監工購料自同治九年十一月二十九日興工起至十二年三月三十日一律完竣辦成建復石塘八百二十丈三尺拆修石塘二百四十一丈二尺隨塘頭二坦水六百四十二丈埽坦三百三十七丈埽工八十三丈五尺均經委驗
奏報在案查該工原估工料銀五十五萬九千九百三十五兩零除經前次陳明照原估減辦石塘坦水並戴汛應除坦水各工銀一萬九千八百九十六兩有奇外實計估需銀五十四萬三十九兩所有建復石塘原估全用新石拆修石塘舊石抵用五成添用新石五成嗣於開槽清底及塘外水涸之時見有沉埋舊石尚可打撈

均經隨時督飭夫匠不憚辛勞起撈搭用以節經費牽計建復石塘舊石抵用二成左右拆修石塘舊石抵用五成有餘茲據塘工總局司道具詳核計建修前工並挑填坦土分別加築土埝溝槽各工統計用過工料經費銀四十八萬九千一百餘兩逐一勾稽均係確實無浮其填築新工附土土埝溝槽工程原奏銀數均未估列在內此次辦理該工格外撙節所有新工坦土土埝填槽土夫用款即於正工內勻撥不另估報外核照估案實尚節省銀五萬八百餘兩此項銀兩應請酌提三萬兩發商生息查海塘續志內載東塘柴石各工額撥歲修銀十二萬四千兩自興辦大工以來該防業經先後請定柴壩等工歲修銀七萬八千兩繞城盤頭歲修銀三千三百兩繞城坦水石堵歲修銀六千一百兩共已請撥歲修銀八萬七千四百兩在案現在東防戴鎮二汛坦水業已一律全竣限滿之後歲需修費即應預為籌畫備用此次請撥發商銀三萬兩即以息銀備該工歲修之用惟該防兩汛坦水共計工長六千八百五十餘丈此項息銀按月八厘計算每年僅得銀二千八百八十兩不敷尚鉅將來尚須另請添撥總期不致有逾原額等情詳請具

奏前來臣查前項工程原估銀兩本係照章核定估計因上年秋冬潮小水涸塗寬臣于查工時見沉沒沙中舊石不少當飭工員設法打撈隨處搭用減辦新石是以節省銀五萬兩有奇至各項工程亦均委驗親勘並無偷減除將用過銀兩飭造冊結圖說另行具

題請銷外謹繕清單恭摺具

奏伏乞

皇太后

皇上聖鑒謹

奏

謹將浙省海塘中東兩防戴鎮二汛建復拆脩魚鱗石塘及隨塘條石頭二坦水埽坦埽工並填築坿土土埝溝槽等工字號寬深丈尺支用例估加貼新加工料銀兩數目敬繕清單恭呈

御覽

計開

一中防戴汛烈字號東三丈男效二號各二十丈才字號西五丈知過必三號各二十丈改字號西八丈莫字號東二丈忘字號西十二丈罔字號東十一丈五尺短字號東十五丈靡字號西六丈五尺恃字號西十四丈己字號東七丈長字號二十丈信字號西十五丈欲字號中東十四丈難字號西二丈五尺量字號西中十五丈絲字號中東十五丈染字號西三丈五尺詩讚二號各二十丈羔字號西一丈羊字號中東十丈六尺景行維三號各二十丈賢字號西三丈克字號東十丈念作勝名四號各二十丈端字號中東十四丈正字號東九丈谷字號西五丈共計工長五百一丈六尺一律建復十八層魚鱗石塘每丈照例底寬一丈二尺面寬四尺五寸築高一丈八尺計用厚一尺寬一尺二寸折正条石一百十八丈三尺三寸釘底樁木一百五十根並填築坿土內自知字號起至勝字號止間共三百丈六尺係于柴埧後身與築塘前一律填滿溝槽以資聯絡擁護

一中防戴汛短字號西五丈信字號東五丈使字號西六丈器字號西十四丈染字號東四丈羔字號次西二丈六尺德字號西二丈六尺表字號西一丈正字號中二丈四尺谷字號中四丈六尺共計工長四十七丈二尺一律拆脩十八層魚鱗石塘每丈照例底寬一丈二尺面寬四尺五寸築高一丈八尺計用厚一尺寬一尺二寸折正条石一百十八丈三尺三寸釘底樁木一百五十根並填築坿土內短信使德四號工長十八丈六尺係于柴埧後身與築塘前填滿溝槽以資聯絡擁護

一中防戴汛談字號二十丈彼字號二十丈靡字號中東十三丈五尺恃字號東六丈己字號西十三丈共計工長七十二丈五尺一律拆脩十八層魚鱗石塘每丈照例底寬一丈二尺面寬四尺五寸築高一丈八尺共用厚一尺寬一尺二寸折正条石一百十八丈三尺三寸釘底樁木一百五十根並加填坿土以資倚護

一中防戴汛烈字號東七丈男效二號各二十丈才字號西七丈良字號東四丈五尺知字號西五丈改字號西十三丈莫字號東七丈五尺忘字號西十四丈罔字號中三丈五尺使字號西十五丈五尺欲字號東十八丈難字號西六丈量字號西十九丈絲字號東十九丈染字號西七丈東三丈詩讚二號各二十丈羔字號西五丈六尺羊字號東十丈五尺賢字號西八丈九尺克字號東十丈五尺勝字號東四丈德字號西五丈五尺名端二號四十丈表字號西三丈正字號東十二丈谷字號西八丈共計工長三百三十七丈一律建築埽坦每丈工寬一丈六尺底寬二丈除頂土外築高一丈六尺每單長一丈用柴六百觔土五分排樁一路二十根

一中防戴汛罔字號東十一丈談字號二十丈彼字號二十丈靡字號東十三丈五尺恃字號東六丈己字號西十三丈共計工長八十三丈五尺一律建築埽工每丈上寬一丈六尺下寬二丈四尺築高二丈除頂土高二尺實築柴高一丈八尺每單長一丈用柴六百觔土五分底面腰樁共二十根

一東防戴汛則字號西二丈七尺命字號東九丈臨字號西一丈五尺如字號東一丈六尺松字號西十丈川字號東三丈流字號西八丈不字號西東各三丈五尺息字號西中十八丈澄字號東四丈取字號西中十六丈終字號西八丈仕字號中一丈從字號中三丈五尺政字號東一丈存字號西一丈中二丈以字號東三丈甘字號二十丈棠字號西八丈益字號東七丈詠字號西一丈五尺別字號中八丈卑字號東二丈五尺上字號西五丈中六丈和字號西四丈唱字號中八丈又鎮汛次字號東一丈弗字號西七丈樓字號中三丈五尺圖字號西六丈舍字號東一丈二尺甲字號西六丈對字號中十二丈設字號西八丈瑟字號東十八丈吹字號西一丈階字號東十一丈五尺納字號西三丈五尺疑字號東六丈五尺廣字號東十二丈五尺内字號西十四丈東一丈左字號西一丈五

尺明字號東十四丈既字號西十八丈五尺典字號中一丈七尺共計工長三百十八丈七尺一律建復十八層魚鱗石塘每丈照例底寬一丈二尺面寬四尺五寸築高一丈八尺共用厚一尺寬一尺二寸折正条石一百十八丈三尺三寸釘底樁木一百五十根並填築坿土加築土埝俾資倚護

一東防戴汛孝字號中十丈則字號西三丈中二丈命字號中一丈八尺臨字號西一丈六尺似字號西九丈如字號東四丈五尺松字號中一丈流字號中四丈東一丈五尺不字號次西二丈次東一丈五尺息字號東二丈竟字號中四丈存字號西八丈中一丈詠字號西三丈上字號東四丈唱字號東三丈又鎮汛次字號東二丈樓字號西一丈東三丈六尺圖字號西四丈舍字號中二丈五尺東三丈五尺甲字號東七丈對字號西三丈東四丈設字號東五丈五尺吹字號西五丈疑字號東三丈通字號東五丈五尺左字號西五丈共計工長一百二十一丈五尺一律拆脩十八層魚鱗石塘每丈照例底寬一丈二尺面寬四尺五寸築高一丈八尺共用厚一尺寬一尺二寸折正条石一百十八丈三尺三寸釘底樁木一百五十根並填築坿土加築土埝俾資倚護

一東防戴汛命字號東十丈臨字號西四丈五尺川字號東三丈流字號西九丈不字號西東十丈息字號西十八丈澄字號東五丈取字號西十六丈終字號西十丈從字號中四丈政字號東三丈存字號西十一丈以字號東四丈甘字號二十丈棠字號西九丈益字號東七丈詠字號西二丈別字號西中八丈五尺卑字號東二丈五尺上字號西五丈東一丈和字號西四丈唱字號中十一丈又鎮汛對字號二十丈設字號中十二丈瑟字號東十六丈吹字號西十丈階字號東十一丈納字號西二丈疑字號東五丈廣字號東十二丈內字號西十四丈明字號東十三丈既字號西十七丈典字號中一丈共計工長三百一十丈五尺一律建築条石頭坦每丈照

例牽寬一丈二尺上用厚七寸寬一尺二寸新条石一層蓋面不計外下用新塊石整底填深五尺三寸扞釘排樁一路二十根

一東防戴汛命字號東十丈臨字號西四丈五尺川字號東三丈流不二號各二十丈息字號西十八丈澄字號東五丈取字號西十六丈終字號西十丈從字號中四丈政字號東三丈存字號西十一丈以字號東四丈甘字號二十丈棠字號西九丈益字號東七丈詠字號西二丈别字號西中八丈五尺卑字號東二丈五尺上字號西五丈東一丈和字號西四丈唱字號中十一丈又鎮汛對字號二十丈設字號中十二丈瑟字號東十六丈吹字號西十丈階字號東十一丈納字號西二丈疑字號東五丈廣字號東十二丈内字號西十四丈明字號東十三丈既字號西十七丈典字號中一丈共計工長三百三十一丈五尺一律建築条石二坦每丈照例牽寬一丈二尺上用厚七寸寬一尺二寸新条石一層蓋面不計外下用新塊石整底填深五尺五寸扞釘排樁二路四十根

統共支用例估加貼新貼工料銀四十八萬九千一百餘兩

同治十二年八月二十七日奏九月三十日奉

硃批該部知道單片併發欽此又清單內同日奉

硃批覽欽此

光緒元年七月初八日准
工部咨為題銷浙江省東中兩防脩建戴鎮二汛石塘坦埽等工用過銀兩與例相符應准開銷事都水司案呈工科抄出浙江巡撫楊
題同治九年至十二年東中兩防修建戴鎮二汛石塘坦埽等工用過銀兩造冊題銷一案於同治十三年九月初四日題十一月二十一日
奉
旨該部察核具奏欽此於光緒元年正月十四日據該撫將冊籍揭送到部該臣等查得浙江巡撫楊 疏稱浙省杭州府屬東中兩防戴鎮二汛一帶石塘年久失脩間段坍卸塘外護埽坦水旱經沖沒無存應行分別建脩前經督飭廳脩勘明援案估計約需銀數聲明因此次舊石無多且係臨水施工近來水脚料價又復逐漸加增是較上次建脩西中兩防石塘銀數稍多前經奏明興辦旋准部咨以前項各工分別援案另增加貼均難率准奏明行令核寔刪減等因又將寔在難以刪減緣由奏覆欽奉
諭旨着照所請該部知道欽此欽遵行令查照嗣兩汛建復石塘八百二十丈三尺拆脩石塘二百四十一丈二尺隨塘頭二坦水六百四十二丈埽坦三百三十七丈埽工八十三丈五尺並分別填築坍土土埝溝槽計自同治九年十一月二十九日興工至十二年三月三十日一律完竣並陳明續於開槽清底時見有沉埋舊石設法打撈搭用查照原估計有節省銀兩另行造冊具題各在案茲據督辦塘工總局布政使盧定勳等會詳此案建脩石塘續經設法打撈舊石搭用計與上次西中兩防石塘支銷例估加貼增貼銀數不相上下其坦埽柴土各工亦與歷次支銷各案相仿統共用過例估加貼增貼工料銀四十八萬九千一百九十八兩九錢均係在于提濟塘工經費暨海塘捐輸各款項下動支督飭工員核實經理應由該司道等公同造具冊圖詳請具題臣復核無異除冊圖送部外理合具題等因前來查浙江省同治九年十一月起至十二年三月止修建東中兩防戴鎮二汛石塘坦埽等工先據浙江巡撫楊 奏明並將各工字號丈尺銀數開單奏報在案今

據該撫將東中兩防建脩戴鎮二汛石塘八百二十丈三尺拆修石塘二百四十一丈二尺建築頭二坦水六百四十二丈埽坦三百三十七丈埽工八十三丈五尺除選用舊石外實共用過例估加貼並增貼工料銀四十八萬九千一百九十八兩九錢造冊題銷臣部按冊查核內所開各工字號丈尺銀數核與奏報清單內相符其工料例估加貼增貼價值亦與奏明准銷成案無浮應准開銷等因光緒元年五月初四日題本月初六日奉

旨依議欽此為此合咨前去欽遵施行

撫院楊　片

奏再東中兩防戴鎮二汛石塘坦水埽坦埽工業經一律分別建脩完整所有該處一帶舊塘後身原存坿土土埝眉土等工歷年已久雨淋潑卸俱形單薄以致石塘節節顯露每遇大汛風潮潑濺低窪之處輒慮漫溢察看情形實為緊要必須分別加高培厚以資抵禦而護塘身庶期有脩無患益臻鞏固曾于上年

奏報鎮汛石塘完工案內陳明請俟全竣後援案另估脩辦在案嗣據經總局司道飭署海防營守脩蔡興邦分段勘估計應加填東防鎮汛自隨字號起至典字號止土埝工六百八十二丈附土工七百三十六丈六尺眉土工七百三十六丈六尺戴汛自忠字號起至婦字號止土埝工九百十丈二尺附土工七百五十九丈六尺眉土工七百五十九丈六尺中防戴汛自女字號起至積字號止附土工五百四十七丈後身幫寬工一百四十二丈五尺各就地形填加高寬不等統共估需土方夫工銀三千六十餘兩逐一勾稽均係核實無浮當飭該脩廠用黃土

夯硪結實如式趕填茲於本年六月初五日一
律完竣經臣飭委海甯州知州靳芝亭署西防
同知余庭訓赴工逐細驗收均係如式加填一
律完整並無草率偷減情事今由塘工總局司
道請
奏前來臣覆核無異除將該工字號丈尺用過銀
兩細數飭令另行造冊取結詳請
題銷外合將加填東中兩防戴鎮二汛舊塘附土
眉土土埝等工完竣緣由附片具陳伏乞
聖鑒勑部查照施行謹
奏同治十二年八月二十七日奏九月三十日奉
硃批覽欽此

光緒元年六月十二日准
工部咨開都水司案呈工科抄出浙江巡撫楊
題同治十二年東中兩防戴鎮二汛填築
舊存石塘後身土埝附土眉土等工用過銀兩
造冊題銷一案同治十三年九月初四日題十
一月十三日奉
旨該部察核具奏欽此於光緒元年正月十四日該
撫將冊籍揭送到部該臣等查得浙江巡撫楊
疏稱浙江省杭州府屬東中西防戴鎮汛
一帶舊塘後身原有附土眉土土埝各工歷年
已久雨淋潑卸俱形單薄以致石塘節節顯露
每遇大汛風潮潑湧低窪之處輒慮漫溢察看
情形實爲緊要必須分别加高培厚以資抵禦
而護塘身前經督飭分段勘估填築計東防鎮
汛自隨字號起至典字號止加填土埝工六百
八十二丈坿土工七百三十六丈六尺眉土工
七百三十六丈六尺戴汛自忠字號起至婦字
號止加填土埝工九百十丈二尺坿土工七百
五十九丈六尺眉土工七百五十九丈六尺中
防戴汛自女字號起至積字號止加填坿土工

五百四十七丈慕字號起至聲字號止後身幫寬工一百四十二丈五尺各就地形填加高寬不等於同治十二年六月初五日一律完竣當經飭委海甯州知州靳芝亭等先後赴工逐細驗收前經奏報並陳明另行造册題銷欽奉

硃批覽欽此嗣准部咨欽遵行令查照各在案茲據督辦塘工總局布政使盧定勳等會同詳請此項加填各工所用例估加貼工料銀三千六十七兩五錢五分一厘均係在于提濟塘工經費暨海塘捐輸各款項內動支督飭該管廳備核寔經理由該司道等公同造册呈請具題臣復核無異除將册結送部外理合具題等因前來查浙江省同治十二年東中西防戴鎮汛填築舊存石塘後身坍土眉土土埝等工先據浙江巡撫楊　奏明並將各工字號丈尺銀數彙摺奏報在案今據該撫將前項戴鎮二汛填築土埝一千五百九十二丈二尺坍土二千四十三丈二尺眉土一千四百九十六丈二尺後身幫寬一百四十二丈五尺共用過工料例估加貼銀三千六十七兩五錢五分一厘造册題銷

臣部按册查核內所開工料價值與例相符應准開銷等因光緒元年四月十八日題是月二十日奉

旨依議欽此為此合咨前去欽遵施行

奏疏附部文

臣楊　跪

奏為接續興辦中東兩防翁尖二汛石塘小缺口並塘外添建埽坦改築坦水等工估計工料銀數恭摺仰祈

聖鑒事竊查中東兩防鄭年所坍石塘大小缺口甚多祇因經費支絀物料艱難不得不酌量緩急次第建脩前於接辦戴鎮二汛石塘坦水摺內聲明翁念尖三汛已築柴埧各口門另行辦理在案現在鎮汛業已完竣戴汛亦不日告成臣屢次赴塘察看情形除念汛石塘缺口地段甚長將來宜於柴埧後面興建尚可從緩外其翁尖二汛石塘小缺口均係臨水要工亟應接續興辦以資聯絡當經飭委司道會勘確估詳辦茲據塘工總局司道會詳稱親赴工次督率委員候補知府黎錦翰暨廳備各員勘明中防翁家汛龍字號起至豈字號止挨號逐段丈量原築石塘均高十七層共坍缺口十六處計應建復石塘三百十三丈八尺拆脩石塘七十七丈三尺查該處地當山水海潮交滙每屆大汛浪花掀潑高過塘身照舊脩建難免水漫應請一律築高十八層魚鱗石塘以資抵禦其建復之工均係缺口舊石無存應全用新石每丈估需工料銀四百九十九兩七錢零計建復石塘三百十三丈八尺共估需工料銀十五萬六千八百三十餘兩其拆脩之工多係散裂坍卸舊石牽抵五成應添新石五成每丈估需工料銀三百五十五兩五錢零計拆脩石塘七十七丈三尺共估需工料銀二萬七千四百八十餘兩石塘之外從前築有柴工保衛塘身兵燹之後亦逐漸坍沒無存曾將完整舊塘之外搶築埽坦以護根脚其坍卸缺口之所因石塘無存是以列入緩辦今既石塘分別興脩應請將埽坦一律隨塘添築庶期聯絡擁護逐號丈量計應添築埽坦三百三十八丈五尺每丈估需工料銀五十九兩八錢零共估需銀二萬二百四十餘兩又湯字號地形鼓凸東迎潮汐西當山溜最為吃重之處若僅築埽坦勢難抵禦惟查該號西九丈前經築有埽坦應請加高作為埽工其

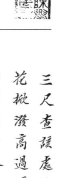

迤東十一丈原坍缺口新估石塘之外亦請添築埽工並於埽外加抛塊石以資衛護共估需工料銀二千七百六十餘兩綜計中防翁汛建復拆脩石塘暨添築埽坦埽工加抛塊石各工統計共估需工料銀二十萬七千三百三十兩零所估工料銀數核與前次估辦戴鎮二汛塘坦之案相符緣該處地勢低窪沙土虛浮臨水釘樁施工不易所以做法情形均與戴汛相同應請援照估計至尖山汛自石字號起至躬字號止按號勘丈共石塘缺口十五處計應建復者二百六十七丈五尺應拆脩者六十一丈五尺原建均係魚鱗石塘今應仍請照舊興脩以期鞏固查尖汛地勢較高與各汛情形稍有不同所有石塘坍卸之舊石賴塔山埧挑溜尚有存留此次估請建復淘挖撈用節省較多查拆脩石塘除本工原有舊石可抵外亦須添辦新石以濟工需詳細科計該汛建復石塘估用舊石四成採辦新石六成每丈估需工料銀三百九十八兩四錢零拆脩石塘估用舊石七成採辦新石三成每丈估需工料銀二百九十七兩五錢零兩共建復拆脩十八層魚鱗石塘三百二十九丈估需工料銀十二萬四千八百九十二兩零又該汛原建條坦塊坦盤頭等工前因久未脩理均經潮汐冲激柴樁木石蕩焉無存今石塘既經興脩則塘外坦水尤宜一律建復保護塘根查海塘志載尖汛原建坦水舊案係條坦與塊坦間段分別建築又於頂冲險要之處陸續添建盤頭五座皆係因時制宜保護要工起見今察看形勢與昔年稍有區別因此估計做法量為變通未敢稍有拘泥總期工歸寔濟款不虛靡查石字號東五丈九尺二寸並昆連念汛石字號中一丈八寸計工長八丈以前係念汛碣石二號盤頭後身嗣因盤頭坍卸未曾建復今該處缺口估請興辦應請隨塘改建塊石頭二坦水各八丈以護根脚此外估請建復字號丈尺自鉅字號二十丈起至嘉字號二十丈止計條石頭二坦水各一千一百八十丈又自索字號二十丈起至黙字號西十二丈止計條石頭二坦水各九十二丈兩共條石坦水各計工長一千二百七十二丈從前原係條石

坦水茲因石塘與工条石稀少若照舊建復条坦不免有懸工待料之虞應請一律改建塊石坦水二層又自歡字號二十丈起至誰字號二十丈止並自點字號東八丈起至道字號西十三丈七尺八寸止共計間段工長六百四十一丈七尺八寸查此項工程本係塊坦舊基築寬二丈四尺無頭二坦之分今該處正值潮勢頂沖塘外水深三四尺不等如照舊建復坦面寬潤潮汛沖激易於損壞此次建復應請分為頭二兩坦中用樁木關排內高外低如坦坡以順潮勢核計頭二兩坦各工長六百四十一丈七尺八寸其做法高寬需用工料與鉅字等號情形相同併計共請建復改復頭坦一千九百二十一丈七尺八寸每丈估需工料銀三十二兩九錢零共估銀六萬三千二百九十八兩零共二坦一千九百二十一丈七尺八寸每丈估需工料銀四十四兩一錢零共估銀八萬四千九百十八兩零又自道字號東六丈二尺二寸起至杞字號西十六丈止計工長三百四十二丈二尺二寸原建係屬塊石單坦並係字號石盤頭一座查該盤頭後身九丈五尺內有一半尚屬堅固今請脩理折算應扣除工四丈八尺不計外實應建復塊石單坦三百三十七丈四尺二寸現請仍照舊址建復每丈築寬一丈六尺估需工料銀四十四兩一錢零共估銀一萬四千九百五兩零統計改建建復塊石頭二坦水工長各一千九百二十一丈七尺八寸又塊石單坦工長三百三十七丈四尺二寸共單長四千一百八十丈九尺八寸內計建復隨塘坦水單長六百五十八丈舊塘新坦單長三千五百二十二丈九尺八寸總計東防尖汛建復拆脩石塘並建復改建坦水各工共估需工料銀二十八萬八千十五兩零均係核實確估並無浮冒至該汛前建於農稷黍廣幾誰索係字等號柴石盤頭五座當時係因工段吃險間段添建以分其勢惟海中陰沙消長無定每月潮汛趨向靡常查工程之平險視乎潮汛之趨向潮汛之趨向又視陰沙之消長目下該汛險工既無定所自應各就坦水本工加釘樁木關攔自固藩籬俾資抵禦所有前建盤頭五座現在均請

緩辦俟將來全汛告竣如必須藉資分挑溯勢
再請建復以重經費但尖汛石塘坦水同時興
工所有改建建復塊石坦水共計長四千一百
八十丈九尺八寸工段綿長需時較久應請分
作四限奏報完工以半年為一限每限報竣一
千餘丈比係查照志載成案辦法以期迅速以
上兩汛工程由委員黎錦翰及該兩防廳備先
後會開清摺到局由總局司道核明呈請具
奏前來臣親往復勘所估均係確實至翁汛石塘
估價較尖汛稍多者實因該汛建復之工舊石
無存全用新石拆脩之工舊石又較尖汛少祇
兩成且翁汛地當山潮並激之處形勢低窪塘
外水深清槽釘樁一切均比尖汛更為棘手情
形既有不同則估價自難一律逐細勾稽在在
核實並無浮冒除飭該司道委員分往設局購
料集夫擇吉興辦工竣專案造冊報銷外合將
接續興辦中東兩防翁尖二汛石塘小缺口並
塘外添建埽坦改建坦水等工估計銀數緣由
恭摺具
奏伏乞
皇上聖鑒訓示再中防翁汛尚有潑損低陷欹裂石
塘一百二十四丈四尺並東防尖汛面石潑損
底石尚整石塘六十五丈五尺祇須加高理砌
不另作正估報即於前估工內匀撥工料辦理
以省經費合併陳明謹
奏同治十二年三月二十二日奏四月二十七日
奉
硃批該部知道欽此

撫院楊　片

奏再杭州府屬中防翁汛境内應行建復石塘三百十三丈八尺拆修石塘七十七丈三尺添築隨塘埽坦三百三十八丈五尺埽工二十丈前經飭委廳倫勘明估需銀二十萬七千三百三十兩有零尖汛境内應行擇要建復石塘二百六十七丈五尺拆修石塘六十一丈五尺以及塘外坦水等工飭委勘明估需銀二十八萬八千十五兩有零曾經彙案

奏明開辦在案當將翁汛各工飭委候補道戴槃候補知府黎錦翰設局辦理於同治十二年三月初七日祀土興工截至十二月二十四日止共計間段辦竣文字等號建復魚鱗石塘一百三十三丈八尺白字等號拆修魚鱗石塘六十八丈五尺又尖汛各工飭委候補知府陳璚東防同知吴世榮設局辦理於同治十二年六月十二日祀土興工截至十二月十六日止共計間段辦竣石字等號建復魚鱗石塘一百七十丈五尺畝字等號拆修魚鱗石塘三十二丈五尺並自謙字號起至增字號止修竣頭二坦水計單長一千丈經杭防道何兆瀛往來督率臣亦不時赴工履勘分别緩急次第修築其中原估極字等號頭二坦水各五百十三丈七尺八寸又原估道字等號單坦三百三十七丈四尺二寸現在各該字號塘外漲沙日長堪資擁護且距尖塔兩山不遠塘身穩固酌擬從緩辦理俾資節省至東防尖汛原估改建建復塊石坦水共計單長四千一百八十丈九尺八寸工段綿長需時較久前經

奏明分為四限完工以半年為一限每限報竣一千餘丈係照舊志成案辦法兹查石塘坦水同時並舉事頗繁重乃為時未及一年翁尖兩汛修竣石工四百餘丈單長坦工一千丈辦理尚為妥速目前酌定緩辦之坦工計單長一千三百餘丈外核計所未辦者不及二千丈毋庸再行分限應即飭令當于本年夏秋間趕辦完固所有緩辦各工按照原估銀數扣除應減銀五萬四千五百三十兩零令撥該兩汛駐工督辦委員開摺送局由總局司道詳請先行

奏報前來伏查上年日覆奏三防塘工所費不致

有適原估仍請分案辦理摺内欽奉
硃批覽奏已悉着該撫督飭承辦工員核實經理勿
避怨嫌所請另派大員督辦之處着毋庸議欽此
臣跪聆之下感悚莫名當即宣示在事大小各
員凜遵
聖訓寔心寔力妥速趕辦工程務求堅固用欵期於
撙省該各員均能激發天良踴躍從公又值天
旱水涸施工稍易是以開工未及一年兩汛做
成石塘四百餘丈坦水一千丈為以前未有之
事其中節省浮費已屬不少至減辦坦工一千
三百餘丈節省銀五萬四千餘兩亦是因地制
宜慎重經費兼之海水退足打撈舊石亦多又
有新築乃字等號石塘工長一百四丈因塘下
水深繞入柴埽後釘樁安砌較臨水之工不無
減省將來全工告成自應核寔造銷不敢以估
報在先絲毫浮濫以上辦成之工均經臣隨時
親臨督飭指授機宜逐一勘驗並無草率偷減
之弊臣現在出省查閱浙東各屬營伍周歷八
郡約須兩月之久所有海塘現辦工程諄囑總
局司道督率工員照常認真辦理以期速成乃
事除俟該二汛通工告竣委員查勘結覆再將
辦成字號丈尺實用銀數分别繕單
奏報外合將建脩中防翁尖汛内石塘坦水初限
完竣各工並酌擬緩辦坦工丈尺緣由附片陳
明伏乞
聖鑒謹
奏同治十三年三月初十日奏四月二十二日奉
硃批工部知道欽此

臣楊　跪

奏為中東兩防翁尖二汛建脩石塘小缺口並塘外添築埽坦改建坦水各工一律完竣恭摺具

奏仰祈

聖鑒事竊照浙省中東兩防翁尖二汛應辦石塘小缺口並塘外添築埽坦改建坦水等工丈尺估用銀兩曾經

奏准設局興辦嗣將初限完竣各工并酌擬緩辦坦工暨繞築石塘各緣由分晰附片陳明均在案茲據塘工總局司道詳稱中防翁汛各工自同治十二年三月初七日興工至十三年十二月十二日一律辦竣計龍字號起至養字號止間段建復魚鱗石塘共三百十三丈八尺師字號起至養字號止間段拆脩魚鱗石塘共七十七丈三尺內文字乃三號建復石塘四十四丈五尺暨賴及萬方蓋五號建脩石塘五十九丈五尺繞入柴埽後釘樁安砌其餘均依原估臨水興辦又龍字號起至養字號止間段築成埽坦二百六十八丈按照原估計減辦文字乃及萬五號埽坦七十丈五尺因文字等號石塘續議繞築是以減辦埽坦仍于文乃及方四號塘外脩築柴埽三十八丈以資鞏固用工料銀即以減辦埽坦經費抵支毋庸另請開銷又原估湯字號埽工二十丈並埽外加拋塊石亦已如式辦成核查原估統需工料銀二十萬七千三百餘兩今實用例估加貼增貼工料銀二十萬一千九百餘兩計節省銀五千三百餘兩其東防尖汛各工自同治十二年六月十二日興工至十三年九月十九日一律辦竣計石字號起至躬字號止間段建復魚鱗石塘共二百六十七丈五尺岫字號起至勅字號止間段拆脩魚鱗石塘共六十一丈五尺又原估改建塊石坦水計工長四千一百八十丈九尺八寸內除減辦極字等號改建塊石頭二坦水各五百十三丈七尺八寸適字等號建復單坦三百三十七丈四尺二寸外實計石字號起至增字號止辦成塊石頭二坦水單長共二千八百十六丈核查原估統需工料銀二十八萬八千十五兩零內除前項減辦坦水應除原估銀五萬四千五百三十兩零尚應銀二十三萬三千四百餘

兩今寔用例估加貼增貼工料銀二十萬三千七百餘兩計節省銀二萬九千六百餘兩共計翁尖兩汛興辦石塘坦埽等工三千八百六十餘丈需用工料銀四十萬五千餘兩經駐工督辦候補道戴槃督同工程委員候補知府黎錦翰陳璚署東防同知吳世榮及在工員弁認真趕辦竭力打撈舊石以節經費候補道惲祖貽親於江干設局查驗所辦木料揀選運濟杭防道何兆瀛候補道吳艾生會同駐工往來催督以期工堅費省臣歷次親詣履勘所做之工均能如式堅固工竣後飭委運使靈杰候補道唐樹森赴工驗收結覆委無草率偷減情弊今由總局司道詳請具

奏前來除飭取辦成工段字號丈尺高寬並寔用銀數另行繕单

題奏請銷外伏查此案建脩塘坦工長費鉅頭緒紛繁自同治十二年春間開辦至上年十二月工竣為時未兩年而要工一律告成在事大小各員均能竭盡心力認真經理所用銀兩按照原估尚多減省不無微勞足錄可否仰懇

天恩俯准擇尤酌保以示鼓勵之處出自

鴻慈謹將建脩中東兩防翁尖二汛石塘小缺口並於塘外添築埽坦及改建坦水各工全行完竣緣由恭摺具

奏伏乞

皇太后

皇上聖鑒再前次陳明該二汛內尚有潑損拗裂低陷石塘併于正工中匀撥工料加高理砌在案刻亦一律脩辦完竣合併陳明謹

奏光緒元年三月十二日奏四月十一日軍機大臣奉

旨着准其擇尤酌保毋許冒濫欽此

臣楊　跪

奏為辦成中東兩防翁尖二汛石塘坦埽各工字號高寬丈尺用過銀數開列清單恭摺仰祈

聖鑒事竊照浙江省中東兩防翁尖二汛應辦石塘小缺口並塘外添建坦埽暨改建坦水柴埽各工前經臣將開辦興竣日期及減辦緣由先後

奏報各在案茲據塘工總局司道詳稱計辦成中防翁汛龍字號起至養字號止間段建復魚鱗石塘三百十三丈八尺師字號起至養字號止間段拆脩魚鱗石塘七十七丈三尺龍字號起至養字號止間段築成埽坦二百六十八丈又文乃及方四號脩築柴埽三十八丈又湯字號埽工二十丈並於埽外加抛塊石又東防尖汛石字號起至躬字號止間段建復魚鱗石塘二百六十七丈五尺岫字號起至勅字號止間段拆脩魚鱗石塘六十一丈五尺石字號起至增字號止改建塊石頭二坦水共單長二千八百十六丈統計用過工料銀四十萬五千七百餘兩核明開摺呈請循案具

奏等情前來臣查前項工程原估銀兩本係照章核實估計因上年適值天旱水涸施工較易並經臣隨時親臨指飭認真趕辦竭力打撈舊石隨處抵用各委員皆能實心實力踴躍從事是以工段雖多蕆事甚速俾得節省銀三萬兩有奇做成各工亦均委驗親勘結覆並無草率偷減除飭造實用銀數細册取結繪圖另行具

題請銷外合將辦成中東兩防翁尖二汛石塘坦埽各工字號高寬丈尺用過銀數繕具清單恭

摺敬

奏伏乞

皇太后

皇上聖鑒謹

奏

謹將浙省辦成中東兩防翁尖二汛石塘坦埽各工字號高寬丈尺動用銀數繕列清單恭呈

御覽

計開

一中防翁汛龍字號東十丈師字號西二丈火字號二十丈第字號中九丈始字號東十九丈文字號中東十一丈五尺字字號二十丈

乃字號西中十三丈虞字號東二丈陶字號二十丈唐字號西十七丈湯字號東中十一丈愛字號東十丈育字號西東十四丈五尺黎字號二十丈賓字號中十三丈二尺鳴字號西八丈六尺鳳字號東六丈在字號西十六丈五尺賴字號東一丈及字號二十丈萬字號西七丈五尺大字號東七丈五字號西十八丈五尺恭字號西八丈鞠字號東二丈養字號西六丈五尺共計工長三百十三丈八尺一律建復十八層魚鱗石塘每丈照例築成底寬一丈二尺面寬四尺五寸高一丈八尺計用厚一尺寬一尺二寸全新條石一百十八丈三尺三寸三分三厘釘馬牙梅花新樁共一百五十根

一中防翁汛師字號東三丈三尺愛字號中一丈五尺白字號東六丈駒字號西中十三丈萬字號東六丈五尺方字號西四丈東十六丈蓋字號西四丈五尺大字號中四丈恭字號中西一丈五尺鞠字號次東三丈五尺養字號中三丈五尺東十丈共計工長七十七丈三尺一律拆脩十八層魚鱗石塘每丈照例築成底寬一丈二尺面寬四尺五寸高一丈八尺計用厚一尺寬一尺二尺條石一百十八丈三尺三寸三分三厘內除搭用舊石五成釘馬牙梅花新樁共一百五十根

一中防翁汛龍字號東十五丈師字號東五丈火字號二十丈第字號西十七丈始字號東十九丈文字號中三丈虞字號東五丈陶字號二十丈唐字號西十五丈愛字號東十丈育字號西十丈黎字號二十丈賓字號中十五丈鳴字號西九丈鳳字號東五丈在字號西十八丈賴字號東三丈大字號東八丈五字號二十丈恭字號次西九丈鞠字號東三丈養字號西十九丈共計工長二百六十八丈一律建築埽坦每丈上寬一丈六尺底寬一丈八尺除頂土外實築柴高一丈六尺釘樁一路計二十根又每單長一丈用檐柴六百觔土五分

一中防翁汛乃字號東七丈原係埽坦今改築埽工每丈面寬二丈底寬三丈除頂土外實

築柴高二丈二尺釘底面腰樁共二十六根
又每單長一丈用檐柴六百觔土五分
一中防翁汛文字號東中四丈乃字號次東二
丈及字號西十五丈方字號西十丈共計工
長三十一丈原係柴埧今改築柴工每丈面
寬一丈五尺腰寬二丈底寬三丈除頂土外
實築柴高二丈釘底面腰樁共十五根又每
單長一丈用檐柴六百觔土五分
一中防翁汛湯字號西九丈原係埽坦今加築
埽工又東十一丈添建埽工共計工長二十
丈每丈除頂土并坦在埽坦抵用外牽計實
加築柴高一丈四尺上寬一丈六尺下寬二
丈釘底腰面新樁二十六根又每單長一丈
用檐柴六百觔土五分並加拋塊石底面牽
寬一丈四尺高一丈四尺
以上中防翁汛共用過工料銀二十萬一
千九百餘兩
一東防尖汛石字號東八丈鉅字號二十丈野
字號西東十六丈五尺庭字號西二丈五尺
曠字號中東十六丈遠字號西五丈邈字號
中東十七丈巖字號二十丈岫字號西中十
四丈五尺治字號西中十四丈於字號中東
十一丈五尺農字號西二丈五尺茲字號中
八丈五尺稼字號中八丈俶字號東五丈載
字號西四丈五尺南字號中東十二丈畝字
號西六丈新字號中九丈勸字號中東十一
丈賞字號西中十五丈孟字號西十丈其字
號中東十五丈謹字號東五丈省字號東八
丈躬字號西三丈共計工長二百六十七丈
五尺一律建復十八層魚鱗石塘每丈照例
築成底寬一丈二尺面寬四尺五寸高一丈
八尺共用條石一百十八丈三尺三寸三分
三厘內約搭用舊石六成有餘釘馬牙梅花
新樁共一百五十根
一東防尖汛岫字號東一丈五尺稼字號次東
二丈載字號東中十四丈五尺畝字號東四
丈我字號中二丈五尺黍字號中東十一丈
埶字號中東十二丈新字號次東一丈陟字
號東五丈敦字號西三丈五尺謹字號次東
二丈五尺勅字號西二丈共計工長六十一

丈五尺一律拆脩十八層魚鱗石塘每丈照例築成底寬一丈二尺面寬四尺五寸高一丈八尺共用條石一百十八丈三尺三寸三分三厘內約搭用舊石九成有餘釘馬牙梅花新樁共一百五十根

一東防尖汛石字號東五丈九尺二寸並毘連念汛石字號中二丈八寸又尖汛鉅字號二十丈野字號二十丈庭字號二十丈曠字號二十丈遠字號二十丈綿字號二十丈邈字號二十丈巖字號二十丈岫字號二十丈治字號二十丈本字號二十丈於字號二十丈農字號二十丈務字號二十丈茲字號二十丈稼字號二十丈穡字號二十丈俶字號二十丈載字號二十丈南字號二十丈畝字號二十丈我字號二十丈藝字號二十丈黍字號二十丈稷字號二十丈稅字號二十丈熟字號二十丈貢字號二十丈新字號二十丈勸字號二十丈賞字號二十丈陟字號二十丈孟字號二十丈其字號二十丈敦字號二十丈素字號二十丈史字號二十丈魚字號二十丈秉字號二十丈直字號二十丈庶字號二十丈幾字號二十丈中字號二十丈庸字號二十丈勞字號二十丈謙字號二十丈謹字號二十丈勅字號二十丈聆字號二十丈音字號二十丈察字號二十丈理字號二十丈鑒字號二十丈貌字號二十丈辨字號二十丈色字號二十丈貽字號二十丈厥字號二十丈嘉字號二十丈猷字號二十丈勉字號二十丈其字號二十丈祗字號二十丈植字號二十丈省字號二十丈躬字號二十丈譏字號二十丈誡字號二十丈寵字號二十丈增字號二十丈共計工長一千四百八丈一律改建塊石頭二坦水兩共二千八百十六丈每丈照例頭坦築寬一丈二尺二坦築寬一丈二尺共寬二丈四尺通工牽計築深五尺共用全新塊石十二方又頭坦釘樁一路二十根二坦釘樁二路四十根共計六十根

以上東防尖汛共用過工料銀二十萬三千七百餘兩

統計翁尖兩汛各工實共動用工料銀四十萬
五千七百餘兩
光緒元年五月二十六日奏七月初四日軍機
大臣奉
旨該部知道單併發欽此

---

光緒二年二月三十日准
工部咨爲題銷浙江省建脩中東兩防翁尖二
汛石塘坦埽等工用過銀兩應准開銷事都水
司案呈工科抄出浙江巡撫楊　題同治十
二三年建脩中東兩防翁尖二汛石塘坦埽等
工用過銀兩造册題銷一案光緒元年九月初
五日題十一月十七日奉
旨該部察核具奏欽此於十一月十九日科抄到部
該臣等查得浙江巡撫楊　疏稱浙江省中
東兩防翁尖二汛應脩石塘小缺口並塘外漆
建埽坦改建坦水等工先經奏明分限興辦嗣
將尖汛工程暨翁汛石塘通工一律告竣分別
委員驗收先後分晰奏報飭取工段字號高寬
丈尺繕單具奏並陳明飭造實用銀數册圖另
行題銷各在案茲據督辦塘工總局布政使盧
定勳等會詳伏查中防翁汛各工自同治十二
年三月初七日興工至十三年十二月十二日
止計龍字等號建復石塘三百十三丈八尺師
字等號拆脩石塘七十七丈三尺又龍字等號
埽坦二百六十八丈又乃及方四號脩築柴埽

三十八丈又湯字號埽工二十丈並于埽外加抛塊石共用過工料銀二十萬一千九百二十二兩零其東防尖汛各工自同治十二年六月十二日興工至十三年九月十九日止計石字等號建復石塘二百六十七丈五尺岫字等號拆脩石塘六十一丈五尺又石字等號改建塊石頭二坦水單長共二千八百十六丈共用過工料銀二十萬三千七百九十五兩零統計翁尖二汛各工共用過工料銀四十萬五千七百十八兩零均係在於提濟塘工經費暨海塘捐輸各款項下動支核與歷次奏准報銷各項銀數相符應仍由該司道等公同造報合將造具圖冊詳送具題等情臣覆核無異除冊圖送部外理合具題等因前來查浙省自同治十二年起至十三年止建脩中東兩防翁尖二汛石塘坦埽各工先據浙江撫臣楊　奏明中東兩防石塘小缺口甚多因經費支絀物力維艱不得不酌量緩急次第興辦現在翁尖二汛石塘缺口均係臨水要工亟應接續辦理以資聯絡等因並將工段字號丈尺銀數開單奏報在案

今據該撫將翁汛建復石塘三百十三丈八尺拆脩石塘七十七丈三尺又築埽坦二百六十八丈脩築柴埽三十八丈埽工二十丈並埽外加抛塊石共用過工料銀二十萬一千九百二十二兩四錢三分三厘七毫三絲八忽四微又東防尖汛建復石塘二百六十七丈五尺拆脩石塘六十一丈五尺改建塊石頭二坦水共計單長二千八百十六丈共用過工料銀二十萬三千七百九十五兩九錢一分六厘一毫九絲二忽四微統計翁尖二汛共用過工料銀四十萬五千七百十八兩三錢四分九厘九毫三絲造冊題銷臣部按冊查核內所開工段字號丈尺銀數核與奏報清單相符應准開銷等因于光緒元年十二月十六日題本月十八日奉

旨依議欽此為此合咨前去欽遵施行

撫院楊　片

奏再浙省杭州府屬西防李汛境内西育字號東十一丈西愛字號西九丈共限外埽坦二十丈緊貼西黎育字號盤頭當山潮滙激最為緊要之處是年春汛陰雨連綿山潮並旺該工疊被冲刷柴土漂沒矬陷情形甚為危險若仍脩復埽坦誠恐大汛踵臨難以抵禦經總局司道飭據該管廳備勘明估請加築埽工二十丈所用款項在於塘工經費項内動支給辦經杭防道何兆瀛駐工督率於同治十三年二月二十三日開工至三月十七日完竣共用過例估加貼工料銀一千七百餘兩報請驗收委係工堅料實如式完固並無草率偷減情事由總局司道呈請具

奏前來臣覆核無異除飭將做成該工高寬丈尺用過工料銀兩造具冊結詳請

題銷外合將十三年分續辦加築西防李汛西育愛二號埽工丈尺銀數緣由附片具

奏伏乞

聖鑒勅部查照施行謹

奏光緒元年三月十二日奏四月十一日軍機大臣奉

旨該部知道欽此

光緒二年四月二十三日准
工部咨為題銷浙江省續辦加築西防李汛埽工用過銀兩與例相符應准開銷事都水司案呈工科抄出浙江巡撫楊　題同治十三年續辦加築西防李汛埽工用過銀兩造冊題銷一案光緒元年九月初五日題十一月十五日
奉
旨該部察核具奏欽此于十一月十九日科抄到部該臣等查得浙江巡撫楊　疏稱同治十三年分續辦加築西防李汛西育愛二號埽工完竣驗收一摺光緒元年四月十一日軍機大臣
奉
旨該部知道欽此欽遵查照等因當經轉飭照例詳辦去後茲據督辦塘工總局布政使盧定勲等會詳稱覆查同治十三年分續辦加築西防李汛埽工二十丈用過工料銀一千七百五十六兩四錢二分五厘在于提濟塘工經費項內動支核與歷奉准銷銀數相符應仍由該局司道公同造冊詳送具題等情臣覆核無異除冊圖送部外理合具題等因前來查浙江省同治十三年續辦加築西防李汛埽工先據浙江巡撫楊　奏明西防李汛境內西育字號東十一丈西愛字號西九丈緊貼西黎育字號盤頭山潮滙激最要之處是年春汛陰雨連綿山潮並旺該工迭被冲刷柴土漂沒矬陷情形甚為危險若脩復埽坦誠恐大汛踵臨難以抵禦估請加築埽工等因並將字號丈尺銀數奏報在案今據該撫將前項加築西防李汛西育等字號埽工二十丈共用過工料銀一千七百五十六兩四錢二分五厘造冊題銷臣部按冊查核內所開工料價值與例相符應准開銷等因光緒二年三月初五日題是月初七日奉
旨依議欽此為此合咨前去欽遵施行

臣楊　　跪
奏為勘明海鹽縣境坍損石塘等工先行擇要估
脩恭摺奏祈
聖鑒事竊照嘉興府屬海鹽縣境濵臨大海自前明
建有石塘數千丈並築土塘等工以資保障該
處海面較寬風潮沖激時有坍損康熙雍正乾
隆年間均經
奏請動項脩築道光初年前撫臣帥承瀛奏請興
脩垂章等號魚鱗塘工籌有歲脩專款由地方
官紳經理兵燹之後原款無着以致年久未脩
同治六年前撫臣馬　　會同調任督臣吳
具奏勘明海塘各工籌款次第辦理緣由摺内
陳明鹽平兩汛計潑損石塘長一百八十七丈
三尺土塘五百五十三丈五尺柴工一十八丈
隨時酌量脩復以保全塘等因在案伏查鹽汛
舊建大石塘以及魚鱗石塘高寛約在二丈以
外較之現辦杭州府屬之東中西三防石塘高
寛丈尺不啻倍蓰所需脩費亦復懸殊即如應
用塘石每塊須長五尺寛厚一尺五六寸在於
紹興府屬山陰縣之羊山地方採購其中水陸
舟車節節盤運方達工次運費既多辦理又甚
艱難所有前次
奏明潑損各工一時寔難全行脩復惟近來每遇
大汛屢有續損工段且坐朝等號逼近海鹽縣
城塘高城低情形甚為危險若不先行擇要興
辦不但日久需款更鉅且慮風潮鼓盪之際居
民刻難安枕現在專款既已無着自應併由局
辦以照核寔臣於查閱海甯工程之便督同杭
嘉湖道何兆瀛親詣履勘隨飭委候補知府黎
錦翰蕭書會同該管府縣暨海防營守備赴工
詳細勘估興辦旋據勘明該處舊建五縱五横
魚鱗大石塘内有位字號西一丈民字號中三
丈商字號中五丈五尺坐字號東二丈西十一
丈五尺朝字號東二丈伏字號西四丈均已坍
卸至底又逼近南城之落水寨地方緊接鱗塘
之尾為大塘之首内遐字號西八丈邇字號東
西十八丈五尺壹字號東四丈中西七丈體字
號中九丈五尺亦均坍卸至底兩工皆恃内護
一綫土塘前臨大洋後靠白洋河寔係情形險
要必不可緩之工亟應一律拆底建脩查得該

處各號石塘各因地勢層數不一從前原用粗石安砌道光初年該前縣汪仲洋承脩垂章等號各工始於出海縱石鑿鑿合縫嵌鑲錠鍋外口抿以油灰內裹縱橫條石灌用灰漿至今稱爲完固此次拆脩之高低層數循舊安砌其做法應仿道光年間垂章等號成式辦理以經久遠經該委員等督匠核實確估總共應脩魚鱗大石塘二十九丈大石塘四十七丈內自十八層至十四層不等除舊石牽抵四成有奇外每丈牽估銀七百十八兩零統計估需工料銀五萬四千五百餘兩實因丈尺既寬應用物料人工在在增多兼之兵燹後元氣未復一切工料無不昂貴核計所估銀數實無浮冒等情飭據總局司道復加確核應請照估動用塘工經費趕速興辦以重要工並檄委候補知府蕭書會同嘉興府知府許光瑤督率縣脩於上年八月間設局開辦惟該工石料長大寬厚尺寸倍於尋常自苹山採辦到工水陸搬運節節艱阻比之三防石塘購運情形倍難措手必須新石運辦全脩始能赶期完工惟有督飭委員趕緊集料興脩不任稍有耽延至前項石塘本有塘外雙坦今亦坍沒無存以及塘後坿土等項並此外未辦石土各工擬請隨後察看情形次第估辦再該塘工有朝商發瑞四號及體字號魚鱗大石等工共計工長十七丈面石潑損並請於前工內匀撥工料辦理不另作正開銷以省經費等情由塘工總局司道詳請具

奏前來臣覆核無異除俟全工告竣核實請銷外合將勘明海鹽縣境坍損石塘等工先行擇要估脩緣由恭摺具

奏伏乞

皇上聖鑒訓示謹

奏同治十三年二月初四日奏三月初七日奉

硃批該部知道欽此

臣楊　號
奏爲恭報原估脩復海塩縣境坍損石塘完竣日
期并字號丈尺用過銀兩恭摺具
奏仰祈
聖鑒事竊照浙省嘉興府屬海塩縣境濱臨大海舊
建石塘等工年久未脩間段坍卸曾經委員勘
估擇要先行拆脩魚鱗塘二十九丈又大石塘
四十七丈仿照道光年間脩築成式辦理當將
應脩字號丈尺估需銀數並于前工内匀撥工
料理砌之朝字等五號大石塘潑損面石十七
丈不另作正開銷以省經費緣由
奏明興辦在案旋據駐工委員試用知府蕭書督
率縣脩委員募夫集料妥速趕辦自同治十二
年九月初四日興工至十三年十二月二十九
日一律報竣計辦成原估位字號西一丈民字
號中三丈商字號中五丈五尺坐字號東二丈
西十一丈五尺朝字號東二丈伏字號西四丈
共拆脩魚鱗大石塘二十九丈又原估遐字號
西八丈邇字號東西十八丈五尺壹字號東四
丈中西七丈體字號中九丈五尺共拆脩大石
塘四十七丈其朝字等五號潑損石塘十七丈
亦已理砌完竣共用工料銀五萬四千五百餘
兩節經飭委嘉興府知府許瑤光逐一驗收結
覆委係如式完固並無草減情事茲由塘工總
局司道核明呈請具
奏前來臣覆查無異除飭造具報銷冊結圖說另
行詳請
題銷外合將原估拆脩海塩縣境内坍損石塘完
竣日期并字號丈尺銀數緣由恭摺具
奏伏乞
皇太后
皇上聖鑒勅部查照施行再該塘尚有
奏准續辦魚鱗大石塘八十三丈塊石坦一百
五十九丈内有戎字號魚鱗塘二丈五尺又戎
位民商坐朝伏等七號護塘坦共三十一丈
五尺或毗連前工或爲前工外護情形險要刻
難緩待業據提前趕辦於十三年九月二十六
十一月十五等日以次照估辦竣亦經委據許
瑤光詣收結覆所用銀兩應俟續估各工一律
告竣再飭彙造銷冊專案詳辦以清界限合併

陳明謹
奏光緒元年四月十九日奏五月初九日軍機大
臣奉
旨該部知道欽此

光緒二年九月初一日准
工部咨爲題銷浙江省嘉興府屬脩復海塩縣
境坍損石塘工程用過銀兩與例相符應准開
銷事都水司案呈工科抄出浙江巡撫楊
題同治十二三年脩復海塩縣境坍損石塘工
程用過銀兩造冊題銷一案光緒元年十一月
初九日題二年三月二十六日奉
旨該部察核具奏欽此於四月初七日科抄到部該
臣等查得浙江巡撫楊　疏稱浙省嘉興府
屬海塩縣境濱臨大海舊建石塘各工年久未
脩間段坍卸曾經委員勘估奏報先行擇要拆
脩伍字等號魚鱗塘二十九丈遐字等號大石
塘四十七丈并陳明該處各號石塘各因地勢
層數不一從前原用粗石砌道光初年前該
縣汪仲洋承脩垂章等號各工始於出海縱石
鑿鑿合縫嵌鑲錠鋦外口抵以油灰內裹縱橫
條石灌用灰漿至今稱爲完固此次拆脩之工
高寬層數循舊安砌其做法仿照道光年間辦
理以期久遠欽奉
硃批該部知道欽此并准工部咨行欽遵查照當經轉

飭駐工委員妥速脩辦計自同治十二年九月初四日興工至十三年十二月二十九日止將各工一律趕辦完竣飭委嘉興府知府許瑤光逐一驗收結覆各在案茲據督辦塘工總局布政使盧定勲等會詳此次拆脩位遐等號石塘係仿道光初年垂章等號成式辦理核共用過工料銀五萬四千五百五十六兩七錢八分九厘係動支塘工經費陸續給發工員支用合將造具冊圖呈送察核具題等情臣復核無異除冊圖送部外理合具題等因前來查浙省同治十二三年嘉興府屬脩復海鹽縣境坍損石塘工程先據浙江巡撫楊　奏稱海鹽縣境内海面較寛風浪沖激時有坍損康熙雍正乾隆年中均經奏請動欵脩築道光初年前撫臣帥承瀛疏請興脩塘工籌有歲脩專欵由地方官紳經理兵燹之後原欵無着以致失脩同治六年前撫臣馬　等會奏勘明海塘各工籌欵隨時酌量脩復以保全塘等因並將各工字號丈尺銀數奏報在案今據該撫將前項拆脩魚鱗石塘二十九丈大石塘四十七丈共計支用工料銀五萬四千五百五十六兩七錢八分九厘造冊題銷臣部按冊查核内所開各工字號丈尺銀數核與奏明相符應准開銷等因光緒二年七月初二日題是月初四日奉

旨依議欽此爲此合咨前去欽遵施行

奏為接續建脩東防念汛東西兩頭石塘埽坦各
工丈尺約估工料銀兩恭摺　臣楊　跪
奏報仰祈
聖鑒事竊照浙省海塘應脩各工節經
奏明以次估辦在案現在翁尖二汛石塘將次告
竣應行接辦念汛工程伏查該汛各段坍卸缺
口共有二千五百餘丈之多舊存石塘亦皆殘
損應脩工鉅費繁萬難一氣呵成前經飭委候
補道惲祖貽督飭署東防同知吳世榮詳細勘
估以便接續辦理時臣赴塘查勘工程督同杭
嘉湖道何兆瀛補用道吳艾生會商籌度酌定
先就東西兩頭缺口臨水建復石塘以前築柴
埧作為後靠該處塘外舊有埽工今亦坍沒無
存擬照使字號等成式改築埽坦較為節省并
將舊存石塘分別脩理一律建築隨塘埽坦以
資聯絡擁護經該道等詳細勘丈計自西頭聚
字號起至肥字號止間段建復石塘五百二丈
四寸前工應建隨塘埽坦內除使字等號先已
築有埽坦外實須添建四百九十三丈四寸并
建舊塘埽坦六十八丈七尺又東頭泰字號起
至碣字號止間段建復石塘一百四十六丈五
尺拆脩舊石塘三十二丈前工應建隨塘埽坦
一百七十八丈五尺并建舊塘埽坦一百七十
三丈五尺另有前辦戴鎮兩汛石塘案內
奏明截歸念汛石塘併辦之鎮汛典字等號建復
石塘三十三丈此次丈量增長一尺六寸又截
歸頭二坦水一項現擬改築埽坦八丈七尺六
寸緣係毘連念汛之工是以歸併估辦統計建
復十八層魚鱗石塘六百八十一丈七尺拆脩
十八層魚鱗石塘三十二丈建築埽坦九百二
十二丈五尺前項坍卸缺口雖間有舊石顯露
將來能否撈獲若干殊難預定惟值此經費難
籌自應力求撙節所有缺口建復石塘擬用新
石八成抵用舊石二成核實確估每丈計需銀
四百四十九兩零拆脩石塘大約計抵用舊石
五成每丈需銀三百五十五兩零建築埽坦每
丈估銀五十九兩零總共估銀三十七萬三千
四十餘兩應請在於塘工經費項內動支給辦
此外尚有該汛東西兩頭舊塘散裂矬陷者共

計四百四十三丈二尺擬於正工內匀撥工料加高理砌不另估報以省經費以上之工均就目前情形分別估計將來開辦後或有隨時相機酌量增減之處統俟工竣照例分別開單造冊核實報銷據候補道惲祖貽督同該管廳備勘估明確繕摺送局由總局司道等核明呈請具

奏前來臣查念汛一帶石塘年久失脩間段坍缺至二千五百餘丈之多現在翁尖二汛石塘等工將次告竣應行接續興辦至該汛塘外埽工早經沖沒無存大小口門雖已築成柴壩暫資抵禦亟須建復石工庶與鎮尖二汛上下銜接一氣以期經久除刻議建復東西兩頭魚鱗石塘六百八十一丈七尺拆脩魚鱗石塘三十二丈建復埽坦九百二十二丈五尺外尚餘中段口門一千八百餘丈將來宜於柴壩後面興建惟工大費鉅必得預集物料方能以次接辦得復全塘舊制現擬開辦之工經臣親臨履勘情形無異所估工料亦均確實並無浮冒除飭該道等趕緊設局採料集夫擇吉興辦工竣專案造冊報銷外合將接續建脩東防念汛東西兩頭石塘埽坦等工丈尺約估工料銀數緣由恭摺具

奏伏乞

皇上聖鑒訓示謹

奏同治十三年八月二十五日奏　月　日奉

硃批工部知道欽此

臣楊　跪

奏為東塘念汛東頭建脩石塘一律完工並西頭現已辦竣建復石塘丈尺恭摺

奏報仰祈

聖鑒事竊照浙省杭州府屬東防念汛東西兩頭應辦石塘並截歸併辦毘連鎮汛之石塘共計建復工六百八十一丈七尺拆脩工三十二丈又建復埽坦九百二十二丈五尺前經飭委勘明估需銀三十七萬三千四百餘兩專案

奏明興辦在案當經飭委候補道戴槃督率候補知府李審言署東防同知吳世榮靳芝亭等設局分起辦理於同治十三年九月十九日祀土興工以次建脩截至光緒元年六月二十六日止將原估東頭泰字號起至碣字號止間段建復魚鱗石塘一百四十六丈五尺拆脩魚鱗石塘三十二丈一律趕辦完竣此外尚有

奏明勻撥工料辦理不另開銷之東頭散裂殘陷石塘一百餘丈亦皆加高理砌完竣其西頭工段較長現已將聚字號起至封字號止及毘連丈先行辦竣據駐工總辦委員分開清摺由總局司道詳請先行

奏報前來臣伏查此次東防念汛東西兩頭工程同時並舉購料集夫倍形繁劇臣不時臨工指示督催趲辦在工各員無不踴躍從事計自開工至今歷時僅半年有餘已將東頭石塘工程一律告成並辦竣西頭石塘工程二百餘丈辦理均尚妥速除飭將西頭未完石塘暨埽坦等工接續趕辦仍循案俟全工報竣再行飭委驗收分別開單

奏報外合將東塘念汛東頭建脩石塘一律完竣並西頭現已辦竣建復石塘丈尺緣由恭摺具

奏伏乞

皇太后

皇上聖鑒謹

奏光緒元年七月初五日奏八月初四日軍機大

臣奉

旨知道了欽此

臣楊　跪

奏為建修東防念汛東西兩頭石塘埽坦等工一律完竣驗收恭摺具

奏仰祈

聖鑒事竊照浙省杭州府屬東防念汛東西兩頭石塘埽坦並截歸併辦之晁連鎮汛工程前曾將應辦丈尺估用銀兩

奏明興辦并陳明以上各工均就當日情形分別估計開辦後或有相機酌量增減之處統俟工竣照例分晰開單核寔造冊報銷嗣經將同治十三年九月十九日興工起至光緒元年六月二十六日止已竣工段丈尺先行

奏報請俟全工告成再行飭委驗收分列開報各在案茲查此案原估念汛東西兩頭聚泰等字號並晁連鎮汛典字等號共建復魚鱗石塘六百八十一丈七尺拆修魚鱗石塘三十二丈又原估建築埽坦共九百二十二丈五尺內有西頭駕肥字號埽坦二十九丈東頭泰字號埽坦二十丈均與大口門柴埽晁連承辦工員于臨辦時察看情形擬請改建埽工又石字號埽坦六丈五尺晁連汛坦水併請一律改建坦水所擬係為聯絡擁護益臻鞏固起見當飭照辦計寔建築埽坦八百六十七丈埽工四十九丈塊石頭二坦水各六丈五尺同前項原估石塘工程飭令總辦工員候補知府李審言前後署理東防同知吳世榮靳芝亭等妥速趕辦剋於光緒二年二月二十九日一律完竣其前次陳明在於正工內勻撥工料加高理砌不另開銷之舊石塘工四百四十餘丈亦皆完竣呈由督辦工員會局詳請委驗即經飭委署鹽運使記名道張景渠赴工驗收結覆均係工堅料實並無草率偷減情事由塘工總局核明詳請具

奏前來臣查念汛東西兩頭石塘埽坦等工同時並舉籌料集夫倍形繁劇候補道戴槃常川駐工督率興建候補道惲祖貽親詣江干查驗木料選運濟用以期工堅費省署杭嘉湖道陳魯補用道吳艾生正任杭嘉湖道何兆瀛前在本任內往來工次會督稽查催趕并將一切應辦事宜隨時妥籌稟請辦理經臣歷次臨查並指授機宜在事各員均能寔力寔心妥速辦理迨

今未及兩年距工一律告竣所用工料銀兩悉照原估核定動支毫無浮冒除飭將實用銀數俟支應各員冊報齊全通盤核算當即開具做成工段字號丈尺高寬用過工料銀兩細數另行繕單具

奏請銷外合將建修東防念汛東西兩頭石塘埽坦等工一律完竣驗收緣由先行恭摺具

奏伏乞

皇太后

皇上聖鑒再杭屬西中東三防石塘前經次第辦竣所餘東防念汛中段大口門石塘柴壩等工續曾

奏明估辦因需石甚鉅現飭分投購採俟積有成目方可興工其中有策最刻州四號應築柴壩二十三丈五尺情形險要先宜提前趕築葉于光緒元年七月二十六二年正月二十八等日告竣亦經臣飭委署鹽運使張景渠驗收結覆所用銀兩應俟前項續估大口門石塘等工一律完竣再行彙冊專案造銷以清界限仍以工成之日起分別扣限保固以昭核實合併陳明

謹

奏光緒二年四月十五日奏五月初八日軍機大臣奉

旨該部知道欽此

臣楊　跪

奏為辦竣東防念汛東西兩頭石塘埽坦各工字號高寬丈尺用過銀數循案開列清單恭摺具

奏仰祈

聖鑒事竊照浙省杭州府屬東防念汛東西兩頭並裁歸併辦之昆建鎮汛應辦石塘埽坦各工前經臣將興辦竣工日期及改建埽工坦水緣由先後

奏報各在案茲據塘工總局司道詳稱計辦成東防念汛西頭聚字等號並昆建鎮汛典字等號建復魚鱗石塘五百三十五丈二尺聚字等號建築埽坦五百四十一丈五尺駕肥二號建築埽工二十九丈又念汛東頭泰字等號建復魚鱗石塘一百四十六丈五尺岱字等號拆修魚鱗石塘三十二丈岱字等號建築埽坦三百二十五丈五尺泰字號建築埽工二十丈石字號建築塊石頭二坦水各六丈五尺統計支用工料銀三十七萬三千四十餘兩核明具摺呈請循案具

奏前來臣查念汛東西兩頭石塘等工同時並舉集料鳩工倍形繁劇且當日查勘坍缺各口其中雖有舊石顯露能否打撈若干難以預定祇因經費艱難撙節約估建復工抵用舊石二成拆修工抵用舊石五成分晰

奏明在案經臣隨時親臨指飭在事員弁竭力打撈舊石認真辦理歷時未及兩年得以妥速告蕆所抵舊石悉合原擬之數其共用工料銀兩按照原估數目亦無浮濫做成各工亦均委驗親勘結覆並無草率偷減除飭造具實用銀數細冊取結繪圖另行具

題請銷外合將辦竣東防念汛東西兩頭石塘埽坦等工字號高寬丈尺用過銀數繕清單恭摺具

奏伏乞

皇太后

皇上聖鑒所有此案在事出力大小各員弁不無微勞足錄擬俟現議開辦之該汛大口門初限六百餘丈工竣後再行請

旨彙案酌保以昭核實合併陳明謹

奏

謹將浙省辦咸東防念汛東西兩頭石塘埽坦等工字號高寬丈尺用過例加工料銀兩敬具清單恭呈

御覽

計開

一東防念汛西頭聚字號東中十六丈二尺四寸羣字號二十丈英字號西中十一丈五尺杜字號東八丈稾字號西中十七丈六尺鍾字號東中十五丈隸字號西中十八丈漆字號東中十二丈五尺書字號二十丈經字號二十丈府字號西中十八丈羅字號東中十五丈將字號二十丈相字號二十丈路字號二十丈俠字號西三丈五尺戶字號東三丈五尺封字號西四丈五尺給字號東五丈千字號二十丈兵字號西八丈東六丈五尺高字號西中十八丈二尺冠字號東三丈五尺陪字號二十丈輦字號二十丈驅字號二十丈轂字號二十丈振字號二十丈纓字號二十丈世字號二十丈駕字號東中十七丈五尺肥字號二十丈以上共計五百二丈四寸又截歸併辦之毘連鎮汛典字號東九丈四尺亦字號二十丈聚字號西三丈七尺六寸共計三十三丈一尺六寸統共工長五百三十五丈二尺一律建復十八層魚鱗石塘每丈照例築成底寬一丈二尺面寬四尺五寸高一丈八尺共應用厚一尺寬一尺二寸折正條石一百十八丈三尺三寸三分三厘内除搭用舊石二成釘馬牙梅花新樁木一百五十根

一東防念汛西頭聚字號東中十六丈二尺四寸羣字號二十丈英字號二十丈杜字號二十丈稾字號二十丈鍾字號二十丈隸字號二十丈漆字號二十丈書字號二十丈經字號二十丈府字號二十丈羅字號二十丈將字號二十丈相字號二十丈路字號二十丈俠字號西三丈給字號東四丈五尺千字號二十丈兵字號二十丈高字號二十丈冠字號二十丈陪字號二十丈輦字號二十丈驅字號二十丈轂字號二十丈振字號二十丈纓字號二十丈世字號二十丈駕字號西中

九丈以上共五百三十二丈七尺四寸又截歸併辦之毘連鎮汛亦字號東五丈聚字號西三丈七尺六寸統共工長五百四十一丈五尺一律建築埽坦每丈上寬一丈六尺底寬一丈八尺除頂土外實築柴高一丈六尺釘樁一路計二十根又每單長一丈用柴六百觔土五分

一東防念汛西頭駕字號東九丈肥字號二十丈共計工長二十九丈一律建築埽工每丈底面牽寬三丈六尺六寸除頂土外築高二丈底面腰共釘新樁二十六根又每單長一丈用柴六百觔土五分並加抛塊石底面牽寬一丈五尺五寸高一丈五尺

一東防念汛東頭泰字號二十丈岱字號西中十八丈亭字號東中十三丈五尺雁字號二十丈門字號西十一丈紫字號東八丈塞字號二十丈雞字號西中十二丈五尺池字號東中十六丈碣字號西七丈五尺共計工長一百四十六丈五尺一律建復十八層魚鱗石塘每丈照例築成底寬一丈二尺面寬四尺五寸高一丈八尺共應用厚一尺寬一尺二寸折正條石一百十八丈三尺三寸三分三厘內除抵用舊石二成釘馬牙梅花新樁木一百五十根

一東防念汛東頭岱字號東二丈亭字號次西三丈五尺紫字號西中十二丈田字號東中十四丈五尺共計工長三十二丈一律拆脩十八層魚鱗石塘每丈照例築成底寬一丈二尺面寬四尺五寸高一丈八尺共應用厚一尺寬一尺二寸折正條石一百十八丈三尺三寸三分三厘內除抵用舊石五成釘馬牙梅花新樁木一百五十根

一東防念汛東頭岱字號二十丈禪字號二十丈柱字號二十丈雲字號二十丈亭字號二十丈雁字號二十丈雞字號二十丈紫字號二十丈塞字號二十丈門字號二十丈田字號二十丈赤字號二十丈城字號二十丈昆字號二十丈池字號二十丈碣字號二十丈石字號西五丈五尺共計工長二百二十五丈五尺一律建築埽坦每丈上寬一丈六尺

底寬一丈八尺除頂土外築高一丈六尺釘
樁一路計二十根又每單長一丈用柴六百
觔土五分
一東防念汛東頭泰字號二十丈一律建築埽
工每丈底面牽寬三丈二尺除頂土外築高
二丈釘底腰面新樁共二十六根又每單長
一丈用柴六百觔土五分並抛加塊石底面
牽寬一丈五尺五寸高一丈五尺
一東防念汛東頭石字號西中六丈五尺一律
改建塊石頭二坦水每丈共築寬二丈四尺
深五尺計用新塊石十二方釘排樁三路共
六十根
以上統共支用例估加貼新加工料銀三
十七萬三千四十餘兩
光緒二年六月初四日具奏是月二十四日軍
機大臣奉
旨該部知道單併發欽此

光緒三年七月初六日准
工部咨爲題銷浙江省建脩東防念汛東西兩
頭魚鱗石塘埽坦等工用過銀兩應准開銷事
都水司案呈工科抄出浙江巡撫楊　具題
同治十三年至光緒二年東防建脩念汛東西
兩頭魚鱗石塘埽坦等工用過銀兩造冊題銷
一案光緒二年十二月初八日題三年三月初
四日奉
旨該部察核具奏欽此於三年三月十一日科抄到
部該臣等查得浙江巡撫楊　疏稱浙省杭
州府屬東防念汛東西兩頭並截歸併辦之昆
連鎮汛應脩石塘埽坦等工先曾奏明委員設
局興辦嗣將通工一律完竣並改建埽工坦水
等工委員驗收先後分晰奏報並將做成工段
字號高寬丈尺支用銀數繕單具奏在案今據
督辦塘工總局布政使衛榮光署按察使唐樹
森鹽運使靈杰督粮道如山署杭嘉湖道陳魯
補用道吳艾生惲祖貽會詳稱此案辦成東防
念汛西頭聚字等號並昆連鎮汛典字等號建
復魚鱗石塘五百三十五丈二尺聚字等號建

築埽坦五百四十一丈五尺篤肥二號建築埽工二十九丈又念汛東頭泰字等號建復魚鱗石塘一百四十六丈五尺岱字等號拆脩魚鱗石塘三十二丈岱字等號建築埽坦三百二十五丈五尺泰字號建築埽工二十丈石字號建築塊石頭二坦水各六丈五尺自同治十三年九月十九日興工起至光緒二年二月二十九日止一律趕辦完竣統共動支工料銀三十七萬三千四十八兩五錢九分九厘均係在于提濟塘工經費並海塘捐輸各款項內支給核與

歷次奏准報銷各項成案相符詳送具題等情臣復核無異除冊圖送部外理合具題等因前來查浙江省同治十三年起至光緒二年止建脩東防念汛東西兩頭魚鱗石塘埽坦等工先據浙江巡撫楊　奏明並將工段字號丈尺銀數開單奏報在案茲據該撫將東防念汛西頭建復魚鱗石塘五百三十五丈二尺又建築埽坦五百四十一丈五尺又建築埽工二十九丈又念汛東頭建復魚鱗石塘一百四十六丈五尺又拆脩魚鱗石塘三十二丈又建築埽坦三百二十五丈五尺又建築埽工二十丈並又築塊石頭二坦水各六丈五尺統共用過工料銀三十七萬三千四十八兩五錢九分九厘造冊題銷臣部按冊查核內所開各工字號丈尺銀數核與奏報清單相符其工料價值亦與准銷成案均屬無異應准開銷等因光緒三年五月十三日題本月十五日奉

旨依議欽此爲此合咨前去欽遵施行

海塘新案
奏疏附部文
臣楊　跪
奏爲建脩東防念汛大口門石塘等工丈尺先行
約估工料銀數恭摺具
奏仰祈
聖鑒事竊照浙省海塘應脩各工節經
奏明次第估辦嗣於上年接辦念汛工程因該汛
各段坍缺口門共有二千五百餘丈工鉅費繁
萬難一氣呵成當經
奏明先將該汛東西兩頭臨水石塘七百餘丈勘
估建脩并將此外所剩中間大口門一千八百
餘丈將來宜于柴坝後面興築必得預集物料
次第接辦緣由分晰陳明各在案現在東西兩
頭工程約計今年冬間均可告竣應將該汛中
間大口門石塘一千八百餘丈先行勘估以便
籌備接辦經臣飭據塘工總局司道督飭工員
候補知府李審言署東防同知靳芝亭署海防
營守備蔡興邦等詳細勘丈計自輕字號起至
宗字號止共長一千八百六十丈內有策字號
起至馳字號止間段存有殘缺石塘五十五丈
五尺約可抵用舊石五成應作拆脩工估辦以
節經費其餘缺口一千八百四丈五尺委係片
石無存必須全用新石建復以上建復拆脩各
工均在柴坝後面興築并擬于策字號起至州
字號止塘外一律添築柴坝俾與前辦各工均
得接縫聯絡核寔估計建復石塘每丈約估銀
四百八十兩拆脩石塘每丈約估銀三百四十
二兩零添築柴坝六十二丈五尺牽計每丈約
估銀九十五兩八錢零統共約估銀八十九萬
一千一百餘兩應請于塘工經費項內動支給
辦前項均就現今情形分別估計將來興辦或
有隨時相宜酌量增減之處統俟工竣照例分
别開单造冊核寔報銷茲據該委員等開具工
段丈尺估用銀兩由總局司道核明呈請具
奏前來臣查西中東三防臨水石塘次第建復祇
餘念汛大口門一處工段較長外面舊石塘累
經坍卸殆盡即間有存者亦復欹零破碎不成
片段自應於柴坝後面興築並將坍剩零碎舊
塘壹併移置於後以期塘身順直基址鞏固即

以外面柴埧作為埽工無處多費所估工料係援照西中兩防成案核計均尚確寔無浮惟現條先行估報祇就石料一項計需二十餘萬丈之多為數甚鉅兼之近今舊宕枯竭必得多方設法開採即舊石亦無可打撈一時萬難集事臣惟有激勵該委員等殫竭心力分投購辦倘能源源採運積有成數即行尅期興辦酌議分為三限嚴催報竣以竟全工合將建脩東塘念汛大口門石塘各工丈尺先行約估工料銀數緣由恭摺具

奏伏乞

皇太后

皇上聖鑒訓示謹

奏光緒元年七月初五日奏八月初四日軍機大

臣奉

旨知道了欽此

撫院楊　片

奏再浙省東防念汛中段大口門應辦石塘一千八百餘丈以及柴埧等工先於上年督飭勘估實需銀兩籌議興辦緣此案工段較長所需石料為數甚鉅現在舊石無可打撈必得多方設法分投採購俟積有成數方可興工并酌擬分為三限辦理以竟全工當經臣分晰

奏報嗣以所估策最刻州四號柴埧工程情形險要先行提前辦竣複經臣於

奏報該汛東西兩頭工竣摺內先行陳明各在案所有此案石塘分為三限興辦計初限應辦工六百餘丈前經委員分投採辦木石各料陸續運工刻已積有成數自應乘時開辦並飭督催源源購採各料接續運工濟用俾速蕆事除委員前往工次設局興辦一面催儹料物運工以資接濟一俟建築完竣即行委驗

奏報外合將東防念汛大口門初限應辦石塘現在開辦情形謹附片奏

聞伏乞

聖鑒訓示謹

奏光緒二年七月二十八日奏九月十六日軍機
大臣奉
旨知道了欽此



臣梅　跪
奏為東防念汛大口門初限建復石塘等工完竣
日期恭摺具
奏仰祈
聖鑒事竊照浙省東防念汛中段大口門應行建復
石塘一千八百餘丈經前撫臣楊　先行約
估工料數目酌分三限辦理並將開辦情形先
後分晰
奏報各在案茲據塘工總局司道呈報所有念汛
大口門初限建復石塘六百二十丈均於本年
四月十四日一律辦理完竣經臣飭委布政使
衛榮光赴工勘驗均係結實堅固並無草率偷
減等情結報前來臣復核無異除飭將該工實
用工料銀數另行開單詳請
奏報核銷外合將念汛大口門初限建復石塘工
段日期恭摺附驛具陳伏乞
皇太后
皇上聖鑒飭部查照施行謹
奏光緒三年八月二十二日奏九月初四日軍機
大臣奉

旨該部知道欽此

臣梅　跪

奏為辦成東防念汛大口門初限建復石塘等工字號高寛丈尺用過銀數循案開單恭摺奏祈

聖鑒事竊照浙省杭州府屬東防念汛大口門應行建脩石塘一千八百餘丈經前撫臣楊　將約估工料銀數酌分三限及初限開辦情形先後奏明在案臣於本年四月蒞任該工適已告成循案派委大員赴工勘驗結覆將工竣日期

奏報各在案茲據塘工總局司道詳稱辦成東防念汛大口門初限輕字等號建復魚鱗石塘六百六丈五尺策刻二號拆脩魚鱗石塘十三丈五尺策字等號添築塘外柴埧二十三丈五尺統共用過工料銀二十九萬七千九百八十餘兩核明開單呈請循案具

奏前來臣查東塘念汛大口門工段坐當東南兩潮滙激之區應建石塘工關緊要飭委候補道惲祖貽駐工督率並經杭嘉湖道何兆瀛候補道吳艾生往來工次會同查催在事各員均能不辭勞瘁竭力趲辦自光緒二年六月二十四日興工起至三年四月十四日一律完竣為時

未及十月要工得以告蕆至所用工料銀兩按
照原估數目亦無浮溢傚成各工亦均委驗親
勘結覆並無草率偷減伏查前撫臣楊　於
上年六月間具
奏辦成東防念汛東西兩頭石塘埽坦等工摺內
聲明在事人員之出力者擬俟該汛大口門初
限完竣再行請
旨彙案酌保今初限工程業經告竣所有承辦大小
各員併計已歷數年之久實心實力妥速辦理
不無微勞足錄可否仰懇
天恩准予擇尤酌保以示鼓勵出自
鴻慈除飭造實用銀數細冊繪圖取結另行具
題請銷外合將辦成東防念汛大口門初限建脩
石塘等工字號高寬丈尺用過銀數繕具清单
恭摺具
奏伏乞
皇太后
皇上聖鑒訓示謹
奏
謹將浙省辦竣東防念汛中段大口門初限建
脩石塘柴垻等工字號高寬丈尺用過銀數繕
列清单恭呈
御覽
計開
一東防念汛中段大口門輕字號二十丈策字
號西東十六丈功字號二十丈茂字號二十
丈實字號二十丈勒字號二十丈碑字號二
十丈刻字號西東十丈五尺銘字號二十丈
磻字號二十丈溪字號二十丈伊字號二十
丈尹字號二十丈佐字號二十丈時字號二
十丈阿字號二十丈衡字號二十丈奄字號
二十丈宅字號二十丈曲字號二十丈阜字
號二十丈微字號二十丈旦字號二十丈孰
字號二十丈營字號二十丈桓字號二十丈
公字號二十丈匡字號二十丈合字號二十
丈濟字號二十丈扶字號二十丈共計工長
六百六丈五尺一律建復十八層魚鱗石塘
每丈照例築成底寬一丈二尺面寬四尺五
寸高一丈八尺共用厚一尺寬一尺二寸折
正條石一百十八丈三尺三寸三分三釐釘

馬牙樁八十根梅花樁七十根

一東防念汛中段大口門策字號中四丈刻字號次西九丈五尺共計工長十三丈五尺一律拆脩十八層魚鱗石塘每丈照例築成底寬一丈二尺面寬四尺五寸高一丈八尺共用厚一尺寬一尺二寸折正條石一百十八丈三尺三寸三分三厘内照估搭用舊石五成釘馬牙樁八十根梅花樁七十根

一東防念汛中段大口門策字號中七丈刻字號西中八丈最字號中五丈五尺州字號次西三丈共工長二十三丈五尺一律築成柴埧底面牽寬四丈高二丈二尺除頂土外實築柴高二丈内有舊築鑲柴坍存柴木揀選抵用計每丈用新舊樁木一百五十根每單長一丈用新舊搶柴一千二百根

以上統共用過例估加貼新加等項工料銀二十九萬七千九百八十餘兩

光緒三年十一月二十四日奏十二月二十八日軍機大臣奉

旨該部知道單併發比次承辦工程各員着准其擇尤酌保毋許冒濫欽此又於清單内同日奉

旨覽欽此

光緒四年七月二十九日准
工部咨為題銷浙江省東塘念汛大口門初限
建脩石塘柴垻等工用過銀兩應准開銷事都
水司案呈工科抄出浙江巡撫梅　題光緒
二年至三年東塘念汛大口門初限建脩石塘
柴垻等工用過銀兩造冊題銷一案光緒四年
二月十三日題四月十六日奉
旨該部察核具奏欽此於四月十九日科抄到部該
臣等查得浙江巡撫梅　疏稱浙省杭州府
屬東塘念汛大口門應行建脩石塘一千八百
六十丈柴垻六十二丈五尺經前撫臣楊
先行約估銀數奏准分為三限辦理旋將策字
等號柴垻二十三丈五尺提前辦竣委員驗收
暨初限石塘開辦情形分別具奏嗣將建脩初
限石塘六百二十丈一律辦理完竣經臣飭委
驗收并將辦成工段字號高寬丈尺用過銀數
繕單分晰奏報在案該據督辦塘工總局布政
使衛榮光按察使升泰鹽運使靈杰督糧道胡
毓筠杭嘉湖道何兆瀛補用道吴艾生陳士安
惲祖貽會詳稱此案辦成東防念汛大口門初
限輕字等號建復魚鱗石塘六百六丈五尺策
字刻字拆脩魚鱗石塘十三丈五尺自光緒二
年六月二十四日興工起至三年四月十四日
止一律如式趕辦完竣并提前辦竣策字等號
建築柴垻二十三丈五尺統共用過工料銀二
十九萬七千九百八十八兩九錢三分三厘均
係在於提濟塘工經費等款項內動支核與歷
次奏准報銷各項成案均屬相符詳送察核具
題等情臣覆核無異除冊圖送部外理合具題
等因前來查浙江省光緒二年至三年東防念
汛大口門初限建脩石塘柴垻等工先據前撫
臣楊　奏明並將約估工料銀數以及開辦
情形并工段字號高寬丈尺銀數繕單分晰先
後奏報在案今據浙江巡撫梅　將東防念
汛大口門初限輕字等號建復魚鱗石塘六百
六丈五尺策刻二號拆脩魚鱗石塘十三丈五
尺又策字等號建築柴垻二十三丈五尺統計
用過工料銀二十九萬七千九百八十八兩九
錢三分三厘造冊題銷臣部按冊查核內所開
各工字號丈尺銀數核與奏報清單相符其工

料價值與准銷成案亦屬無浮應准開銷等因
光緒四年六月初二日題本月初四日奉
旨依議欽此為此合咨前去欽遵施行

---

臣楊　跪
奏為續估脩建東防尖汛石塘坦水盤頭等工丈
尺銀數恭摺仰祈
聖鑒事竊查前于同治十二年間估辦中東兩防翁
尖二汛塘工案内查勘得東防尖汛石塘坍缺
甚多塘外舊建坦水盤頭均已蕩然無存擬請
建復石塘二百六十七丈零拆脩石塘六十一
丈零又建築塊石坦水單長四千一百八十丈
零其各號盤頭均請緩辦俟將來全汛工竣如
必須藉資分挑潮勢再行建復當經臣分晰陳
明旋於臨辦時察看情形原估極字等號頭二
坦水各五百十三丈零又原估遺字等號單坦
三百三十七丈零塘外漸有漲沙堪資擁護應
請扣除緩辦復經
奏明一面將其餘應辦各工照估辦竣分別造報
在案本年交春以後潮勢較旺接據該防廳倫
先後稟報尖汛寵增二號四十丈皋字號中東
十二丈幸字號西八丈共舊石塘六十丈被潮
潑損拗裂情形危險亟須拆脩又前擬緩辦之
極字等號頭二坦水現在該處塘外陰沙日消

與前情形不同應請擇要改築單坦二百六十丈并建復黍稷雁門字號盤頭二座俾分潮勢而護全工經臣鄧次臨塘督看實係刻不可緩之工飭令趕緊籌辦彙案估報茲據署東防同知靳芝亭等詳細勘估拆脩石塘六十丈約用舊石七成核計每丈估銀二百九十七兩零建築單坦二百六十丈每丈估銀四十四兩零建復柴盤頭二座每座估銀九千七百六十餘兩以上均係援照成案估計總共需銀四萬八千八百餘兩此外尚有皋字號西一丈五尺幸字號中二丈五尺共舊石塘四丈應宜理砌加高擬於拆脩工內匀撥工料辦理不另估報前項各工係就現在情形分別估計臨時或當應行相機酌量增減之處以及盤頭後身前建坦埽各料尚可抵用若干統俟工竣核實報銷等情會開清摺由塘工總局司道核明詳請具

奏前來臣復加查核所需工料銀數均皆援案確估並無浮冒除飭該司道于塘工經費項內陸續動給責令署東防同知靳芝亭妥速辦理工竣專案造冊報銷外合將續估脩建東防塘坦盤頭等工丈尺銀數緣由恭摺具

奏伏乞

皇太后

皇上聖鑒訓示謹

奏光緒元年十二月十八日奏二年正月二十六日軍機大臣奉

旨工部知道欽此

臣梅　　跪

奏為續估脩建東防尖汛石塘坦水盤頭並添築戴念二汛坦埽等工完竣日期恭摺

奏報仰祈

聖鑒事竊照浙省杭州府屬東防尖汛續行脩建石塘坦水盤頭等工估需工料銀四萬八千八百餘兩經前撫臣楊　　奏明責令署東防同知靳芝亭妥速興辦并於摺内陳明前項各工係就當時情形分别估計臨時或有應宜相機酌量增減之處統俟工竣核實報銷在案嗣復察看情形因地制宜將原估念汛雁門字號柴盤頭一座移于碼石字號建築底柴石兩坦交接之處藉以關攔又戴汛積字號西坦水十三丈五尺前因該處塘外水勢較深未經估辦現在潮勢北趨亟應接築條石頭坦十三丈五尺估需工料銀七百餘兩並因上年秋汛潮汐盛旺致將念汛車字號二十丈駕字號西二丈舊建埽坦被冲坍卸情形危險亟須改築埽工二十二丈并將毘連之駕字號西中限内埽坦九丈一併加築埽工共估需工料銀二千九百餘兩旋據署東防同知靳芝亭等申報原估尖汛寵字號二十丈增字號二十丈臯字號中東十二丈幸字號西八丈共拆脩石塘六十丈泰稷字號建築柴盤頭一座極字號起至誰字號止共建築塊石單坦二百六十丈並念汛碼石字號移建柴盤頭一座又續估戴汛積字號西接築條石頭坦十三丈五尺念汛車駕二號改築埽工二十二丈駕字號西中加築埽工九丈自光緒元年四月初一日興工以次修築截至光緒三年五月初八日止一律如式趕辦完竣其前次陳明於正工項内勻撥工料理砌加高不另估報之舊石塘四丈刻亦一併辦竣即經臣飭委鹽運使宗室靈杰赴工驗收結復均係如式堅固並無草率偷減情事所用工料銀兩核與原估續估銀數均無浮溢今由督辦塘工總局司道核明詳請具

奏前來臣復查無異除飭取辦成工段字號丈尺用過工料銀兩細數另行開列清單

奏報請銷外合將續估脩建東防尖汛石塘坦水盤頭並添築戴念二汛坦埽等工完竣驗收緣

由恭摺具
奏伏乞
皇太后
皇上聖鑒訓示謹
奏光緒三年八月二十八日奏九月二十六日軍
機大臣奉
旨知道了欽此



臣梅　　跪
奏為東防辦成尖汛續估修建石塘坦水盤頭並
添築戴念二汛坦埽等工字號高寬丈尺用過
銀數循案開單恭摺仰祈
聖鑒事竊照浙省杭州府屬東防尖汛續估修建石
塘坦水盤頭並添築戴念二汛坦埽等工一律
報竣後經臣飭委鹽運使宗室靈杰赴工驗收
結復曾將完竣日期
奏報在案茲據塘工總局司道詳稱據承辦工員
開報東塘尖汛寵字等號拆修魚鱗石塘六十
丈黍稷字號建築柴盤頭一座極字等號建築
塊石單坦二百六十丈念汛碣石字號移建柴
盤頭一座共計原估工料銀四萬八千八百餘
兩又戴汛積字號接築條石頭坦十三丈五尺
續估工料銀七百餘兩又念汛車駕二號改築
加築埽工三十一丈續估工料銀二千九百餘
兩以上原估續估各工統計銀五萬二千五百
餘兩內除前次陳明盤頭後身原建坦埽各料
揀選搭用扣抵銀六百餘兩外今實共用過工
料銀五萬一千八百三十餘兩核明開單呈請

具
奏前來臣覆核無異除飭造實用銀兩細冊繪圖
取結另行具
題請銷外合將辦成東防尖汛續估脩建石塘坦
水盤頭並添築戴念二汛坦埽各工字號丈尺
高寬并用過銀數繕列清單恭摺具
奏伏乞
皇太后
皇上聖鑒謹
奏

謹將辦成浙省東防尖汛續估脩建石塘坦水
盤頭並添估戴汛條石頭坦念汛埽工字號高
寬丈尺用過銀數分晰繕具清單恭呈
御覽
計開
一東防尖汛寵字號二十丈增字號二十丈皋
字號中東十二丈幸字號西八丈共計工長
六十丈一律拆修十八層魚鱗石塘每丈照
例築成底寬一丈二尺面寬四尺五寸高一
丈八尺計用條石一百十八丈三尺三寸三
分三釐內搭用舊石七成釘馬牙梅花樁一
百五十根
一東防尖汛黍稷字號建築柴盤頭一座外圍
長二十八丈後身長二十四丈中面寬五丈
底寬六丈二尺東西兩雁翅各面寬三丈二
尺底寬四丈四尺除頂土二尺實築柴高三
丈三尺每單長一丈用檜柴六百觔壓埽土
五分共釘底面腰樁五百六十根外圍加拋
塊石該工有後身原築坦工塊石揀選抵用
扣銷
一東防尖汛極字號二十丈殆字號二十丈近
字號二十丈林字號二十丈皋字號二十丈
幸字號二十丈卽字號二十丈兩字號二十
丈疏字號二十丈見字號二十丈機字號二
十丈組字號二十丈誰字號二十丈共計工
長二百六十丈一律建築塊石單坦每丈築
寬一丈二尺牽深五尺六寸用塊石六方七
分二厘釘排樁兩路共四十根
一東防念汛原估雁門字號移建碣石字號柴
盤頭一座外圍長二十八丈後身長二十四

丈中面寬五丈底寬六丈二尺東西兩雁翅各面寬三丈二尺底寬四丈四尺除頂土二尺實築柴高三丈三尺每單長一丈用稭柴六百斤壓埽土五分共釘底面腰樁五百六十根外圍加拋塊石該工有後身原築坦埽柴土塊石揀選抵用扣銷

一東防戴汛積字號西十三丈五尺建築條石頭坦每丈築寬一丈二尺牽深五尺四寸蓋面條石下用塊石墊底深四尺七寸釘排樁兩路共四十根

一東防念汛車字號二十丈駕字號西二丈共計工長二十二丈已坍埽坦今改築埽工除原存柴土各料抵用外牽計每丈加築柴高二丈面寬二丈底寬二丈九尺五寸釘底腰面樁二十六根每單長一丈用柴六百斤壓埽土五分

一東防念汛駕字號西中九丈原存完整埽坦今加築埽工除原存柴土各料抵用外牽計每丈加築柴高二丈面寬一丈三尺底寬二丈釘底腰面樁二十六根每單長一丈用柴六百斤壓埽土五分

以上統共用過例估加貼增貼工料銀五萬一千八百三十餘兩

光緒三年十一月二十四日奏十二月二十八日軍機大臣奉

旨該部知道單併發欽此又清單內同日奉

旨覽欽此

光緒四年十月二十日准
工部咨開爲題銷浙江省建脩東防尖汛石塘
坦水盤頭並添築戴念二汛坦埽等工用過銀
兩應准開銷事都水司案呈工科抄出浙江巡
撫梅　　題光緒元年至三年建脩東防尖汛
石塘坦水盤頭並添築戴念二汛坦埽等工用
過銀兩造冊題銷一案光緒四年三月二十七
日題五月二十日奉
旨該部察核具奏欽此於五月二十六日科抄到部
該臣等查得浙江巡撫梅　　疏稱浙江省杭州
府屬東防尖汛續請脩建石塘坦水盤頭等工
先由塘工局督飭勘估詳經前撫臣楊　　奏
明興辦嗣經承辦工員次第脩建並移建盤頭
暨續估添築戴念二汛坦埽等工一律報竣經
臣飭委驗收辦成工段字號高寬丈尺繕單具
奏各在案茲據督辦塘工總局布政使衛榮光
按察使升泰鹽運使靈杰督糧道胡毓筠杭嘉
湖道何兆瀛補用道吳艾生陳士安惲祖貽會
詳稱此案辦成東防尖汛寵字等號拆脩魚鱗
石塘六十丈黍稷字號建築柴盤頭一座極字
等號建築塊石單坦二百六十丈念汛碉石字
號移建柴盤頭一座又戴汛積字號接築條石
頭坦十三丈五尺念汛車駕二號改築加築埽
工三十一丈自光緒元年四月初一日興工起
至三年五月初八日止一律趕辦完竣統共實
用過工料銀五萬一千八百三十九兩三分二
厘均係照估核實辦理此項銀兩在於提濟塘
工經費等款內陸續動支核與歷次奏准報銷
各項成案亦均相符應仍由該司道等公同造
報合將續辦東防尖汛石塘坦水盤頭並戴念
二汛坦埽等工用過工料銀兩詳送察核具題
等情臣覆核無異除冊圖送部外理合具題等
因前來查浙江省光緒元年至三年開辦續估
脩建東防尖汛石塘坦水盤頭並添築戴念二
汛坦埽等工先據前撫臣楊　　奏明並將工
料銀數暨工段字號高寬丈尺繕單具奏各在
案今據浙江巡撫梅　　將東防尖汛寵字等
號拆脩魚鱗石塘六十丈黍稷等號建築柴盤
頭一座極字等號建築塊石單坦二百六十丈
念汛碉石字號移建柴盤頭一座又戴汛積字

號接築條石頭坦十三丈五尺念汛車駕二號
改築加築埽工三十一丈統共用過工料銀五
萬一千八百三十九兩三分二厘造冊題銷臣
部按冊查核內所開各工字號丈尺銀數核與
奏報清單相符其工料價值與准銷成案亦屬
無浮應准開銷等因光緒四年八月十一日題
本月十三日奉
旨依議欽此為此合咨前去欽遵施行



臣楊　　跪
奏為接續建脩海鹽縣境石塘斐坦緊要各工估
計丈尺銀數奏祈
聖鑒事竊照浙省嘉興府屬海鹽縣境濱臨大海舊
建石塘等工從前隨損隨脩歲以為常迨經兵
燹款項無着以致年久失脩兼之近年以來每
遇大汛又復屢有續損工段情形甚為危險祇
緣該處舊塘高寬約在二丈以外較之現辦杭
州府屬東西中三防石塘高寬丈尺不啻倍蓰
應用長大條石採運兩難所需脩費亦復多寡
懸殊一時難以全行脩復前經臣分晰
奏明請先行估脩位字等號魚鱗大石塘二十九
丈遐字等號大石塘四十七丈又勻撥工料理
砌石塘十七丈并陳明塘外斐坦塘後坿土等
項以及此外未辦石土各工隨復察看情形次
第籌辦于同治十三年四月十七日欽奉
硃批工部知道欽此欽遵在案節經飭令委員趕緊
購料興脩現在工將過半自應將其餘各工擇
要接續籌辦除察看其中次要之工仍請從緩
辦理外計有裳字號西三丈一尺推字號東七

丈中四丈位字號中西五丈五尺讓字號東五丈國字號中十三丈四尺民字號東二丈五尺西七丈五尺瑞字號中二丈西六丈五尺坐字號東五丈五尺拱字號西六丈平字號東二丈五尺戎字號東二丈五尺羌字號東中四丈以上舊建魚鱗大石塘七十七丈並毘連前工之羌字號西舊建大石塘四丈遐字號東大石塘二丈均經坍卸亟須拆脩又先令估辦石塘之外必得建復塅坦一百五十九丈俾得聯絡擁護經臣於查閱海塘工程之便督同杭嘉湖道何兆瀛親詣勘明實係緊要必不可緩之工飭據委員試用知府蕭書查照前案核實估計拆脩魚鱗大石塘七十七丈大石塘六丈內自十八層起至十四層不等除舊石牽抵五成有奇外每丈牽估工料銀六百九十餘兩共估需工料銀五萬七千四百餘兩建復塊石塅坦一百五十九丈除打撈舊石約抵五成外每丈估需工料銀四十六兩零共估需工料銀七千四百餘兩統計估需工料銀六萬四千八百餘兩此外尚有理砌周平壹體回號石塘十五丈仍當於正工內勻撥工料辦理不另作正開銷以節經費至所估工段做法均就現在情形而論將來或有隨時相機酌量增減之處應俟工竣彙報惟前工需用長大石料甚多實非一時所能猝辦惟有陸續採運次第興辦等情飭據總局司道復加查核委係實在情形應需工料銀兩均尚核實無浮現雖

奏辦東防念汛石工需費不貲而前項工程為數既祗六萬餘兩且係次第興辦應請照估在於塘工經費項下從容籌撥以便先行購料接續興辦以全要工等情由塘工總局司道核明詳請具

奏前來臣復查無異除俟全工告竣核實請銷外合將接續建脩海鹽縣境石塘塅坦緊要各工估計丈尺銀數緣由恭摺具

奏伏乞

皇上聖鑒訓示謹

奏同治十三年十一月初五日奏十二月初十日

軍機大臣奉

旨工部知道欽此

臣梅　　跪
奏為第二次續辦海鹽縣境石塘塊坦等工一律
完竣日期恭摺仰祈
聖鑒事竊查同治十三年冬第二次續估脩建浙省
嘉興府屬海鹽縣境裳字等號大石塘八十三
丈塊坦一百五十九丈共估需工料銀六萬四
千八百餘兩經前撫臣楊
奏准興辦內除戎字號魚鱗石塘二丈五尺戎位
民商坐朝伏等七號塊坦共三十一丈五尺情
形險要刻難緩待先行提前辦竣外其餘應辦
之工當委候補知府陳璚親駐工次督率員弁
於光緒二年五月十二日祀土興工將裳字號
西三丈一尺推字號東七丈中四丈位字號中
西五丈五尺讓字號東五丈國字號中十三丈
四尺民字號東二丈五尺西七丈五尺瑞字號
中二丈西六丈五尺坐字號東五丈五尺拱字
號西六丈平字號東二丈五尺羌字號東中四
丈共拆脩魚鱗大石塘七十四丈五尺又昆連
前工之羌字號西四丈遐字號東二丈共拆脩
大石塘六丈又建復裳字等號塊石塡坦共一
百二十七丈五尺并續添瑞壹體三號塊坦十
二丈以及隨塘坿土截至光緒三年六月二十
八日一律趕辦完竣其原報理砌不請開銷之
周平壹體四號石塘十五丈內除周字號西三
丈平字號西一丈壹字號中一丈五尺體字號
東二丈共七丈五尺續經大汛風潮沖坍至底
難以理砌歸於第三次續估塘坦案內動項拆
脩外其壹字號西石塘七丈五尺又續加瑞字
號石塘龍頭工五尺業已勻撥工料銀兩脩辦
完竣所有前項石塘塊坦支用銀兩核與原估
續估之數均無浮溢等情由塘工總局司道核
明呈請具
奏前來經臣飭委嘉興府知府許瑤光赴工勘驗
結覆均係料實工堅如式完固並無苟簡草率
情弊伏查此案開辦之初陳明所估工段做法
或有增減之處工竣彙報所有歸入下次拆脩
之周平壹體四號石塘七丈五尺及續添瑞壹
體三號塊坦十二丈委因本年五月下旬颶風
潮旺致被沖損與估報時情形不同是以分別
酌辦前項添辦坦水照案估用工料銀五百六

十兩有零並無浮冒應與提前辦竣之戎字等
號塘坦用款一併彙入此案造銷以昭核實至
海鹽石塘工程自同治十二年九月初業啟工
起至此次工竣止爲時將及四年在事各員均
屬勤奮出力不無微勞足錄應請由臣查明存
記遇有三防塘工保案擇尤彙奬以昭激勸除
飭將前項辦竣各工用過銀兩取造冊結圖說
另行詳請
題銷外合將第二次續辦海鹽縣境石塘叟坦各
工一律完竣驗收緣由恭摺具陳伏乞
皇太后
皇上聖鑒敕部查照施行謹
奏光緒三年九月二十二日奏十月初五日軍機
大臣奉
旨該部知道欽此

臣楊　跪
奏爲續估脩建海鹽縣境石塘坦水等工丈尺約
需工料銀數恭摺奏祈
聖鑒事竊照浙省嘉興府屬海鹽縣境濱臨大海舊
建石塘等工從前隨損隨脩歲以爲常自經兵
燹欵項無着年久失脩兼之近年以來叠遇大
汛續加坍損前經兩次擇要先行估辦石塘叟
坦等工
奏明興辦並陳明此外未辦石土各工擬請隨後
察看情形次第籌脩各在案嗣因前年伏秋大
汛暨上年霉汛風潮大作波浪沖激情形萬分
危險節據該縣詳報請脩前來當查杭州府屬
西中東三防海塘僅餘東塘念汛中段亦經估
定集料分限興辦不久大工可以告竣其海鹽
未辦工程自應勘估確實接續次第籌辦飭據
現辦該縣塘工委員候補知府陳璚逐一履勘
該縣境内先後沖損石塘或潑卸散裂或坍沒
無存輕重不等共計工長二千餘丈並護塘坦
水及土塘坿土等工在在均關緊要惟是一時
全行建復需費不貲勢難籌此鉅欵仍應擇要

趕脩次第籌辦以竟全工計目前必得搶辦者
戎字號中西魚鱗大石塘四大五尺商字號東
二丈尚有前案擬請勻撥工料理砌尚未興辦
之周字號西三丈平字號西一丈壹字號大石
塘中一丈五尺體字號東二丈現已坍卸至底
均應估辦拆脩此外露字等號舊建斗砌中條
石塘一百九十五丈八尺已經坍沒無存必須
建復又水字等號中條石塘四十六丈間有舊
石存留尚可拆脩其戎雨等號護塘坦水壁生
字等號土塘坿土等工亦宜擇要分別搶辦俾
資擁護核實估請拆脩魚鱗大石塘十丈五尺
大石塘三丈五尺內除舊石牽抵五成有奇外
每丈牽估銀七百十七兩零建復中條石塘一
百九十五丈八尺全用新石每丈牽估銀一百
三十四兩零拆脩中條石塘四十六丈內除舊
石牽抵五成外每丈牽估銀九十六兩零脩復
塊石斐坦十七丈五尺內除舊石約抵五成外
每丈估銀四十六兩零建復塊石單坦二百八
丈六尺舊石盡已冲失全用新石每丈估銀三
十七兩零又土塘坿土等項零星各工估計銀

二千九十餘兩以上各項統共估需銀五萬一
千四百餘兩尚有發字號魚鱗大石塘三丈五
尺雨露出崗四號中條石塘十九丈一尺即於
前項建脩工內勻撥工料理砌不另估報以節
經費至所估工程做法係就目下情形而論將
來或有隨時相宜酌量增減之處仍俟工竣彙
報此次估脩魚鱗大石塘全係十六十七層之
工與上次估脩各工層數不同是以牽估銀數
亦異將來分別層數造冊報銷仍屬一律相符
各工係就目前刻不可緩者先行撙節估辦似
尚妥協應請照辦理宜於塘工經費項內籌給
至其餘應脩之工緣現在經費支絀購料又極
不易實難同時並舉而海洋風汛靡常塘工情
形變遷莫定亦未能預行一併估計容俟續籌
有款臨時再當確勘估辦等情詳請具
奏前來臣覆查無異除飭趕緊興辦工竣詳候驗
收分晰開單
奏報外合將續估脩建海鹽縣境石塘坦水等工
丈尺約需工料銀兩緣由恭摺具

奏伏乞
皇太后
皇上聖鑒訓示謹
奏光緒三年二月二十八日奏三月二十二日軍
機大臣奉
旨工部知道欽此

臣梅　　跪
奏為親詣查看海塘接續脩築酌擬稍為變通辦
理情形恭摺具
奏仰祈
聖鑒事竊浙省仁和海甯所屬海塘工程緊要前撫
臣奏估銀數八百餘萬兩十餘年來脩築撙節
動用計銀六百餘萬兩尚有未辦之二限三限
魚鱗石塘一千二百四十丈已在前數之內必
須接續辦理以竟全功查該段東防所屬距尖
山漸近海面更濶地形更低潮勢極猛向遇颶
風大汛疊出險工每在該處臣於五月十四日
六月初八日七月十七日三次赴工詳細查看
二限難於初限三限更難於二限做法工料必
須堅益求堅始足抵禦稍涉大意必有冲決之
虞海塘志載雍正十三年颶風壞塘工數千丈
惟老鹽倉五百丈完好如故係康熙五十四年
原任浙江巡撫朱軾所築其法用長五尺厚二
尺濶一尺大條石縱横側立交接處上下鑿成
筍檣凡二十層高三十丈近今工料昂貴異常
欲覓厚二尺濶一尺長五尺大條石縱不惜重

價亦不可多得現在海鹽縣脩築購求大石時日甚長而該處估價每丈七百九十兩較之仁和海甯石塘每丈四百八十兩須加三百一十兩之多刻下經費支絀之時臣未敢輕議伏查江南松江海塘係乾隆年間原任兩江總督尹繼善所築加用鐵簫鐵笥至今鞏固其奏疏內稱海水吞吐為力甚大一石移動全身動搖惟於兩石層累之處各鑿一孔用鐵笥穿合則上下連結於橫石排結之處各於頭尾鑿孔用鐵簫關住則左右貫串較之用鐵錠搭釘浮面易脱者相去懸殊等語誠為篤論臣再四思維並於司道等悉心參酌所有未脩石塘一千二百四十丈內二限六百二十丈即須接續脩築擬仍照前建復魚鱗石塘以資鞏固惟該處地勢愈低吃潮更重若仍照從前十八層之數必有漫塘之患關繫匪淺議者或謂升高樁木以免加費然根脚不穩更恐難於經久臣復與督辦工員候補道惲祖貽相度形勢再四斟酌非量加層數萬不足以資抵禦茲擬於原定十八層外加高二層計二十層共得高二十尺每石寬一尺二寸厚一尺長自五尺至三四尺不一一切辦法均依舊式惟將塘身丁順鋪砌之牆石外層仿照松江石塘添用鐵簫鐵笥聯為一氣其鐵簫鐵笥尺寸一律用長四寸逕一寸圍圓三寸一分有奇重約一觔以外背取平正匀圓熟鐵再石質鑿孔太多恐致傷損省中舊有機器局脩造鎗礮等件應酌委員弁及熟習機器匠目參用鋼鑽車孔使石質毫不受傷又條石須加工鑿鑿六面見方表裡平正方可合用近時諳熟石匠頗為希少即其工價亦甚昂貴約計每丈四百八十兩之外須加石鐵工料銀五十四兩二限工程六百二十丈原估銀二十九萬七千六百兩共須增銀三萬三千四百兩即可敷用臣亦知際此經費艱難用款宜求節省無如地形如此工關緊要不敢率意于目前致貽後來之大患除督飭在工各員實心經理不准稍有偷減以期實濟一面遴購工料定期開辦外所有海塘工程酌擬稍為變通辦理緣由專摺奏

聞伏乞

皇太后
皇上聖鑒勅部查照施行謹
奏

光緒三年十一月十二日奉
撫憲梅　為咨行事光緒三年十月二十九日
准
工部咨開都水司案呈内閣抄出浙江巡撫梅
奏親詣查勘海塘接續脩築酌擬稍為變
通辦理情形一摺光緒三年九月初四日軍機
大臣奉
旨該部知道欽此欽遵抄出到部查石塘工程每丈
估銀四百八十兩茲該撫所擬仿照松江石塘
添用鐵籠鐵筍又加二層條石每丈計加石鐵
工料銀五十四兩二限工程六百二十丈原估
銀二十九萬七千六百兩共須增銀三萬三千
四百兩係為力圖堅固起見應行文浙江巡撫
督飭局員撙節動用核實估辦不得以工關緊
要遂案請增致糜工費可也等因到本部院准
此合就轉行為此仰該局查照准咨奉
旨事理即便移行遵照毋違須至案者

海塘新案

保　案

臣李　跪

奏為遵
旨酌保辦理海寧繞城石塘尤為出力各員謹繕清
單恭摺具
奏仰祈
聖鑒事竊查陞任撫臣馬
奏報建復東防海寧繞城石塘工竣日期請將在
工尤為出力者酌保數員以昭激勸一摺於本
年閏四月二十二日欽奉
諭旨着准其擇尤酌保數員毋許冒濫餘依議該部
知道單併發欽此欽遵到臣臣以到任未久此案
何員尤為出力無從深悉時前撫臣馬尚
未起程當經面詢即准馬　將擬定請奬職
名開單移送前來臣查海寧繞城石塘自五年
十月興工至本年三月報竣為時一年有餘臣
此次查閱全塘周歷繞城石塘各工均屬堅固
細密可資經久足徵督工各員尚能實心經理
始終勤奮似未便沒其微勞除千把總以下武
弁循例咨部核辦並出力稍次各員由外酌奬
外合將前撫臣馬所擬給奬各員銜名敬
繕清單恭呈
御覽合無仰懇
天恩俯准奬勵以昭激勸謹會同閩浙督臣馬
兼署督臣英　合詞恭摺具
奏伏乞
皇太后
皇上聖鑒訓示謹
奏

謹將辦理海寧繞城石塘在工尤為出力文武
員弁擬給奬勵銜名繕列清單恭呈
御覽
計開
補用道唐樹森擬請
賞加鹽運使銜補用道林聰彝擬請
交部從優議叙道銜已革衢州府知府江元康前因
海運出力奉
旨賞還原銜今擬請開復知府原官仍留浙江補用
先用知府楊叔懌擬請補缺後以道員陞用試

用知縣廖士斌擬請歸候補班儘先補用試用同知唐惲榕補用同知候補知縣趙篤恩均擬請
賞加運同銜候選同知唐勛擬請以同知留浙儘先補用江蘇降補縣丞于賓之擬請開復降補處分以知縣仍留原省補用陞用知州候補布經歷邱景蕃擬請以知州儘先補用候補縣丞劉鉄擬請以本班遇缺即補候補縣丞易鏡清分缺間用縣丞徐宗瀚均擬請補缺後以知縣儘先補用並
賞加知州銜永康縣教諭樊兆恩擬請
賞加國子監學正銜都司銜海防營守備何國楨四品銜前海防守備周金標均擬請
賞加游擊銜儘先都司羅品莊擬請留于浙江補用候補守備佘隆順擬請留浙補用並
賞加都司銜

同治柒年五月二十四日奏六月二十九日軍機大臣奉
旨另有旨欽此同日奉
上諭李　奏酌保辦理石塘工竣出力人員開單請奬一摺浙江海甯繞城石塘自同治五年十月興工至本年三月完竣歷時一年有餘所有石塘各工均屬堅固可資經久在工各員實心經理始終勤奮自應量予鼓勵所有單開之道員唐樹森着賞加運司銜林聰彝着交部從優議叙已革知府江允康着開復知府原官仍留浙江補用知府楊叔懌着俟補缺後以道員陞用知縣廖士斌着歸候補班儘先補用同知唐惲榕等二員均着賞加運同銜唐勛着以同知留於浙江儘先補用江蘇降補縣丞于賓之着開復降補處分以知縣仍留原省補用布政司經歷邱景蕃着以知州儘先補用縣丞劉鉄着以本班遇缺即補縣丞易鏡清等二員均着俟補缺後以知縣儘先補用並賞加知州銜教諭樊兆恩着賞加國子監學正銜守備何國楨等二員均着賞加游擊銜都司羅品莊着留於浙江補用守備佘隆順着留於浙江補用並賞加都司銜餘着照所議辦理該部知道單併發
欽此

吏部謹
奏為查明具奏請
旨事內閣抄出同治柒年六月二十九日奉
上諭李　奏酌保辦理石塘工竣出力人員開單請奬一摺浙江海甯繞城石塘自同治五年十月興工至本年三月完竣歷時一年有餘所有石塘各工均屬堅固可資經久在工各員實心經理始終勤奮自應量予鼓勵所有單開之道員唐樹森着賞加鹽運使銜林聰彝着交部從優議叙已革知府江允康着開復知府原官仍留浙江補用知府楊叔懌着俟補缺後以道員歸用知縣廖士斌着歸俟補班儘先補用同知唐懌格等二員均着賞加運同銜唐勛着以同知留於浙江儘先補用江蘇降補縣丞于賓之着開復降補處分以知縣仍留原省補用布政使經歷邱景蕃着以知州儘先補用縣丞劉鍈着以本班遇缺即補縣丞易鏡清等二員均着俟補缺後以知縣儘先補用並賞加知州銜教諭樊兆恩着賞加國子監學正銜餘着照所議辦理該部知道單併發欽此欽遵抄出到部除單內所開武職應由兵部辦理所開文職保請議叙及開復人員臣部另行辦理外查定例俟選各官承辦要務出力留於該省補用者應令補交分發銀兩後一體照試用人員之例辦理又奏定章程各項勞績除攻克城池斬擒要逆其餘概不准保免補免選越級請陞及保加俟補班次等因各在案今據浙江巡撫酌保辦理石塘工竣出力人員開單請奬欽奉
諭旨允准臣等查石塘工竣係屬尋常勞績臣部應查照定例定章核議除唐樹森楊叔懌唐懌格趙篤恩易鏡清徐宗瀚樊兆恩等所保官階加銜核與定章相符應欽遵
諭旨註冊其核與例章不符應請駁正各員另繕清單恭呈
御覽所有臣等查明緣由繕摺具
奏伏乞
皇上聖鑒
訓示遵行謹
奏

謹將辦理海甯繞城石塘在事尤為出力核與章程不符應請駁正各員敬具清單恭呈

御覽
計開
試用知縣廖士斌請歸候補班儘先補用
候選同知唐勛請以同知留浙儘先補用
陞用知州候補布經歷邱景蕃請以知州儘先
補用
候補縣丞劉鉄請以本班遇缺即補
查定例候選各員承辦要務出力留於該省
補用者應令補交分發銀兩後一體照試用
人員之例辦理又奏定章程各項勞績除攻
克城池斬擒要逆其餘概不准保免補免選
越級請陞及保加候補班次應將廖士斌改
為歸試用班儘先補用唐勛俟補交分發銀
兩後以同知留浙歸試用班儘先補用邱景
蕃改為候補缺後以知州儘先補用劉鉄係
籌餉試用縣丞今請以本班遇缺即補係屬
候補班次核與定章不符應令另核請獎
同治七年八月初七日具奏奉
旨依議欽此

吏部謹
奏查臣部奏定章程內開失守城池人員免罪後
得有軍務勞績給予虛銜頂戴再次得有勞績
方准開復原官仍令補繳加倍半捐復銀兩又
失守人員不准奏請免繳捐項又効力人員係
另案降革未經捐復降捐得有軍務勞績保奏
開復原官令其分別補繳降革銀兩其留省等
項亦令逐層照常例減半補繳俟銀兩繳清即
給咨赴部引
見又隨時甄別聲
大計降革人員不准捐復如得有軍務勞績保奏
開復仍留原省補用雖奉
旨允准者應由臣部奏請撤銷俟該員引
見時再行另掣省分又私罪降革人員如保奏留於
原省係奉
旨允准者應欽遵辦理係奉
旨交部議者應不准其留省又降革人員並未開復
原官不准遽保陞階各等語又甄別革職人員
保奏開復原銜頂戴核與成案相符者應即照
准歷經辦理在案今據浙江巡撫李　將已

革知府江允康等保奏開復到部相應摘叙案由分別准駁謹繕清單恭呈
御覽所有臣等核議彙奏緣由理合恭摺具
奏
計開
内閣抄出同治七年六月二十九日奉
上諭李　奏酌保辦理石塘工竣出力人員開單請奨一摺浙江海甯繞城石塘自同治伍年十月興工至本年三月完竣歷時一年有餘所有石塘各工均屬堅固可資經久在工各員實心經理始終勤奮自應量予鼓勵所有單開之已革知府江允康着開復知府原官仍留浙江補用江蘇降補縣丞于賓之着開復降補處分以知縣仍留原省補用等因欽此欽遵到部此案前任浙江衢州府知府江允康因性喜浮偽辦理地方諸事未協輿情革職嗣因辦理海運出力據該撫奏奉
諭旨賞還原銜各在案今因辦理石塘工竣據該撫奏請開復知府原官仍留浙江補用欽奉
諭旨允准臣等查江允康係隨時甄別革職即加倍罰亦不准其捐復之員今辦理石塘出力並非軍功勞績其所請開復原官仍留浙江補用核與定章不符應請撤銷前江蘇候補知縣于賓之因被叅各款詢無實據惟承審夏洪昌油坊一案既已審係被誣僅令具結完案於捏造偽書誣告叛逆重罪人犯未能究出咎辭終屬粗疎以縣丞降補在案今因辦理石塘工竣據該撫奏請開復降補處分以知縣仍留原省補用欽奉
諭旨允准臣等查于賓之降補原案係屬私罪不在加倍罰不准捐復之列今得有勞績保奏開復仍留原省補用應令該員補繳加五捐復原官並照常例減半留省銀兩俟銀兩繳清咨報吏戶二部再行給咨赴部引
見同治柒年九月十七日具奏奉
旨依議欽此

吏部
題議得内閣抄出同治柒年六月二十九日奉
上諭李　　酌保辦理石塘工竣出力人員開單請
奬一摺林聰彝着交部從優議叙等因欽此欽遵
抄出到部除將陞選補用官階加銜各員臣部
遵
旨另行分别辦理至武職各員應由兵部辦理外查
欽奉
諭旨交部從優議叙之補用道林聰彝給予加一級
紀録三次等因具
題於同治柒年十一月初三日奉
旨依議欽此

同治柒年九月初三日准
兵部咨開職方司案呈内閣抄出同治柒年六
月二十九日奉
上諭李　　奏酌保辦理石塘工竣出力人員開單
請奬一摺浙江海甯繞城石塘自同治伍年十月
興工至本年三月工竣歷時一年有餘所有石塘
各工均屬堅固可資經久在工各員實心經理始
終勤奮自應量予鼓勵所有單開之守備何國禎
等二員均着賞加游擊銜都司羅品莊着留於浙
江補用守備佘隆順着留於浙江補用並賞加都
司銜餘着照所議辦理該部知道單併發欽此欽
遵抄出到部查單開都司銜守備何國禎四品
銜守備周金標均請加游擊銜儘先都司羅品
莊俟補守備佘隆順均請留浙補用佘隆順並
加都司銜核與本部定章相符應遵
旨註册相應行文浙江巡撫遵照可也

撫院李　片

奏再浙撫臣馬　　擬保辦理海甯繞城石塘尤
為出力各員案內試用縣丞劉鉷請以本班遇
缺即補經臣照章會摺奏奉
恩旨允准嗣經吏部奏駁劉鉷係籌餉試用縣丞今
請以本班遇缺即補係屬候補班次核與定章
不符應令另核請獎等因到臣轉行遵照在案
茲據塘工總局司道具詳查得同案請獎之縣
丞易鏡清徐宗瀚二員均經奏准俟補缺後以
知縣儘先補用今該員劉鉷應請改獎俟補缺
後以知縣儘先補用等因前來臣復查無異相
應懇
恩俯准將辦理海甯繞城石塘尤為出力之試用縣
丞劉鉷一員改為補缺後以知縣儘先補用以
示鼓勵謹附片具
奏伏乞
聖鑒飭部覈覆施行謹
奏同治八年十二月二十一日奏九年正月二十
六日軍機大臣奉
旨吏部議奏欽此

---

同治九年六月初五日准
吏部咨開文選司案呈內閣抄出署湖廣總督
浙江巡撫李　片奏海甯繞城石塘尤為出
力各員案內試用縣丞劉鉷請以本班遇缺即
補嗣經吏部奏駁核與定章不符應令另核請
獎等因茲請改獎俟補缺後以知縣儘先補用
以示鼓勵等因同治九年正月二十六日軍機
大臣奉
旨吏部議奏欽此欽遵抄出到部查劉鉷由浙江籌
餉試用縣丞因辦海甯繞城石塘尤為出力前
據該撫保奏於同治七年六月二十九日奉
上諭縣丞劉鉷著以本班遇缺即補等因欽此當經
臣部查石塘工竣出力係屬尋常勞績所請以
本班遇缺即補係候補班次核與定章不符
奏駁另核請獎於八月初七日奉
旨依議欽此行知在案今據該撫請將該員改獎俟
補缺後以知縣儘先補用欽奉
諭旨交臣部議奏臣等查劉鉷係浙江籌餉試用縣
丞所請改獎俟補缺後以知縣儘先補用核與
准保章程相符應請准如所請獎勵等因同治

九年三月二十一日具
奏奉
旨依議欽此

臣楊　跪
奏為遵
旨酌保辦理東塘缺口柴壩各工尤為出力人員謹
繕清單恭摺奏祈
聖鑒事竊撫臣李　任內奏報搶築東塘缺口柴
壩各工完竣日期摺內請將在工尤為出力者
酌保數員以昭激勸欽奉
諭旨擇其尤者酌保毋許冒濫欽此欽遵轉行查照
臣在藩司任內會同各司道查明東西中三防
坍卸缺口甚多自同治四年二月興工起至八
年正月底止共辦竣柴壩伍千柒百餘丈埽工
埽坦裹頭鑲柴柴工附土子塘横塘横壩面土
行路各工共長壹萬貳千陸百餘丈總計做工
壹萬捌千叁百餘丈其間東防之念汛中防之
翁汛兩處缺口皆一片巨浸施工尤屬不易當
此兵燹之餘集夫購料迥非平時可比種種棘
手歷經各前撫臣
奏明在案而各該工陸續告成每遇大汛均稱鞏
固不致虛糜經費足見在事各員辦理尚屬認
真且歷時四年之久各該員沐雨櫛風寒暑無

開並有時搶堵險工不分晝夜其勤奮從事實
係不遺餘力現屆大工告成未便沒其微勞自
應擇其尤為出力者分別給獎以示鼓勵由塘
工總局司道開摺詳請酌保在案撫臣李
雖經核定請獎銜名未及具奏移交到臣伏查
此次開辦搶堵海塘決口大工在事人員為時
四載有餘工做萬丈之外均能始終出力奮勉
可嘉除將其次各員由外酌獎所有尤為出力
各員謹繕清單恭呈
御覽合無仰懇
天恩俯准獎勵以昭激勸謹會同閩浙總督臣英
署湖廣總督臣李　恭摺具
奏伏乞
皇太后
皇上聖鑒訓示謹
奏
謹將搶辦三防柴壩等工在事尤為出力各員
擬保銜名繕列清單恭呈
御覽
計開

---

署按察使事杭嘉湖道何兆瀛鹽運使銜候補
道馮禮藩均擬請
賞加按察使銜候選道陳嘉幹道銜衢州府知府
江允康均擬請
賞加三品銜杭州府知府陳魯擬請以道員陞補借
補湖州府通判補用知府黎錦翰擬請
賞加道銜候補同知王彬潘紹宸均擬請補缺後以
知府補用先換頂戴中防同知吳世榮擬請以
知府補用先換頂戴試用同知梁銘樹擬請以
同知歸候補班儘先補用試用同知豐應齡補
用直隸州借補海甯州知州靳芝亭運同銜長
興縣知縣趙定邦均擬請
賞加知府銜候補運判沈元高候補知縣薛贊襄均
擬請補缺後以同知用候補知縣余庭訓擬請
補缺後以同知儘先補用同知銜候補知縣李
世綖擬請以本班前先補用並
賞加運同銜同知銜候補知縣程國鈞擬請
賞加運同銜補用知州劉蘭敏擬請以本班前先補
用縣丞胡鴻基顏培芳葉滋紱均擬請補缺後
以知縣陞用委用州判借補府經歷縣丞黃汝

麟即補府經歷黄子莘均擬請補缺後以知縣補用郎選通判浦江縣典史胡振聲擬請以通判仍留浙江補用布理問王森縣丞王炳焜周傳煜江泰祥均擬請補缺後以應升之缺陞用縣丞石家珊擬請以本班儘先補用並
賞加知州銜升用知縣試用縣丞江順詒府經歷黄承謙縣丞單震李曾祥主簿梁鴻翥均擬請
賞加五品銜雙月縣丞補用巡檢王哲汶擬請補缺後以縣丞儘先補用試用從九品任步蟾擬請補缺後以縣丞補用先用未入流居鼎升擬請補缺後以縣主簿補用俟選縣丞李維善擬請
賞加州同銜從九品俞世陞擬請
賞加六品銜已革同知銜武康縣知縣劉立銑擬請
賞還同知原銜調補嚴州府同知孫欽若擬請
交部從優議敘湯溪縣知縣金顏遠金華縣知縣潘玉璿均擬請
交部議敘永康縣教諭樊兆恩擬請開缺以知縣選用補用游擊周萬友擬請以參將仍留浙江補用李汛把總陳萬清擬請以千總記名拔補
再前任杭嘉湖道陳璚于同治四年到任之初即經陞任撫臣馬飭令該員親駐工次督辦柴壩旋經督臣左會同查參以同知降補六年正月督臣吴會勘塘工以該員人甚明幹情形熟悉奏留塘工當差奉
旨允准七年閏四月陞任撫臣馬以該員在工三年始終勤奮保奏奉
旨着賞還道員原銜欽此八年三月復經撫臣李保奏奉
旨着准其開復原官仍留浙江補用欽此嗣經吏部議奏以辦理石塘出力並非軍功勞績所請開復原官仍留浙江補用之處核與章程不符應請撤銷奉
旨依議欽此欽遵各在案伏查陳璚辦理塘工五年有餘三防柴壩一律告成西防石工報竣現有接辦東防其勤奮勞苦辦事實心之處各前撫臣迭次陳明早邀
洞鑒臣維海塘工程為列郡保障工繁費鉅關係甚重非得人而理難臻妥速陳璚係廣西生員從軍多年歷保道員蒙
恩簡放前缺旋即降調自奉

旨留工自來感奮出於至誠雖收發銀錢尚有總局
及承辦各員經手而親駐工次昕夕督率無役
不從有弊必剔惟該員之力居多今在事大小
各員均已仰求
鴻慈分別奬勵而總辦大員未邀甄叙未免向隅可
否仰懇
天恩准將前任杭嘉湖道降補同知陳璚以知府歸
部選用以昭激勸之處伏候
聖裁謹會同閩浙總督臣英　署湖廣督臣李
附片具
奏伏乞
聖鑒訓示謹
奏同治九年四月初十日奏五月初七日軍機大
臣奉
旨另有旨欽此同日奉
上諭楊　奏遵保辦理東防出力各員開單請奬
一摺浙江東防等塘連年搶卸甚多經在事各員
弁歷時四年之久辦理柴壩力堵險工尚屬著有
微勞自應量予奬勵所有單開之杭嘉湖道何兆
瀛俟補道馮禮藩均着賞加按察使銜俟選道陳

嘉幹前衢州府知府江光康均着賞加三品銜杭
州府知府陳魯着以道員升補補用知府黎錦翰
着賞加道銜同知王彬等均着俟補缺後以知府
補用先換頂戴中防同知吳世榮着以知府補用
先換頂戴試用同知梁銘樹以同知着歸候補班
儘先補用豐應鈐等均着賞加知府銜運判沈元
高等均着俟補缺後以同知用知縣余庭訓着俟
補缺後以同知儘先補用李世經着以本班前先
補用並賞加運同銜程國鈞着賞加運同銜知州
劉蘭敏着以本班前先補用縣丞胡鴻基等均着
俟補缺後以知縣升用州判黃汝麟等均着俟補
缺後以知縣補用通判胡振聲着以通判仍留浙
江補用布政使理問王森等均着俟補缺後以應
升之缺升用縣丞石家珊着以本班儘先補用並
賞加知州銜江順諮等均着賞加五品銜巡檢王
哲沅着俟補缺後以縣丞儘先補用從九品任步
蟾着俟補缺後以縣丞補用未入流居景升着俟
補缺後以縣主簿補用縣丞李維善着賞加州同
銜從九品俞世陞着賞加六品銜已革同知銜知
縣劉立銑着賞還同知原銜同知孫欽若着交部

從優議叙知縣金顏遠等均着交部議叙教諭樊兆恩着開缺以知縣選用游擊周萬友着以參將仍留浙江補用把總陳萬清着以千總拔補另片奏請將總辦塘工大員獎勵等語浙江杭嘉湖道降補同知陳璚着以知府選用以示鼓勵該部知道單片併發欽此

---

吏部謹

奏爲查明具奏事内閣抄出同治九年五月初七日奉

上諭楊　奏遵保辦理東塘出力人員開單請獎一摺浙江東防等塘連年坍卸甚多經在事各員弁歷時四年之久辦理柴壩力堵險工尚屬着有微勞自應量予獎勵所有單開之杭嘉湖道何兆瀛候補道馮禮藩均着賞加按察使銜候選道陳嘉幹前衢州府知府江允康均着賞加三品銜杭州府知府陳魯着以道員升補補用知府黎錦翰着賞加道銜同知王彬等均着俟補缺後以知府補用先換頂戴中防同知吳世榮着以知府補用先換頂戴試用同知梁銘衡以同知着歸候補班儘先補用豐應齡等均着賞加知府銜運判沈元高等均着俟補缺後以同知用知縣佘庭訓着俟補缺後以同知儘先補用李世綖着以本班前先補用並賞加運同銜程國鈞着賞加運同銜知州劉蘭敏着以本班前先補用縣丞胡鴻基等均着俟補缺後以知縣升用州判黃汝麟等均着俟補缺後以知縣補用通判胡振聲着以通判仍留浙

江補用布政使理問王森等均着俟補缺後以應陞之缺升用縣丞石家珊着以本班儘先補用並賞加知州銜江順詒等均着賞加五品銜巡檢王哲銓着俟補缺後以縣丞儘先補用從九品任步蟾着俟補缺後以縣丞補用未入流居易升着俟補缺後以縣主簿補用縣丞李維善着賞加州同銜從九品俞世陞着賞加六品銜已革同知銜知縣劉立銑着賞還同知原銜同知孫欽若着文部從優議叙知縣金顥遠等均着文部議叙教諭樊兆恩着開缺以知縣選用另片奏請將總辦塘工
大員獎勵等語前浙江杭嘉湖道降補同知陳璚着以知府選用以示鼓勵該部知道單片併發欽此欽遵抄出到部除江允康劉立銑陳璚並議叙各員 臣部另行辦理外查照章程尋常勞績不准保俟補班次及越級請陞又俟選各官保奏留省應令分別補交三班分發銀兩又在外從四品以下不得加本層上司銜又七品各官加銜不得逾五品八品以下各官加銜不得逾六品如請加銜有逾限制者即照限制改給應得之銜銜已無可再加即改為議叙又尋常勞績每一案只准請獎一層如有不照奏定請獎層數保奏者無論所請幾層應按其勞績准其層數將所叙在前核與例章相符者議准其所叙在後已逾定限者俟行議駁等因各在案今據新授浙江巡撫前布政使楊 保奏辦理東防缺口柴埧各工出力人員開單請獎欽奉
諭旨允准 臣等查東防柴埧各工完竣係屬尋常勞績 臣部應按定章核議除何兆瀛馮禮藩陳嘉幹陳魯王彬潘紹宸吳世榮豐應齡靳芝亭薛贊襄余庭訓胡鴻基顏培芳葉滋純黄汝麟黄子莘王森王炳焜周傳煜江泰祥李維善俞世陞樊兆恩等各員所請獎勵核與定章相符應欽遵
諭旨註册其核與定章不符應請駁正之員另繕清單恭呈
御覽所有 臣等查明緣由繕摺具
奏伏乞
皇上聖鑒訓示遵行謹
奏
謹將浙省搶辦三塘柴埧等工在事出力核與

例章不符應請駁正各員敬繕清單恭呈
御覽
計開
借補湖州府通判補用知府黎錦翰請加道銜
運同銜長興縣知縣趙定邦請加知府銜
同知銜候補知縣程國鈞請加運同銜
查定章在外從四品以下不得加本管上司
銜又七品各官加銜不得逾五品如請加銜
有逾限制者即照限制改給應得之銜銜已
無可再加即改為議叙黎錦翰係由候補同
知借補通判今請加道銜趙定邦係知縣今
請加知府銜均係本管上司之銜核與例章
不符應將黎錦翰改為請加四品銜趙定邦
已聲叙有運同銜已無可再加應請改為
議叙程國鈞係七品官所請加運同銜已逾
加銜限制該員已聲叙有同知銜銜已無可
再加亦請改為議叙
試用同知梁銘樹請以同知歸候補班儘先補
用
查定章尋常勞績不准保候補班次應將該
員以同知歸試用班儘先補用
即選通判浦江縣典史胡振馨請以通判仍留
浙江補用
查定章尋常勞績不准保候補班次又候選
人員保奏留省應令分別補交三班分發銀
兩應將該員俟分別補交銀兩後飭令離任
以通判仍留浙江歸試用班先補用
同知銜候補知縣李世綎請以本班前先補用
並加運同銜
補用知州劉蘭敏請以本班前先補用
縣丞石家珊請以本班儘先補用並加知州銜
查定章尋常勞績每一案只准請獎一層如
有不照奏定請獎層數保奏者無論所請幾
層應按其勞績准獎層數將所叙在前核與
例章相符者議准其所叙在後已逾定限者
俱行議駁今李世綎原保單內並未聲叙係
何項候補知縣劉蘭敏原保單內並未聲叙
係何項候補知州石家珊原保單內並未聲
叙係何項縣丞應令查明覆奏再行核辦至
李世綎所叙在後之請加運同銜石家珊所

叙在後之請加知州銜均逾請獎層數應請撤銷

陞用知縣試用縣丞江順詒府經歷黄承謙縣丞單震李曾祥主簿梁鴻壽均請加五品銜

查定章八品以下各員加銜不得逾六品如請加銜有逾限制者即照限制改給應得之銜今該員等係八品等官所請加五品銜均逾加銜限制應將江順詒等各員均改為請加六品銜

候補通判沈元高請候補缺後以同知用

試用從九品任步蟾請候補缺後以縣丞補用

先用未入流居鼎升請候補缺後以縣主簿補用

查定章尋常勞績不准越級請陞而同知非通判應陞之階縣丞非從九品應陞之階縣主簿非未入流應陞之階應將沈元高等各員均請改為候補缺後以應陞之缺升用

雙月縣丞補用巡檢王哲孜請補缺後以縣丞儘先補用

查原保單内既叙該員係補用巡檢又稱雙月縣丞所請獎勵臣部碍難核議應令查明該員於何案内得有雙月縣丞並於何年月日奏

旨詳細覆

奏再行核辦

同治九年八月初八日具奏奉

旨依議欽此

吏部
題議得內閣抄出同治九年五月初七日奉
上諭楊　奏遵保辦理東防出力各員開單請奬
一摺同知孫欽若着交部從優議叙知縣金額遠
等均着交部議叙等因欽此欽遵抄出到部查欽
奉
諭旨交部從優議叙之調補嚴州府同知孫欽若給
予加一級紀録三次欽奉
諭旨交部議叙之湯溪縣知縣金額遠金華縣知縣
潘玉璿等各給予加一級等因具
題於同治九年九月二十二日奉
旨依議欽此

吏部謹
奏查臣部奏定章程內開失守城池人員隨同克
復免罪後得有軍務勞績給予虛銜頂戴再次
得有勞績方准開復原官仍飭令補繳加倍半
捐復原官銀兩俟銀兩繳清咨報吏户二部給
咨該員赴部引
見不准奏請免繳捐項又隨時甄別降革人員非軍
功勞績不准保奏開復又軍務獲咎人員降革
以後從因奮勉立功者保奏開復原官一律免
繳捐復等項銀兩又降革人員未曾開復不准
遽保官階各等語今據前任湖廣總督調任直
隸總督李　等將浙江前署黄巖縣知縣劉
蘭馨等保奏到部臣等詳核案情按照章程分
别飭令補繳銀兩核與章程不符者應請撤銷
相應摘叙案由謹繕清單恭呈
御覽所有臣等核議緣由理合恭摺具
奏同治玖年拾月二十四日奏奉
旨依議欽此
計開
一件內閣抄出同治玖年五月初七日奉

上
諭楊　　奏遵保辦理東防出力人員開單請奬
一摺浙江東防等塘連年坍卸甚多經在事各員
歷時四年之久辦理柴垻力堵險工尚屬著有微
勞自應量予鼓勵所有單開之前衢州府知府江
允康著賞加三品銜已革同知銜知縣劉立銑著
賞還同知原銜另片奏請將總辦塘工大員奬勵
等語前浙江杭嘉湖道降補同知陳璚著以知府
選用以示鼓勵等因欽此欽遵到部比案前衢州
府知府江允康因性喜浮偽辦理地方諸事未
協輿情革職嗣因辦理海運出力開復原銜復
因辦理塘工請開復原官仍留浙江補用經臣
部以非軍功勞績奏請撤銷前武康縣知縣劉
立銑因該縣錢粮奏准俟秋後啟征該員以春
收尚好稟請先期試辦不俟批示即行開征奏
叅革職查辦嗣經查明該員既無別項劣跡亦
無虧挪情弊業經革職應毋庸議前杭嘉湖道
陳璚因事去營之際衆論譁然以任監司難壓
衆望奏叅以同知降補嗣因辦理塘工出力
賞
還原銜復因辦理石塘工竣請開復原官仍留浙
省補用經臣部以非軍功勞績奏駁在案今該

員等辦理東塘出力據浙江巡撫楊　　奏請
將江允康
賞加三品銜劉立銑
賞還同知銜陳璚以知府選用欽奉
諭旨允准臣等查江允康係甄別革職開復原銜尚
未開復原官之員遽請
賞加三品銜核與章程不符應請撤銷劉立銑係私
罪革職之員今請
給還同知銜核與開復原官者尚屬有間惟臣部官
冊內並無該員同知銜案應令該撫查明該員
前因何案得有同知銜咨報臣部再為核辦陳
璚係甄別以同知降補之員今總辦塘工並非
軍功勞績所請以知府選用仍核與章程不符
應請撤銷

吏部
題議得前經臣部議覆署理浙江巡撫布政使楊
保奏辦理東防缺口柴垻各工出力員弁
開單請獎欽奉
諭旨允准臣等查東塘柴垻各工完竣係屬尋常勞
績臣部應按例章核議除核與定章相符應欽
遵
諭旨註冊其核與定章不符應請駁正各員另繕清
單恭呈
御覽於同治九年八月初八日奉
旨依議欽此欽遵到部查清單內開改為議叙之運
同銜長興縣知縣趙定邦同知銜候補知縣程
國鈞等各給予加一級等因具
題於同治九年閏十月初十日奉
旨依議欽此

同治拾年正月二十九日准
兵部咨開職方司案呈先經內閣抄出奉
上諭楊　奏遵保辦理東塘出力各員開單請獎
一摺浙江東塘等防連年坍卸甚多經在事各員
弁歷四年之久辦理柴垻力堵險工尚屬著有微
勞自應量予獎勵所有單開之游擊周萬友着以
叅將仍留浙江補用把總陳萬清着以千總拔補
以示鼓勵該部知道單片併發等因欽此欽遵到
部除先經恭錄
諭旨行文該撫遵照外查游擊周萬友以叅將仍留
浙江補用把總陳萬清請以千總拔補之處本
部先行註冊外相應行文該撫即將該弁等履
歷造冊報部可也

撫院楊　片

奏再臣奏保捨築三防缺口柴垻等工在事出力人員案內候補知縣李世綎補用知州劉蘭敏均請以本班前先補用縣丞石家珊請以本班儘先補用奉

旨允准嗣經吏部奏查李世綎等係何項班次應令

查明覆

奏再行核辦等因到臣轉行遵照去後茲據塘工總局司道具詳查得補用知州劉蘭敏由國子監學正投効軍營于同治二年克復嚴州府城案內經歷任撫臣左　保奏以知州留浙補用係屬勞績保舉應歸候補班補用又試用縣丞石家珊自咸豐九年遵籌餉例在京銅局報捐縣丞指省浙江應歸試用班補用並候補知縣李世綎一員業已病故應請註銷原案。等情前來臣復查無異相應請

旨俯准將捨築三防缺口柴垻等工在事出力之候補知州劉蘭敏以本班前先補用試用縣丞石家珊以本班儘先補用以示鼓勵謹附片具

奏伏乞

聖鑒飭部核覆施行謹此具

奏同治拾年柒月初五日奏本日軍機大臣奉

旨吏部議奏欽此

吏部謹
奏為遵
旨議奏事內閣抄出浙江巡撫楊　片奏再臣保
奏搶築三防缺口柴壩等工在事出力人員案
內侯補知縣李世綖補用知州劉蘭敏均請以
本班前先補用縣丞石家珊請以本班儘先補
用奉
旨允准嗣經吏部奏查李世綖等係何項班次應令
查明覆奏再行核辦等因到臣轉行遵照去後
茲據塘工總局司道具詳查得補用知州劉蘭
敏由國子監學正投効軍營於同治二年克復
嚴州府城案內經陞任撫臣左　保奏以知
州留浙補用係屬勞績保舉應歸侯補班補用
又試用縣丞石家珊自咸豐九年遵籌餉例在
京銅局報捐縣丞指省浙江應歸試用班補用
至侯補知縣李世綖一員業已病故應請註銷
原案等情前來臣復查無異相應請
旨俯准將搶築三防缺口柴壩等工在事出力之侯
補知州劉蘭敏以本班前先補用試用縣丞石
家珊以本班儘先補用以示鼓勵等因同治拾
年柒月初五日軍機大臣奉
旨吏部議奏欽此欽遵抄出到部除李世綖一員業
經病故應註銷原保案外查劉蘭敏由補用知
州石家珊由縣丞均因搶辦三防柴壩等工出
力經該撫保奏同治玖年五月初七日奉
上諭劉蘭敏着以本班前先補用石家珊着以本班
儘先補用並
賞加知州銜欽此當經臣部查原保清單內並未聲
叙劉蘭敏係何項補用知州石家珊係何項縣
丞駁令查明具奏再行核辦並將石家珊所叙
在後之請加知州銜係逾請獎層數照章應請
撤銷于是年八月初八日具奏奉
旨依議欽此欽遵知照在案今據該撫奏稱劉蘭敏
由國子監學正於克復嚴州府城案內保奏以
知州留浙補用應歸侯補班補用石家珊遵例
報捐縣丞指省浙江應歸試用班補用請將劉
蘭敏以本班前先補用石家珊以本班儘先補
用以示鼓勵等因欽奉
諭旨交臣部議奏臣等查劉蘭敏既據該撫覆稱係
因勞績保奏以知州留浙補用石家珊係遵例

叙捐縣丞捐省浙江試用所有該撫前請將劉
蘭敏以本班前先補用石家珊以本班儘先補
用核與准保例章相符應請照准謹將臣等遵
旨議奏緣由繕摺具
奏伏乞
皇上聖鑒
訓示遵行謹
奏同治拾年八月初十日具奏奉
旨依議欽此

臣楊　跪
奏為遵
旨酌保辦理西防魚鱗條石等工尤為出力各員謹
繕清單恭摺具
奏仰祈
聖鑒事竊臣前于奏報西防修建魚鱗條塊石塘盤
頭裹頭各工完竣日期摺内請將在工出力者
擇尤酌保以示鼓勵欽奉
諭旨着准其擇尤酌保毋許冒濫欽此欽遵轉行查
照在案茲據塘工總局各司道查明西防建修
石塘壹千餘丈盤頭兩座裹頭陸拾丈自同治
柒年正月十八日開工起至捌年七月二十三
日一律完竣為時一年有奇辦理尚為迅速工
竣之後歷經大汛塘身屹立穩固田廬藉資保
護足徵在事人員有能實心籌畫認真經理未
便沒其微勞自應擇其尤為出力者分別給獎
以昭激勸開摺呈請酌保前來臣查此次辦理
修建西防石塘大工在事各員均屬始終出力
奮勉可嘉除稍次出力各員由外酌獎並擬保
千把總等武職循例咨部核辦外謹將尤為出

力各員繕列清單恭呈
御覽合無仰懇
天恩俯准獎勵以昭激勸謹會同閩浙總督臣英
恭摺具
奏伏乞
皇太后
皇上聖鑒訓示謹
奏
單開
候補知府孫尚紱擬請
賞加道銜丁憂即補知府黎錦翰擬請俟服闋回省
補缺後以道員用試用同知胡元潔補用同知
唐勛均擬請補缺後以知府用候補同知張晃
擬請補缺後以知府補用儘先縣丞胡鴻基擬
請補缺後以知縣用補用知縣黄子莘擬請
賞加同知銜准補象山縣知縣王承馨候補知縣汪
榮棠楊昌珠均擬請
交部從優議叙己革同知銜候補知縣嚴家承擬請
賞還同知原銜江蘇候補知縣于寶之擬請免其補
繳加五捐復銀兩補用知縣易鏡清徐宗翰儘
先府經歷吴邦基楊建泰補用縣丞李昌泰江
泰祥儘先補用縣丞泰嘉樂間用縣丞秦耀奎
均擬請補缺後以應陞之缺升用丁憂試用府
經歷楊其緯擬請俟服闋回省補缺後以知縣
陞用嘉興府經歷鄧壽仁擬請
賞加五品銜候補府經歷袁來保擬請以本班儘先
補用試用從九品王均翟國棟擬請均以縣主
簿前先補用試用從九品馬佩璧擬請以本班
前先補用試用從九品陳鍾沂擬請
賞加六品銜雙月候選從九品王士俊擬請以從九
品不論雙單月選用游擊銜前海防營守備周
金標擬請
賞給三品
封典都司羅品莊擬請補缺後以游擊補用守備余
隆順擬請補缺後以都司補用千總陳萬清擬
請補缺後以守備補用先換頂戴
再前任浙江杭嘉湖道陳璚于同治四年十二
月到任適值海防開辦柴埧甚為吃緊之際該
員本係專責駐工督辦悉心講求不辭勞瘁嗣
經督臣左以該員前在蔣營頗著戰功而

辦理海塘亦稱勤慎惟去營之際衆論譁然奏
懇奏留于浙江海防差遣奉
旨允准柒年閏四月前撫臣馬　以在工三年事
事核實力求節省異常出力保奏奉
旨賞還道員原銜欽遵在案迨全塘衆工告竣捌年
三月陞任撫臣李　以認真經理任勞任怨
年力正强才具幹練保奏開復原官仍留浙江
補用玖年四月臣又會同督臣英　陞任撫臣
李　以督辦五年有餘始終勤奮無役不從
有弊必剔保奏以知府歸部選用均因格於部
議未沐
恩施伏查海塘柴石各工關繫重大當此時絀舉贏
之際督辦不得其人尤易貽誤臣在浙多年深
悉該員辦事認真不避勞怨經理塘務風雨櫛
沐寒暑無間往往乘潮搶築力與水爭較之軍
營同一危險時逾六年工逾萬丈在事最久出
力實多是以督臣英　馬　英　李　莫
不以人才可用疊次保奏今修建西防石塘壹
千餘丈該員仍能盡心督率尅期蔵事實難沒

其微勞
朝廷破格用人縱平時稍有可議尚得棄瑕錄用矧
如陳璚才具通達幹練有爲前在軍營戰功頗
著留工以來異常奮勉既無實在劣跡于前復
有實在勞績于後若不據實陳明似不足以昭
激勸合無仰懇
天恩俯准將陳璚送部引
見應如何
錄用之處恭候
聖裁臣爲激勵人材起見是否有當謹會同閩浙督
臣英　附片陳請伏乞
聖鑒訓示謹
奏同治拾年三月初十日奏四月初四日軍機大
臣奉
旨該部議奏單片併發欽此又附片内同日奉
旨覽欽此

吏部謹
奏為遵
旨議奏事内閣抄出浙江巡撫楊　奏稱竊臣前
於奏報修建西防魚鱗條塊石塘盤頭裹頭各
工完竣日期摺内請將在工出力者擇尤酌保
以示鼓勵欽奉
諭旨着准其擇尤酌保毋許冒濫欽此欽遵在案兹
據塘工總局查明西防建修石塘一千餘丈盤
頭二座裹頭六十丈自同治七年正月十八日
開工起至八年七月二十三日一律完竣為時
壹年有奇辦理尚為迅速工竣以來歷經大汛
塘身屹立穩固田廬藉資保護足徵在事人員
經理認真實心籌畫未便没其微勞謹將尤為
出力各員繕列清單恭呈
御覽合無仰懇
天恩俯准奬勵以昭激勸等因同治十年四月初四
日軍機大臣奉
旨該部議奏單併發欽此欽遵抄出到部除清單
内開武職人員應由兵部核辦其文職附片一
件並保還原銜及免繳捐復銀兩各員另行覆
奏外查奏定章程尋常勞績不准保請免補本班
及越級請陞又無論何項勞績八品以下各官
加銜不得有逾六品如請加銜有逾限制者即
照限制改給應得之銜等因在案今據浙江巡
撫楊　保奏辦理西防魚鱗條石等工出力
各員繕單請奬欽奉
諭旨交臣部議奏臣等查照單内各員按照定章悉
心核議其與例案相符者應請照准其核與例
案不符者應請駁正謹另具清單恭呈
御覽所有臣等遵
旨議奏緣由繕摺具
奏伏乞
皇上聖鑒
訓示遵行謹
奏
謹將浙江辦理西防石塘等工出力核與例案
相符應請照准核與例案不符應請駁正各員
繕列清單恭呈
御覽
計開

候補知府孫尚紱請加道銜
丁憂即補知府黎錦翰請俟服闋回省補缺後
以道員用
試用同知胡元潔補用同知唐勛請補缺後均
以知府用
候補同知張冕請補缺後以知府補用
儘先縣丞胡鴻基請補缺後以知縣用
補用知縣黃子莘請加同知銜
准補象山縣知縣王承馨俟補知縣汪榮棠楊
昌珠請均交部從優議敘

補用知縣易鏡清徐宗翰儘先府經歷吳邦基
楊建泰補用縣丞李昌泰江泰祥儘先補用縣
丞泰嘉樂開用縣丞泰耀奎請俟補缺後均以
應陞之缺升用
丁憂試用府經歷楊其緯請俟服滿從省補缺
後以知縣升用
候補府經歷袁來保請以本班儘先補用
試用從九品馬佩塑請以本班前先補用
試用從九品陳鍾沂請加六品銜
雙月候選從九品王士俊請以從九品不論雙
單月選用
以上各員核與例案相符內黎錦翰于同治九年七月二十一日丁憂楊其緯于八年十月初十日丁憂該撫捐內聲敘八年七
月工竣係屬勞績在先自應併請照准再袁
來保一員係浙江籌餉試用府經歷應歸試
用本班儘先補用註冊
嘉興府經歷鄧壽仁請加五品銜
查定章無論何項勞績八品以下各官加銜
不得有逾六品如請加銜有逾限制者即照
限制改給應得之銜茲該員所請加五品銜
已逾加銜限制應改為請加六品銜
試用從九品王均瑆國棟均請以縣主簿前先
補用
查定章尋常勞績概不准保免補本班及越
級請陞應將該員等均請改為俟補缺後以
應陞之缺升用
同治拾年五月二十日具奏奉
旨依議欽此

兵部片

奏再內閣抄出浙江巡撫楊　奏遵保辦理西防魚鱗條石等工尤為出力各員繕列清單懇請獎勵一摺游擊銜前海防營守備周金標請給三品

封典都司羅品莊請補缺後以游擊補用守備余陞順請補缺後以都司補用千總陳萬清請補缺後以守備補用先換頂戴同治拾年四月初四日奉

旨該部議奏單併發欽此欽遵到部當經片查吏部文職作何辦理並據覆稱照尋常勞績核議惟臣部並無尋常獎敘專條自應照吏部知照章程核辦查定章內開尋常勞績每一案祇准請獎一層不得於一案之中連併請獎數層如有不照奏定層數保奏者無論所請幾層將所議在前核與定章相符者議准其所敘在後已逾定限者俱行議駁等語查此案監辦塘工尤為出力之都司羅品莊請補缺後以游擊補用守備余陞順請補缺後以都司補用千總陳萬清請補缺後以守備補用先換頂戴核其請獎祇均一層應請照准前海防營守備周金標請給三品

封典查臣部向辦軍營戰功請給

封典奏

旨允准者遵

旨註冊今守備周金標係尋常勞績碍難照准所請獎敘應令該撫另核請獎再為辦理所有議奏緣由是否有當理合附片陳明謹

奏同治拾年六月初六日具奏即日奉

旨依議欽此

吏部謹
奏内閣抄出浙江巡撫楊　奏酌保辦理西防
魚鱗條石等工尤為出力各員壹摺同治拾年
四月初四日奉
旨該部議奏單併發欽此清單内開已革同知銜候
補知縣嚴家承擬請
賞還原銜江蘇候補知縣于賓之擬請
免其補繳加五捐復銀兩又片奏前任浙江杭嘉湖
道陳璚懇請送部引
見應如何
録用之處恭候
聖裁等因抄出到部此案前浙江候補知縣嚴家承
因署象山縣任内失守城池隨同克復革職免
其治罪前江蘇候補知縣于賓之因被參各款
訊無實據惟承審夏洪昌油坊一案既係審為
被誣僅令其具結完案而于捏造偽書誣告叛
逆重罪人犯未能究出咎辭終屬粗疎以縣丞
降補嗣因辦理石塘工竣開復降補處分以知
縣仍留原省補用經 臣部奏令補繳加五捐復
原官並照常例減半留省銀兩候銀兩繳清給
咨赴部引
見前浙江杭嘉湖道陳璚先經前閩浙總督左
奏參該員因事去營之際衆論譁然以任監司
難壓衆望以同知降補嗣因辦理石塘出力開
復原銜又因辦理石塘工竣請開復原官仍留
浙江補用經 臣部以非軍功勞績奏駁復據該
撫奏請以知府選用又經 臣部以非軍功勞績
奏請撤銷各在案今該員等辦理西防條石等
工出力據浙江巡撫楊　奏請將嚴家承
賞還同知原銜于賓之
免補繳加五捐復銀兩陳璚請送部引
見奉
旨該部議奏欽此 臣等查嚴家承係失守城池隨同
克復革職免罪之員今辦理西防石工並非軍
功勞績所請
賞還同知原銜于賓之請
免繳捐復銀兩並未奉
旨允准均核與例章不符應毋庸議陳璚係甄別降
補之員今督辦塘工出力並非戰功惟僅請送
部引

見核與保奏開復尚屬有間應請照准同治拾年六
月二十七日具奏即日奉
旨依議欽此

吏部
題議得前經 臣部議覆浙江巡撫楊 保奏辦
理西防魚鱗條塊石塘等工出力人員開單請
獎欽奉
諭旨交 臣部議奏 臣等查照單内各員謹按定章悉
心核議其與例案相符者應請照准其核與例
案不符者應請駁正另繕清單恭呈
御覽等因於同治拾年五月二十日具奏奉
旨依議欽此欽遵在案除請給官階班次加銜各員
另行辦理註冊外應將
交部從優議叙之准補象山縣知縣王承馨候補知
縣汪濚棠楊昌珠等三員應各給予加一級紀
録三次等因具
題於同治拾年八月初二日奉
旨依議欽此

撫院楊　片

奏再游擊銜前海防營守備周金標前在西防監
辦石塘盤頭裹頭等工尤為出力經臣彙保奏
請
賞給三品
封典奉
旨該部議奏欽此嗣經兵部奏駁守備周金標係尋
常勞績碍難照准所請奬叙應令另核等因到
臣轉行遵照去後茲據塘工總局司道具詳查
得該守備前在西防石塘分監工段諳練精詳
能耐勞苦前請
賞給三品
封典既係格於定章自應另為核奬現擬請將游擊
銜前海防營守備周金標以都司補用等情前
來臣覆查無異相應懇
恩俯准將監辦西防石塘尤為出力之游擊銜前海
防營守備周金標以都司補用以示鼓勵謹附
片具
奏伏乞
聖鑒

---

飭部核覆施行謹
奏同治十一年六月二十六日奏八月二十二日
軍機大臣奉
旨兵部議奏欽此

兵部片
奏內閣抄出浙江巡撫楊　片奏游擊銜前海
防營守備周金標前在西防監辦石塘等工出
力奏請三品
封典嗣准兵部覆奏係尋常勞績碍難照准所請獎
叙應令另核等因查前請既係格於定章自應
另行請獎懇將該員以都司補用等因同治拾
壹年八月二十二日奉
旨兵部議奏欽此欽遵到部查周金標係署浙江
海防營守備於同治五年經前任閩浙總督左
疏稱該員因患氣喘病症未能騐痊請開
缺醫治並稱該員病愈尚堪起用當經臣部題
准俟病痊之日由該撫騐看具題報部核辦在
案迄今未報痊可而監辦塘工出力請獎係未
經起病錄用之員應令該撫即行騐看具題俟
給咨赴部引
見補缺後以都司補用以符定章所有議奏緣由理
合附片陳明謹
奏同治十一年十月二十七日具奏即日奉
旨依議欽此

---

臣楊　跪
奏為遵
旨酌保辦理中防翁汛露字等號石塘尤為出力各
員謹繕清單恭摺奏祈
聖鑒事竊臣前於奏報辦理中防翁汛露字等號魚
鱗石塘完竣日期摺內請將在工出力者擇尤
酌保以示鼓勵欽奉
諭旨着准其擇尤酌保毋許冒濫欽此欽遵轉行查
照在案茲據塘工總局司道等查明前項建復
石塘工竣以後歷經大汛塘身屹立穩固民舍
田廬藉資保衛足徵該工員等認真經理悉心
籌畫未便沒其微勞自應擇其尤為出力者分
別給獎以昭激勸開摺呈請酌保前來臣查此
次辦理中防翁汛魚鱗石塘大工在事各員均
屬始終出力奮勉堪嘉除出力稍次者由外酌
獎並擬保千把總各武職循例咨部核辦外謹
將尤為出力之員繕列清單恭呈
御覽合無仰懇
天恩俯准獎勵以昭激勸謹會同閩浙總督臣文
恭摺具

奏伏乞
皇太后
皇上聖鑒訓示謹
奏
謹將辦理中防石塘尤為出力文武員弁酌擬
奬勵銜名敬具清單恭呈
御覽
計　開
杭嘉湖道何兆瀛俟補知府孫尚紱中防同知
英世榮均請
交部從優議敘鹽運使銜俟補道唐樹森請
賞加按察使銜前署杭嘉湖道俟補道林聰彝俟補
知府黎錦翰均請
賞加三品銜道銜俟補知府陳璚請補缺後以道員
用補用同知胡元潔請補缺後以知府儘先補
用俟補同知張冕請補缺後以知府本班前補
用知府用儘先同知唐勛請先換知府頂戴准
補浦江縣知縣張兆芝請以同知在任俟升俟
補知縣陳鍾英請補缺後以同知補用試用知
縣廖士珷請補缺後以同知升用俟補知縣胡
鴻基請
賞加同知銜補用同知周銳請
賞加運同銜已革同知銜俟補知縣嚴家承請
賞給五品頂戴補用府經歷袁來保吳邦基均請補
缺後以知縣升用俟補縣丞胡爾昌試用府經
歷李式恩試用縣丞馬維翰均請
賞加州同銜試用府經歷賴際堯俟補縣主簿李昌
泰補用典史朱建珪均請
賞加六品銜俟補縣丞朱燦昌俟補府經歷任福英
杭州府城南務稅課大使卜奉箴均請補缺後
以應升之缺升用試用從九品陳鍾沂請補缺
後以縣主簿用書吏鈕福乾請以從九品歸部
選用補用游擊羅品莊請
賞加參將銜補用都司余隆順請
賞加游擊銜題署守備蔡輿邦請
賞加都司銜記名千總湯廷熊請
賞加守備銜
同治十一年六月二十六日奏八月二十二日
軍機大臣奉
旨該部議奏單併發欽此

吏部謹
奏為遵
旨議奏事內閣抄出浙江巡撫楊　等奏稱窃臣
前奏報辦理中防翁汛露字等號魚鱗石塘完
竣日期摺內請將在工出力者擇尤酌保以示
鼓勵欽奉
諭旨着准其擇尤酌保毋許濫冒欽此欽遵轉行查
照在案茲據塘工總局各司道查明前項建復
石塘工竣以來歷經大汛塘身屹立穩固民舍
田廬藉資保衛足徵在事各員經理認真悉心
籌畫未便沒其微勞自應擇其尤為出力者分
別給獎以昭激勸繕摺呈請酌保前來臣查此
次辦理中防翁汛魚鱗石塘大工在事各員均
屬始終出力奮勉堪嘉謹將尤為出力之員敬
具清單恭呈
御覽合無仰懇
天恩俯准獎勵以昭激勸等因同治十一年八月二
十二日軍機大臣奉
旨該部議奏單併發欽此欽遵抄出到部除已革同
知銜候補知縣嚴家承一員臣部另行覆奏外

臣等查照單內人員按照定章成案悉心詳核
其與例案相符者應請照准核與例案不符者
應請駁正謹將另繕清單恭呈
御覽所有臣等遵
旨議奏緣由繕摺具
奏伏乞
皇上聖鑒
訓示遵行謹
奏

謹將浙江辦理中防石塘尤為出力核與例案
相符應請照准其與例案不符應請駁正各員
繕寫清單恭呈
御覽

計　開

杭嘉湖道何兆瀛候補知府孫尚紱中防同知
吳世榮三員均請交部從優議敘
鹽運使銜候補道唐樹森請加按察使銜
前署杭嘉湖道候補道林聰彝候補知府黎錦
翰二員均請加三品銜
道銜候補知府陳璚請補缺後以道員用

補用同知胡元潔請補缺後以知府儘先補用
候補同知張冕請補缺後以知府本班前補用
知府用儘先同知唐勛請先換知府頂戴
准補浦江縣知縣張兆芝請以同知在任候升
候補知縣陳鍾英請補缺後以同知補用
試用知縣廖士璣請補缺後以同知升用
補用府經歷袁來保吳邦基二員均請補缺後以知縣升用
試用府經歷李式恩候補縣丞胡爾昌試用縣丞馬維翰三員均請加州同銜
試用府經歷賴際堯候補縣主簿李昌泰補用典史朱廷珪三員均請加六品銜
候補縣丞朱燦昌候補府經歷任福英二員均請補缺後以應升之缺升用
試用從九品陳鍾沂請補缺後以縣主簿用
書吏鈕福乾請以從九品歸部選用
以上二十五員均核與例案相符應請併為
照准
補用同知周銳請加運同銜
候補知縣胡鴻基請加同知銜

查照定章七品各官加銜不得逾五品八品以下各官加銜不得逾六品如請加銜有逾限制者即照限制改給應得之銜銜已無可再加即改為議敘今周銳前于海運出力案內由候補知縣保奏請候補缺後以同知補用胡鴻基前于西防辦理魚鱗條石等工出力案內由儘先縣丞保奏請候補缺後以知縣用均經臣部奏准行文知照在案此次該撫聲敘補用同知周銳候補知縣胡鴻基是否均係另有保案抑係遵例報捐臣部礙難核辦應令查明覆奏再為辦理

杭州府城南務稅課大使卜奉箴請補缺後以應升之缺升用

查該員係現任浙江杭州府城南務稅課大使應該員以應升之缺升用

同治拾壹年十月二十五日具奏奉
旨依議欽此

吏部為核議彙奏事考功司案呈本部彙奏議得據四川總督吳　等將開復貴州知府李咸中等保奏到部臣等詳核案情分別辦理核與章程不符者應請撤銷保案謹特繕清單恭呈
御覽理合恭摺具奏同治拾壹年十月二十四日具
奏奉
旨依議欽此相應知照可也
一件內閣抄出浙江巡撫楊　奏酌保辦理中防翁汛露字等號石塘尤為出力各員奬勵一摺同治十一年八月二十二日奉
旨該部議奏單併發欽此查清單內開之已革同知銜候補知縣嚴家承請
賞給五品頂戴等因前浙江候補知縣嚴家承因署象山縣任內失守城池隨同克復革職免其治罪嗣因辦理西塘石工奏請
賞還同知原銜經臣部以非軍務勞績奏駁在案今據浙江巡撫楊　復以該員辦理中防石塘尤為出力保奏
賞給五品頂戴仍核與章程不符應毋庸議

---

吏部
題議得前經臣部議覆浙江巡撫楊　等奏稱竊臣前于奏報辦理中防翁汛露字等號魚鱗石塘完竣日期摺內請將在工出力者擇尤酌保以示鼓勵欽奉
諭旨着准其擇尤酌保毋許冒濫欽此欽遵行查遵照在案茲據塘工總局各司道查明前項建復石塘工竣以後歷經大汛塘身屹立穩固民舍田廬賴以保護足見在事人員經理認真實心籌畫未便沒其微勞自應擇其尤為出力者分

兵部片

奏內閣抄出浙江巡撫楊　　奏遵保辦理中防翁汎露字等號石塘尤為出力各員繕單請奬一摺清單內開補用游擊羅品莊請加參將銜補用都司余隆順請加游擊銜題署守備蔡興邦請加都司銜記名千總湯廷魁請加守備銜等因同治十一年八月二十二日奉

旨該部議奏單併發欽此欽遵抄出到部查羅品莊等四員所請升銜均祇一層應請照准所有議

奏緣由理合附片陳明謹

奏同治拾壹年十月二十七日具奏即日奉

旨依議欽此

---

撫院楊　片

奏再臣奏保辦理中防翁汎露字等號石塘在工出力各員案內候補知縣胡鴻基請加同知銜補用同知周銳請加運同銜奉

旨允准嗣經吏部奏駁胡鴻基等所請加銜均有逾限是否另有保案應令查明復

奏再行核辦等因到臣轉行遵照去後茲據塘工總局司道具詳查得周銳實係浙江候補知縣補缺後以同知補用之員前保請加運同銜既係格於定章擬請改奬候知縣補缺後以同知前用又候補知縣胡鴻基係于同治十年九月在黔省捐局遵例報捐縣丞離任並捐足知縣仍留浙江以知縣歸候補班補用當據將奉給部照呈司驗明註冊在案查與奉行加銜章程相符等情前來臣覆查無異相應請

旨俯准將辦理中防翁汎石塘在工出力之補用同知周銳改奬候知縣補缺後以同知前用候補知縣胡鴻基仍請

賞加同知銜以示鼓勵謹附片具

奏伏乞

聖鑒
飭部核覆施行謹
奏同治十二年正月二十六日具奏二月二十三
日奉
硃批吏部議奏欽此

---

吏部謹
奏為遵
旨議奏事内閣抄出浙江巡撫楊　　片奏再臣奏
保辦理中防翁汛露字等號石塘在工出力人
員案内候補知縣胡鴻基請加同知銜補用同
知周鋭請加運同銜奉
旨允准嗣經吏部奏駁胡鴻基等所請加銜均有逾
限是否另有保案應令查明覆奏再行核辦等
因到臣轉行遵照去後茲據塘工總局司道具
詳查得周鋭實係浙江候補知縣補缺後以同
知補用之員前保請加運同銜既係核與定章
不符擬請改獎候知縣補缺後以同知前用又
候補知縣胡鴻基係於同治拾年玖月在黔省
捐局遵例報捐縣丞離任並捐升知縣仍留浙
江以知縣歸候補班補用曾據將奉給部照呈
司驗明註冊在案查與奏行加銜章程相符等
情前來臣覆查無異相應請
旨俯准將辦理中防翁汛石工在事出力之補用同
知周鋭改獎候知縣補缺後以同知前用候補
知縣胡鴻基仍請

賞加同知銜以示鼓勵等因同治十二年二月二十三日奉
硃批吏部議奏欽此欽遵抄出到部查前據該撫奏保辦理中防石工出力人員周銳由補用同知請加運同銜胡鴻基由候補知縣請加同知銜當經臣部查照定章七品各官加銜不得逾五品八品以下各官加銜不得逾六品如請加銜有逾限制者即照限制改給應得之銜銜已無可再加即改為議敘周銳前于辦理海運出力案內由候補知縣保奏請候補缺後以同知補用胡鴻基前于西防辦理魚鱗條石等工出力案內由儘先縣丞保奏請俟補缺後以知縣用此次該撫聲敘補用同知周銳候補知縣胡鴻基是否均係另有保案抑係遵例報捐臣部礙難核辦應令查明覆奏再為辦理于同治十一年十月二十五日具
奏奉
旨依議欽此欽遵知照在案今據該撫奏稱周銳實係浙江候補知縣補缺後以同知補用之員前保請加運同銜既與定章相違擬請改奬候知縣補缺後以同知前用胡鴻基係于同治拾年玖月在黔省捐局遵例報捐縣丞離任並捐升知縣仍留浙江以知縣歸候補班補用仍請加同知銜等因欽奉
硃批交臣部議奏臣等查周銳原由補用同知請加運同銜經臣部奏明行查今據該撫覆稱該員實係候補知縣補缺後以同知補用之員前保運同銜改奬候補知縣後以同知前用查該員既係候補知縣補缺後以同知補用之員前保請加運同銜核與定章相違自應照加銜限制定章辦理查該員係七品官請加運同銜已逾加銜限制照章應改為五品銜惟查臣部官冊內該員已有五品銜案銜已無可再加應請改為議敘所請改奬候補知縣後以同知前用之處應毋庸議胡鴻基據該撫覆稱該員係于同治拾年玖月在黔省捐局遵例報捐縣丞離任並捐升知縣仍留浙江歸候補班補用仍請加同知銜當經臣部行查戶部該員捐案是否相符去後茲於十二年三月二十七日覆稱檢查貴州捐輸總局收捐請奬案內並無該員之名

是否聲叙舛錯應飭令該員呈驗原捐執照片
送過部以憑檢查等因查該員捐升知縣既無
案據所保同知加銜臣部亦難核辦應令該撫
查明該員是否于同治拾年玖月在黔省報捐
抑係聲叙舛錯詳細聲覆具奏再為辦理並照
戶部咨稱將該員所領捐照送部以憑查核謹
將臣等遵
旨議奏緣由繕摺具
奏伏乞
皇上聖鑒
訓示遵行謹
奏同治十二年五月初四日具奏奉
旨依議欽此

吏部
題議得前經臣部議覆浙江巡撫楊　片奏保
辦理中防翁汛露字等號石塘在工出力人員
案內補用同知周銳請加運同銜奉
旨允准嗣經吏部奏駁所請加銜有逾限制是否另
有保案應令查明覆奏再當核辦等語到臣轉
行查照去後茲據塘工總局司道具詳查得周
銳實係浙江候補知縣補缺後以同知補用之
員前保請加運同銜既係核與定章不符擬請
改獎候知縣補缺後以同知前用查與奏行章
程相符等情前來臣覆查無異相應請
旨俯准將辦理中防翁汛石工在事出力之補用同
知周銳改獎候知縣補缺後以同知前用以示
鼓勵等因欽奉
硃批交臣部議奏臣等查周銳原由補用同知請加
運同銜經臣部奏明行查今據該撫覆稱該員
實係候補知縣補缺後以同知補用之員前保
運同銜改獎候補知縣補缺後以同知前用查該員
既係候補知縣補缺後以同知補用之員前保
請加運同銜核與定章不符自應照加銜限制

定章辦理查該員係七品官請加運同銜已逾
加銜限制按章應改為五品銜准查臣部官冊
該員曾有五品銜案銜已無可復加應請改為
議叙所請改獎候補知縣後以同知前用之處
應毋庸議等因于同治十二年五月初四日具
奏奉
旨依議欽此欽遵在案應將改為議叙之候補知縣
補用同知周銳給予加一級等因具
題于同治十二年八月初三日奉
旨依議欽此

撫院楊　片
奏再 臣 奏保辦理中防翁汛石工出力人員案內
候補知縣胡鴻基請加同知銜嗣經吏部奏駁
當經查明覆奏奉
硃批吏部議奏欽此經部行查該員是否在黔報捐
應令詳細聲覆具奏並將該員原捐執照送部
以憑查驗再為核辦等因具奏奉
旨依議欽此欽遵到 臣 轉行遵照去後茲據塘工總
局司道具詳查胡鴻基捐升知縣委于同治拾
年玖月在黔局遵例報捐縣丞離任捐升知縣
仍留浙江以知縣歸候補班補用遵將原捐奉
給執照呈驗前來 臣 復查無異除將原捐執照
送部查驗外相應請
旨俯准將辦理中防翁汛石塘出力之候補知縣胡
鴻基壹員
賞加同知銜以示鼓勵謹附片具
奏伏乞
聖鑒施行謹
奏同治十二年七月廿八日奏八月廿五日奉
硃批吏部議奏欽此

吏部謹
奏為遵
旨議奏事內閣抄出浙江巡撫楊　片奏再臣奏
保辦理中防翁汛石塘出力人員案內候補知
縣胡鴻基請加同知銜嗣經吏部奏駁當經查
明覆奏欽奉
硃批吏部議奏欽此經部行查該員是否在黔報捐
應令詳細聲覆具奏並將該員原捐執照送部
以憑查驗再為核辦等因具奏奉
旨依議欽此欽遵到臣轉行遵照去後茲據塘工總
局司道具詳查胡鴻基捐升知縣委于同治拾
年玖月在黔局遵例報捐縣丞離任捐升知縣
仍留浙江以知縣歸候補班補用遵將原捐奉
給執照呈驗前來臣覆查無異除將原捐執照
送部查驗外相應請
旨俯准將辦理中防翁汛石工出力之候補知縣胡
鴻基壹員
賞加同知銜以示鼓勵等因同治十二年八月二十
五日奉
硃批吏部議奏欽此欽遵抄出到部查臣部奏定章
程內開勞績保舉人員如有捐升捐職總須經
戶部核准領有執照方准照所捐官階保奏並
於清單內註明何處報捐何日奉
旨臣部查與冊檔相符即照章分別核辦如查出勞
績保奏在先該員報捐官職奉
旨在後應即奏請撤銷毋庸另給獎勵等因在案查
前據該撫保奏辦理中防石塘出力案內聲叙
候補知縣胡鴻基請加同知銜等因同治拾壹
年八月二十二日軍機大臣奉
旨該部議奏單併發欽此當經臣部查該員前于辦
理兩防魚鱗條石等工出力案內由儘先縣丞
保奏請候補缺後以知縣用此次聲叙候補知
縣胡鴻基是否另有保案抑係遵例報捐應查
明覆奏再為辦理于十一年十月二十五日具
奏奉
旨依議欽此嗣據該撫奏稱該員係于同治拾年玖
月在黔省捐局遵例報捐縣丞離任並捐升知
縣仍留浙江以知縣歸候補班補用仍請加同
知銜經臣部行查戶部旋據戶部覆稱檢查貴
州捐輸總局收捐請獎案內並無該員之名是

否聲叙舛錯應飭令該員呈驗原捐執照斥送
過部以憑檢查等因查該員捐升知縣既無案
據所保同知銜臣部亦難辦理應令該撫查明
該員是否于同治拾年玖月在黔省報捐抑係
聲叙舛錯詳細聲覆具奏再為核辦並將該員
所領捐照送部以憑查核于十二年五月初四
日具奏奉
旨依議欽此欽遵行文知照各在案今據該撫奏稱
該員委係同治拾年玖月在黔局遵例報捐縣
丞離任捐陞知縣仍留浙江以知縣歸候補班
補用除將原捐執照送部查驗外請將該員加
同知銜等因欽奉
硃批交臣部議奏臣等查胡鴻基捐陞知縣有無核
准當即將該員原捐執照斥送行查戶部去後
茲於拾貳年拾月初三日覆稱胡鴻基由保舉
補缺後以知縣用浙江候補縣丞在湖南協黔
捐局捐銀請離縣丞任以知縣仍歸浙江補用
本年閏六月初五日據貴州巡撫咨報到部查
該員應赴京銅局捐免保舉及補交監生四成
實銀應俟補捐到日再行核辦等因查辦理中

防石塘出力原保係同治十一年八月二十二
日奉
旨核計保舉奉
旨在先該員捐案到部在後且戶部咨稱該員應捐
免保舉及補交監生四成實銀補捐到日再行
核辦所請由知縣保加同知銜核與定例不符
應奏明請
旨撤銷所有該撫奏請將該員保加同知銜之處應
毋庸議謹將臣等遵
旨議奏緣由繕摺具
奏伏乞
皇上聖鑒
訓示遵行謹
奏同治拾貳年拾月二十二日具奏奉
旨依議欽此

臣楊　　跪

奏為遵

旨酌保辦理東中兩防戴鎮二汛石塘坦埽等工尤為出力人員謹繕清單恭摺具

奏仰祈

聖鑒事竊臣前于奏報辦理東中兩防建修戴鎮二汛石塘小缺口及坦埽各工完竣日期摺內請將在事出力者酌保數員以示鼓勵欽奉

硃批着准其擇尤酌保毋許冒濫欽此欽遵轉行查照去後茲據塘工總局司道查明前項建復拆修石塘坦埽工竣以來歷經大汛塘身屹立穩固民舍田廬賴以保護足見在事人員經理認真悉心籌畫未使浸其微勞惟此案工段既長派委各員人數較多逐細酌核自應擇其實在尤為出力者分别給獎以昭激勸開摺呈請酌保前來臣維此案辦工各員時歷二年之久風雨櫛沐寒暑罔間即總局人員悉心稽核款項亦能節省均屬始終出力奮勉堪嘉除出力稍次之員由外給獎並擬保千總武職循例咨部核辦外謹將尤為出力各員繕具清單恭呈

御覽合無仰懇

天恩俯准獎勵以昭激勸謹會同閩浙總督臣李

恭摺具

奏伏乞

皇上聖鑒訓示謹

奏

謹將辦理東中兩防戴鎮二汛石塘小缺口及坦埽各工在事尤為出力人員擬給獎勵銜名繕具清單恭呈

御覽

計開

按察使銜杭嘉湖道何兆瀛候補知府孫尚紱署中防同知唐勛均請

交部從優議叙

按察使銜前先補用道唐樹森三品銜候補道戴槃均請

賞加二品頂戴

候補道吳文生請

賞加鹽運使銜

候補知府李審言李壽臻均請補缺後以道員

用
候補知府胡元潔張冕陳乃瀚吳世㶣均請
賞加道銜
知府銜直隸州知州借補海甯州知州靳芝亭
請開缺以知府補用
候補同知趙寶申請
賞加知府銜
候補知縣周兆蓉石家麟均請補缺後以同知
用
候補知縣陶惟埴請補缺後以同知升用
候補知縣胡鴻基請
賞加同知銜
候補通判羅振謀請
賞加五品銜
補用府經歷袁來保吳邦基楊其緯均請補缺
後以知縣補用
知縣用候補縣丞錢玉森請補缺後以知縣本
班先補用
候補縣丞程熙增金振聲錢氏鑑均請補缺後
以知縣升用

補用府經歷李式恩賴際堯候補縣丞馬維翰
均請補缺後以應升之缺升用
試用府經歷詹大章補用縣丞黄安海先用驛
丞周彤均請
賞加六品銜
試用從九品湯承霈補用巡檢袁鎮嵩均請
賞加布理問銜
試用從九品何聯芳龍騰霄吳廣熙候補典史
胡有燦姚以愍均請補缺後以縣主簿用
書吏選用從九品鈕福乾請
賞加六品銜
書吏從九銜韓宗琦請以從九品不論雙單月
選用
書吏高應椿請以未入流歸部選用
署海防營守備蔡興邦前海防營守備周金標
均請
吏部從優議敍
候補守備余隆順請補缺後以都司儘先補用
同治拾貳年十二月二十日奏十三年正月二
十一日奉

硃批該部議奏單併發欽此



吏部謹
奏為遵
旨議奏事內閣抄出浙江巡撫楊　等奏稱竊臣
前于奏報辦理東中兩防建修戴鎮二汛石塘
小缺口及坦埽等工完竣日期摺內請將在工
出力者酌保數員以示鼓勵欽奉
硃批着准其擇尤酌保毋許冒濫欽此欽遵轉行查
照去後茲據塘工總局司道查明前項建修石
塘坦埽工竣以來歷經大汛塘身屹立穩固民
舍田廬藉以保衛足徵在事人員認真經理實
心籌畫未便沒其微勞惟此案工段尤長派委
各員人數較增逐細酌核自應擇其實在尤為
出力者分別給獎以昭激勸繕摺呈請酌保前
來臣維此案在工各員時逾二年櫛風沐雨寒
暑無間即總局委員悉心稽核款項亦能節省
均皆始終出力奮勉可嘉謹將尤為出力人員
繕列清單恭呈
御覽合無仰懇
天恩俯准獎勵以昭激勸等因同治十三年正月二
十一日奉

硃批該部議奏單併發欽此欽遵抄出到部查臣部
奏定章程內載無論何項勞績在外從四品以
下各官均不得加本管上司銜等因在案今據
浙江巡撫楊　等保奏辦理東中兩防戴鎮
二汛石塘小缺口及坦埽等工出力各員列單
請奬欽奉
硃批交臣部議奏臣等查照單內各員按照定章悉
心酌覈其與例案合符者應請照准核與例案
不符者應請駁正謹具清單恭呈
御覽所有臣等遵
旨議奏緣由繕摺具
奏伏乞
皇上聖鑒
訓示遵行謹
奏

謹將浙江巡撫楊　等保奏辦理東中兩防
戴鎮二汛石塘小缺口及坦埽等工出力核與
例案合符應請照准核與例案不符應請駁正
各員繕寫清單恭呈
御覽

計開
按察使銜杭嘉湖道何兆瀛候補知府孫尚紱
署中防同知唐勛請均交部從優議敘
按察使銜前先補用道唐樹森三品銜候補道
戴槃請均加二品頂戴
候補道吳艾生請加鹽運使銜
候補知府李審言李壽臻請均候補缺後以道
員用
候補知府胡元潔張冕陳乃瀚請均加道銜
知府銜直隸州知州借補海甯州知州靳芝亭
請開缺以知府補用
候補同知趙寶中請加知府銜
候補知縣周兆蓉石家麟請均候補缺後以同
知用
候補知縣陶維埴請補缺後以同知升用
候補知縣胡鴻基請加同知銜
候補通判羅振謙請加五品銜
補用府經歷袁來保吳邦基請均候補缺後以
知縣補用
知縣用候補縣丞錢玉森請補缺後以知縣本

班先補用
候補縣丞程煦增金振聲錢氏鑑均請補缺後
以知縣升用
補用府經歷李式恩顏際堯候補縣丞馬維翰
均請補缺後以應升之缺升用
試用府經歷詹大章補用縣丞黃安海先用驛
丞周彬均請加六品銜
試用從九品湯承霈補用巡檢袁鎮嵩均請加
布理問銜
試用從九品何聯芳龍騰霄吳賡熙候補典史
胡有爔姚以慰均請補缺後以縣主簿用
書吏選用從九品鈕福乾請加六品銜
書吏從九品銜韓宗琦請以從九品不論雙單
月選用
書吏高應椿請以未入流歸部選用
以工四十員核與例案合符其羅振謀壹員
臣部官冊內係浙江籌餉試用通判于同治
十一年十月內丁憂該撫奏報石工完竣日
期摺內敘明此案工程自九年冬間興辦起
核計該員係屬丁憂以前著有微勞應請壹

併照准
候補知府吳世榮請加道銜
查照定例無論何項勞績在外從四品以下
各官均不得保舉加銜又在任候補升
階人員保舉加銜 臣部歷辦成案均照現在
實任官階核議今吳世榮 臣部官冊內係現
任浙江中防同知在任補用知府其現官係
屬同知所請加道銜乃同知本管工司之銜
照章應請改加四品銜惟該員曾經有以知
府補用先換頂戴之案銜已無可再加應請
改為議敘
補用府經歷楊其緯請補缺後以知縣補用
查該員係浙江籌餉試用府經歷于同治八
年十月初十日丁憂應扣至十一年正月初
十日服滿而該撫奏報石工等工完竣日期
摺內敘明自九年冬間開辦起東防石塘于十一年九月初十日完竣中防石塘于十二年三月三十日完竣第查此次保舉單
內並未聲明該員係於何年月日派辦塘工
所請獎勵 臣部礙難核議應令該撫查明覆
奏再行核辦

同治拾叁年四月十六日具奏奉
旨依議欽此

臣楊　跪
奏為遵
旨酌保辦理中東兩防翁尖二汛石塘坦埽等工尤
為出力人員謹繕清單恭摺奏祈
聖鑒事竊臣前于奏報辦理中東兩防翁尖二汛建
修石塘並坦水埽坦等工一律完竣日期摺內
請將在工出力各員擇尤酌保以示鼓勵欽奉
諭旨着准其擇尤酌保毋許冒濫欽此欽遵轉行查
照在案茲據塘工總局司道查明前項建修中
東兩防石塘柒百貳拾餘丈塊石頭二坦水貳
千捌百壹拾餘丈埽工埽坦叁百貳拾餘丈且
多臨水之工辦理情形與前建戴鎮二汛石塘
同一艱難而工段則增至壹千柒百餘丈自同
治十二年春間興辦起至十三年十二月工竣
為時未及兩年要工悉以告成而所用經費尚
多節省完竣之後歷經大汛塘身屹然穩固坦
埽亦足抵禦民舍田廬藉以保衛足徵在事人
員經理認真實心實力詢有微勞足錄惟此案
兩汛工段既長派委員弁人數較多逐細酌核
擇其實在尤為出力者擬請分別給獎以昭激

勸開摺呈請酌保前來臣維此案工長費鉅在事之員時歷二年風雨櫛沐寒暑罔懈實屬終始出力勤勉可嘉除將出力稍次者由外給獎並擬保千把武職循例咨部核辦外謹將尤爲出力各員繕列清單恭呈

御覽合無仰懇

天恩俯准獎勵以昭激勸謹會同閩浙總督臣李

恭摺具

奏伏乞

皇太后

皇上聖鑒訓示謹

奏

謹將辦理翁尖二汛石塘等工在事尤爲出力文武員弁酌擬獎勵敬具清單恭呈

御覽

計開

督辦塘工總局署理浙江按察使司按察使銜杭嘉湖道何兆瀛鹽運使銜候補道吳艾生會辦局務派驗椿木按察使銜候補道惲祖貽均擬請

賞加二品頂戴候補知府胡元潔吳世榮張寬均擬請補缺後以道員用道員用候補知府黎錦翰陳璚均擬請俟歸道班後加二品頂戴候補知府靳芝亭李審言均擬請

賞加三品銜試用知府蕭書擬請補缺後以道員升用分先同知鄭桂生擬請補缺後以知府用先換頂戴候補同知趙賓申擬請補缺後以知府補用候補同知王讚鈞擬請

賞加四品銜同知用候補知縣周兆蓉石家麟均擬請以同知儘先補用試用班先知縣廖士斌擬請補缺後以同知補用候補知縣胡鴻基袁來保先用縣丞徐宗翰均擬請

交部從優議敘候補同知唐勛前嘉善縣知縣王景彝西路場鹽大使鄒蘭生均擬請

交部議敘試用府經歷楊其緯擬請補缺後以知縣補用試用府經歷陳樹霖李式恩賴際堯候補縣丞錢氏鑑潘浚戴爔陳壽馬維翰程熙增均擬請補缺後以知縣升用補用知縣試用府經歷程仕鎔擬請俟歸知縣班後加同知銜先用府經歷周述梅試用府經歷詹大章任步蟾候

補縣丞王恩彤試用府照磨吳喜孫試用典史
陶錫珪均擬請補缺後以應陞之缺升用侯補
縣主簿龍騰霄擬請補缺後以府經歷用侯補
縣主簿吳賡熙擬請補缺後以縣丞用試用按
經歷程恩謨擬請
賞加五品銜侯補縣主簿何騏芳擬請
賞加州同銜侯補巡檢馮正焜吳嗣曾從九品周彭
慶翟昇榮未入流傅萬唐良棣驛丞鄭汝梅均
擬請
主簿用書吏沈承福擬請以從九未入不論雙
單月儘先選用鈕福乾擬請以從九品不論雙
單月選用高應椿擬請以未入流不論雙單月
選用王文臻擬請以從九未入雙月選用署海
防營守備蔡興邦前海防營守備周金標均擬
請
交部從優議叙署念汛千總沈裕增署尖汛把總朱
建英均擬請
賞加五品銜
又另片

奏再辦理塘工最要在於能節經費而又工料堅
實力除積弊而又蕆事迅速苟非精明練幹守
爲兼優之員綜理其事不克臻此茲查二品頂
戴侯補道戴槃督辦中東兩防石塘並
海神廟工均能不辭勞瘁認真經理尤能破除情
面稽察嚴明實爲難得之員似應優予獎勵以
昭激勸合無仰懇
天恩俯准將二品頂戴侯補道戴槃壹員
賞加布政使銜以示鼓勵謹會同閩浙督臣李
附片陳請伏乞
聖鑒
訓示謹
奏光緒貳年三月初七日具奏四月初六日軍機
大臣奉
旨該部議奏單片併發欽此

光緒貳年六月十一日准
吏部咨爲遵
旨議奏事内閣抄出浙江巡撫楊　等奏稱竊臣前于奏報辦理中東兩防翁汛二汛建修石塘並坦水埽坦等工完竣日期摺内請將在事出力各員擇尤酌保以示鼓勵欽奉
諭旨著准其擇尤酌保毋許冒濫欽此欽遵轉飭行查在案茲據塘工總局司道查明前項建修中東兩防石塘辦理情形與前建戴鎮二汛石塘同一艱難自同治十二年春間興辦起至十三年十二月工竣爲時未及兩年要工悉以告成而所用經費尚多節省完竣以後歷經大汛塘身屹然穩固坦埽亦足抵禦民舍田廬賴資保護足徵在事各員經理認真實心實力洵有微勞足録惟此案兩汛工段既長派委員弁人數較多逐細酌核擇其實在尤爲出力者擬請分別給獎開摺呈請酌保前來臣維此案工長費鉅在工之員時歷二年櫛風沐雨寒暑無間實屬始終出力勤勉堪嘉謹將尤爲出力人員繕具清單恭呈
御覽合無仰懇
天恩俯准獎勵以昭激勸等因光緒貳年四月初六日軍機大臣奉
旨該部議奏單片併發欽此欽遵抄出到部除武職人員應由兵部辦理外查臣部奏定章程内載一切隨營糧臺文案籌辦防剿各項勞績概不准越級保陞及免補免選並歸候補班補用又無論何項勞績三四品各官加銜不得逾二品七品各官加銜不得逾五品八品以下各官加銜不得逾六品在外從四品以下各官均不得加本管上司銜如請加銜有逾限制者即照限制改給應得之銜銜已無可再加即改爲議敘又議覆御史袁承業條奏章程内開嗣後除軍務出力仍照舊分別核辦海運及黄河永定河堵築修防各工各河堵築決口修築海塘江塘亦照舊核辦其餘各項尋常勞績如保獎別項則仍照舊辦理如有請陞官階者實缺人員准保以應升之缺升用未得缺人員准保得缺後以應升之缺升用概不准指定以何項官階補用陞用等因各在案今據浙江巡撫楊　等

保奏辦理中東兩防翁尖二汛石塘等工出力
各員請奬欽奉
諭旨該部議奏臣等查照章内各員按照定章悉心
核議其與例案相符者應請照准核與例案不
符者應請駁正謹特另繕清單恭呈
御覽又據片奏二品頂戴候補道戴槃督辦中東兩
防石塘不辭勞瘁辦事認真尤能破除情面稽
察嚴明實爲難得之員似應優予奬叙合無仰
懇
天恩俯准將二品頂戴候補道戴槃一員
賞加布政使銜等因臣等查辦理塘工出力係屬尋
常勞績該員由二品頂戴候補道請加布政使
銜核與定例相符應請照准再此案該撫係于
光緒貳年三月初七日出奏核計在未接到臣
部三月初一日議復御史袁承業條奏保舉定
章部文之先是以仍照舊章辦理謹將臣等遵
旨議奏緣由繕摺具
奏伏乞
皇上聖鑑
訓示遵行謹

奏
謹將浙江巡撫保奏辦理中東兩防翁尖二汛
石塘坦埽等工出力請奬核與例案相符應請
照准核與例案不符應請駁正各員敬具清單
恭呈
御覽
計開
署浙江按察使司按察使銜杭嘉湖道何兆瀛
鹽運使銜候補道吴艾生按察使銜候補道惲
祖貽三員均請加二品頂戴
候補知府胡元潔張冕吴世榮三員均請補缺
後以道員用
候補知府靳芝亭李審言二員均請加三品銜
試用知府蕭書請補缺後以道員升用
分先同知鄭桂生請補缺後以知府用先换頂
戴
候補同知趙賓申請補缺後以知府補用
候補同知王讚鈞請加四品銜
試用班先知縣廖士斌請補缺後以同知補用
候補知縣胡鴻基袁來保先用縣丞徐宗翰三

員均請交部從優議敘
候補同知唐勛前嘉善縣知縣王景彝西路場
鹽大使鄒蘭生三員均請交部議敘
試用府經歷楊其緯請補缺後以知縣補用
試用府經歷陳樹霖李式恩賴際堯戴爔陳燾
馮維翰六員均請補缺後以知縣升用
先用府經歷周述梅試用府經歷詹大章任步
蟾試用府照磨吳喜孫候補縣丞王恩彤試用
典史陶錫珪六員均請補缺後以應升之缺升
用
候補縣主簿龍騰霄請補缺後以府經歷用
候補縣主簿吳廣熙請補缺後以縣丞用
試用按經歷程恩謨請加五品銜
候補縣主簿何聯芳請加州同銜
候補巡檢馮正焜吳嗣曾從九品周彭慶瞿昇
滎未入流傅萬唐良棣驛丞鄭汝梅七員均請
加六品銜
補用從九品湯承霈請補缺後以縣主簿用
書吏沈承福請以從九品未入流不論雙單月
儘先選用

書吏鈕福乾請以從九品不論雙單月選用
書吏高應椿請以未入流不論雙單月選用
書吏王文臻請以從九品未入流雙月選用
以工四十八員核與例案相符內馮正焜　臣
部官冊內係浙江候補巡檢于同治十三年五月十六日聞
訃丁之憂父唐良棣係浙江試用典史于同治十三年四月
二十九日聞訃丁母之憂該撫等原奏內稱塘工自同治
十二年春間興辦起核計該二員係屬丁憂
以前著有微勞應請壹併照准
道員用候補知府黎錦翰陳璐二員均請候歸
道班後加二品頂戴
補用知縣試用府經歷程仕鎔請候歸知縣班
後加同知銜
查照定章無論何項勞績三四品各官加銜
不得逾二品七品各官加銜不得逾五品八
品以下各官加銜不得逾六品在外從四品
以下各官均不得加本管工司銜如請加銜
有逾限制者即照限制改給應得之銜銜已
無可再加即改為議敘又在任候補陞階人
員係請加銜　臣部歷辦成案均照現在寔任

官階核議今黎錦翰陳璚均由浙江候補知府保舉補缺後以道員用補知府後應以道員在任候補是歸道員班後其現官仍係知府所請候歸道班後加二品頂戴應請改爲候補道員後准加二品頂戴程仕鎔由浙江試用府經歷保舉補缺後以知縣用補府經歷後應以知縣在任候補是歸知縣班後其現官仍係府經歷所請候歸知縣班後加同知銜核與例章不符應改爲請加六品銜再陳璚係于同治十二年十一月十一日閏訃丁父憂該撫等原奏内稱塘工自同治十二年春時興辦起核計該員係屬丁憂以前著有勞績是以准其予保合併陳明

同知用候補知縣周兆蓉石家麟二員均請以同知儘先補用

查照定章壹切隨營報效文案籌辦防剿各項勞績概不准越級保陞及免補免選並歸候補班補用今該二員均由浙江補缺後以同知用候補知縣請以同知儘先補用即係保舉免補本班核與例案不符若駁後補缺後以應陞之缺升用該員等均已得有同知用升案應令另核奏明請獎

候補縣丞錢氏鑑程熙增二員均請補缺後以知縣陞用

查該二員前于同治十三年該撫保奏辦理石塘等工出力請獎案內均由候補縣丞請補缺後以知縣陞用經臣部奏准行文知照在案此次該撫將該二員仍請補缺後以知縣升用核計係屬重複應令另核奏明請獎再程熙增前次塘工出力請獎案內係程熙曾此次清單内係程熙增因何歧誤並令併爲查明覆奏

候補縣丞潘浚請補缺後以知縣升用

查該員係浙江新班遇缺縣丞于同治十一年二月二十二日丁母憂應扣至十三年五月二十二日服滿該撫等原奏內稱塘工自同治十二年春時啟辦起至十三年十二月工竣並未叙明該員係於何年月日派辦塘工所請獎勵臣部礙難核議應令查明覆奏再行核辦

光緒二年閏五月十六日覆奏奉

旨依議欽此



臣梅 跪

奏為遵

旨彙案酌保辦理東防念汛大口門東西兩頭暨中段初限石塘等工尤為出力各員弁謹繕清單

恭摺奏

聞仰祈

聖鑒事竊查前次辦成東防念汛東西兩頭石塘埽坦等工一案在事出力各員經前撫臣楊陳明擬俟該汛大口門初限工程完竣再行請

旨彙案酌保嗣經臣於初限工程完竣摺內請將在工出力者擇尤酌保以示鼓勵欽奉

諭旨着准其擇尤酌保毋許冒濫欽此欽遵轉行查照在案茲據塘工總局司道會同查明前次東防念汛東西兩頭脩建石塘七百餘丈埽工埽坦坦水九百餘丈自同治十三年九月興辦起至光緒二年二月完工旋即集料鳩工于六月間接辦中段初限石塘六百二十丈又提前辦竣柴壩二十餘丈至光緒三年四月完竣以上各工脩辦情形與前次翁汛二汛之工同一艱難而石塘工段較長時歷兩年有餘得以次第

告成在事各員均能寔心寔力寒暑無間認真經理所用經費亦尚核寔無浮完竣以來歷經大汛塘身屹然穩固足資捍禦民舍田廬賴以保衛洵有微勞足録由該局司道等會同酌核擇其尤爲出力者彙案開摺呈請酌保前來臣查此次辦理東防念汛大口門東西兩頭暨中段初限石塘兩案大工費鉅工長在工各員時歷二年有餘櫛風沐雨寒暑無間實屬始終出力勤奮可嘉除出力稍次者由外給奬並擬保千把總武職循例咨部核辦外謹將尤爲出力各員彙案繕具清單恭呈

御覽合無仰懇

天恩俯准奬勵以昭激勸謹會同閩浙督臣何　恭摺具陳伏乞

皇太后

皇上聖鑒訓示謹

奏

謹將辦理念汛東西兩頭暨中段初限并海鹽縣境石塘等工在事尤爲出力文武員弁酌擬奬勵繕列清單恭呈

御覽

計　開

升任兩廣運司前杭防道何兆瀛請交部從優議敘

二品頂戴候補道吳文生請

賞給三代二品

封典

運使銜候補道秦緗業請

賞加二品頂戴

補用道儘先補用知府胡元潔補用道候補知府吳世榮張晃蕭書候補知府林祖述均請加三品銜

三品銜補用道候補知府李審言請俟歸道班後加二品頂戴

補用道候補知府陳璚請加隨帶三級

候補知府鄒仁溥請俟補缺後以道員前先補用

候補知府署東防同知靳芝亭請補缺後以道員補用

補用知府候補同知鄭桂生請俟得知府離同

知後加三品銜
俟補同知汪元昌請補缺後以知府升用
試用同知戴啟文請補缺後以知府補用
同知周兆棨請俟補缺後以知府用
補用同知仁和縣知縣邢守道請得同知後以
知府用
補用同知儘先補用知縣廖士斌請俟過同知
班後以知府用
補用同知俟補知縣石家麟請加隨帶三級
俟補知縣胡鴻基袁來保請俟補缺後以同知
補用
書吏姚寶善請以從九未入不論雙單月儘先
選用
從九品書吏鈕福乾請分發省分
前先補用選用未入流書吏高應椿請加六品
銜
署海防營守備蔡興邦請加三品銜
准補千總端木啟順請以守備補用
光緒四年七月二十四日奏八月十九日軍機
大臣奉
旨該部議奏單併發欽此

海塘新案

工段丈尺 附保固限期

第一案辦竣

西防埽工六百六十七丈八尺 例定保固二年

致字號二十丈必字號西十六丈 同治五年四月十五日完工同知葛利賓守俻何國楨保固

必字號東四丈 四年十一月十四日完工同知黎錦翰守俻何保固

過知良才效五號各二十丈 仝上

男烈二號各二十丈 五年七月初十日完工同知葛守俻何保固

貞字號二十丈 四年十一月十四日完工同知黎守俻何保固

慕女敢三號各二十丈 四年六月十七日完工同知潘紹宸守俻何保固

豈養二號各二十丈 四年十一月十四日完工同知黎守俻何保固

鞠字號二十丈 五年七月初十日完工同知葛守俻何保固

惟恭常五大五號各二十丈 四年六月十七日完工同知潘守俻何保固

四字號西三丈 五年四月二十一日完工同知葛守俻何保固

此蓋二號各二十丈 四年十二月二十一日完工同知黎守俻何保固

場字號東九丈食字號西十丈 五年四月二十日完工同知葛守俻何保固

駒字號東一丈

白字號西十六丈 四年十二月十四日完工同知黎守俻何保固

首字號二十丈 六年二月初六日完工同知潘守俻何保固

黎字號東十二丈四尺育字號西九丈一尺 四年八月二十四日完工同知黎守俻何保固

垂字號東六丈道字號二十丈 六年二月初六日完工同知潘守俻何保固

薑字號東三丈芥重菜柰李五號各二十丈珍字號西一丈 四年十一月二十八日完工同知黎守俻何保固

埽坦四十丈 例限保固乙年

致雨二號各二十丈 六年正月初十日完工同知潘守俻何保固

柴埧七百三十五丈五尺 例限保固二年

萬字號東七丈及賴木草被五號各二十丈化字號西十八丈 四年十二月十三日完工同知黎守俻何保固

食字號東八丈駒字號西十九丈 五年七月十二日完工同知葛守俻何保固

竹在二號各二十丈鳳字號西五丈 四年十二月十三日完工同知黎守俻何保固

黎字號東十二丈四尺育字號西九丈一尺 四年八月二十四日完工同知黎守俻何保固

人字號東十三丈五尺官鳥火號各二十丈 四年十一月二十九日完工同知黎守俻何保固

師翔潛淡鹹各二十丈薑字號二十三丈 五年三月初十日完工同知黎守俻何保固

李字號東七丈五尺珍字號西十六丈五尺 四年六月二十日完工同知潘守俻何保固

生字號十八丈五尺金字號十六丈五尺 四年七月二十

七日完工同知潘守偹何保固律字號東一丈五尺歲字
號二十丈五年七月初三日完工同知萬守偹何保固咸餘閏
藏冬收秋往著來十號各二十丈五年十月初一日完工同知潘守偹何保固致雨二號各二十丈五年十月二十六日完工同知潘守偹何保固
裹頭八十二丈例限保固二年
身比蓋方萬等五號計八十二丈內七十丈五年四月二十一日完工同知萬守偹何保固十二丈四年十二月二十一日完工同知黎守偹何保固
盤頭一座例限保固二年

律歲字號一座六年五月初二日完工同知潘守偹何保固
鑲柴二百三十四丈四尺
草塘一百五十二丈
附土二百十七丈七尺
行路一千四百丈
橫塡十七丈五尺以工五項例無保固
中防柴垻一千八百二十丈一尺例限保固二年
大龍頭五十五丈五年十月二十六日完工同知吳世榮守偹何保固
前工在西塘雨字號迤東中塘露字號迤
西題銷後併同後列露字等號增長柴垻

五十七丈共計工長一百十二丈咨明工
部新列虹堤永慶安瀾六號內虹堤永慶
四號各二十丈安字號十六丈歸於西防
管轄其瀾字號十六丈歸於中防管轄並
于該龍頭前後加築柁垻各五十五丈
露結為霜金生麗玉出崑岡劍號巨闕珠稱夜
光果珍李柰菜重芥薑鹹淡鮮三十號各二十
丈潛字號西十四丈共計缺口六百十四丈繞
築柴垻六百七十一丈內西段四百十五丈五年十月二十六日完工同知吳守偹何保固東段二百五十六丈六年三月二十四日完工同知梁鎔樹守偹何保固

前工除缺口原基六百十四丈之外計增
長柴垻五十七丈題銷後併同前列大龍
頭柴垻五十五丈新列字號分別管轄
龍字號東十八丈四年二月二十日完工同知吳守偹何保固
師字號東五丈火字號二十丈第字號西十七
丈五年十月二十二日完工同知吳守偹何保固始字號二十三
丈四年三月二十一日完工同知吳守偹何保固文字號東十四
丈字字號二十丈乃字號西五丈同上乃字號十
七丈四年九月初五日完工同知吳守偹何保固虞字號東八

丈陶唐二號各二十丈民字號西四丈四年四月二十二日完工同知吳守倫何保固湯字號東十六丈四年四月二十一日完工同知吳守倫何保固愛字號東十丈三尺育字號西十丈黎字號二十丈首字號西七丈四年六月初十日完工同知吳守倫何保固賓字號二十七丈四年五月二十一日完工同知吳守倫何保固鳳字號東六丈在字號西十八丈同上及字號二十三丈四年八月二十三日完工同知吳守倫何保固萬字號二十丈同上方字號十一丈蓋字號九丈四年十月二十六日完工同知吳守倫何保固大字號二十丈五字號二十丈六年七月初二日完工同知蕭書守倫何保固常恭兩號二十七丈六年七月初三日完工同知蕭守倫何保固鞠養二號各二十丈六年七月初二日完工同知蕭守倫何保固烈字號東九丈男字號二十丈六年六月十三日完工同知梁守倫何保固效字號二十九丈同上良字號東二丈知過必三號各二十丈改字號西十一丈六年七月初三日完工同知蕭守倫何保固莫字號東十丈七尺忘字號西十一丈五尺六年六月十一日完工同知梁守倫何保固罔字號東十六丈八尺六年七月初三日完工同知蕭守倫何保固短字號二十丈靡字號西六丈七尺六年七月初一日完工同知蕭守倫何保固靡字號東三丈五尺恃

字號西十三丈六年七月初三日完工同知蕭守倫何保固己字號東十四丈長信二號各二十丈六年七月初一日完工同知蕭守倫何保固欲字號二十丈難字號西六丈五尺六年四月二十八日完工同知梁守倫何保固難字號東五丈五尺量字號西十七丈六年四月二十六日完工同知梁守倫何保固絲字號東十九丈染字號西九丈八尺六年六月十一日完工同知梁守倫何保固染字號東四丈詩字號二十丈六年七月初二日完工同知蕭守倫何保固讚字號二十五丈同上景字號十八丈行維二號各二十丈賢字號十三丈六年七月二十一日完工同知吳守倫何保固克字號東十二丈念作二號各二十丈六年四月二十六日完工同知梁守倫何保固勝字號二十四丈同上名立兩號二十六丈五尺六年七月初二日完工同知蕭守倫何保固形端兩號三十丈六年三月二十六日完工同知梁守倫何保固正谷兩號二十一丈三尺六年六月十三日完工同知梁守倫何保固

埽坦一百九十九丈例限保固二年

露結二號各二十丈六年正月初十日完工同知胡賓晉守倫何保固潛字號東五丈翼翔二號各二十丈龍字號西五丈五年十二月初十日完工同知吳守倫何保固鳥官人皇

四號各二十丈始字號四丈六年正月二十九日完工同知胡守備何保固壹字號二十丈體字號五丈六年二月十三日完工同知胡守備何保固柴工三十丈例限保固二年

體字號十五丈率字號十五丈五年十二月初十日完工同知吳守備何保固

鑲柴二百四丈八尺

坿土七百五十八丈

橫塘一百六十七丈以上三項例無保固

---

第二案辦竣

海甯繞城建復十八層魚鱗石塘一百八十丈四尺

例限保固十年

康字號東七丈六年十二月初三日完工同知梁守備何保固靜字號中六丈六年十月初七日完工同知梁守備何保固守字號東八丈六年八月初八日完工同知梁守備何保固滿字號中七丈東二丈逐字號西四丈六年九月二十二日完工同知梁守備何保固意字號東一丈移字號西中十四丈六年八月三十日完工同知梁守備何保固好字號中六丈五年十一月二十七日完工同知孫欽若守備何保固爵字號中四丈六年九月二十七日完工同知梁守備何保固自字號中七丈都字號西五丈六年三月初六日完工同知孫守備何保固邑字號中九丈華字號西二丈六年九月初一日完工同知梁守備何保固華字號東五丈夏字號西二丈六尺六年四月初七日完工同知孫守備何保固二字號中三丈六年四月二十八日完工同知孫守備何保固京字號中四丈八尺五年十二月初二日完工同知孫守備何保固背字號中十一丈六年八月三十日完工同知梁守備何保固

拆脩十八層魚鱗石塘一百四十三丈五尺

例限保固四年

泲字號二十丈六年十二月初三日完工同知梁守倫何保固性字號東三丈六年十月二十六日完工同知梁守倫何保固靜字號中二丈六年十月初七日完工同知梁守倫何保固心字號西一丈動字號東九丈六年十月二十七日完工同知梁守倫何保固守字號中二丈志字號西一丈六年八月初八日完工同知梁守倫何保固志字號中東西十八丈滿字號西六丈中五丈逐字號西一丈五尺六年九月二十二日完工同知梁守倫何保固意字號東一丈五尺移字號東二丈六年八月三十日完工同知梁守倫何保固好字號中一丈五年十一月二十七日完工同知孫守倫何保固爵字號西二丈中二丈五尺六年九月二十七日完工同知梁守倫何保固自字號東九丈都字號西二丈中七丈六年三月初六日完工同知孫守倫何保固邑字號西三丈東六丈華字號西三丈中二丈六年九月初一日完工同知梁守倫何保固夏字號中六丈六年四月初七日完工同知孫守倫何保固二字號中六丈六年四月二十八日完工同知孫守倫何保固京字號東五丈六年三月十二日完工同知孫守倫何保固背字號西二丈東七丈邙字號西八丈六年八月三十日完工同知梁守倫何保固

接縫十八層魚鱗石塘十丈五尺例限四年保固

性字號二丈六年十月二十六日完工同知梁守倫何保固靜字號五丈六年十月初七日完工同知梁守倫何保固心字號一丈動字號一丈六年十月二十七日完工同知梁守倫何保固守字號五丈志字號一丈六年八月初八日完工同知梁守倫何保固逐字號五丈六年九月二十二日完工同知梁守倫何保固意字號五丈移字號五丈六年八月三十日完工同知梁守倫何保固好字號五丈五年十一月二十七日完工同知孫守倫何保固爵字號一丈六年九月二十七日完工同知梁守倫何保固自字號五丈六年三月初六日完工同知孫守倫何保固二字號五丈六年四月二十八日完工同知孫守倫何保固京字號五丈六年三月十二日完工同知孫守倫何保固

補高魚鱗石塘四十七丈六尺例定保固四年

都字號東二丈四尺補高三層六年三月初六日完工同知孫守倫何保固邑字號西二丈補高三層六年九月初一日完工同知梁守倫何保固東字號東七丈補高五層五年十一月初六日完工同知孫守倫何保固西字號西四丈補高六層東十一丈補高十二層六年四月二十八日完工同知孫守倫何保固二字號西九丈五尺補高十三層東一丈五尺補高二層同上京字號西十丈二尺補高六層五年十二月初二日完工同知孫守倫何保固

頭坦六百八十八丈八尺　例定保固四年
康字號八丈八尺性靜情逸心動神守志滿逐
物意移堅持雅操十八號各二十丈好字號西
八丈都字號東十六丈邑華夏東西二京背邙
面洛渭據涇十四號各二十丈殿字號東十六
丈七年三月初五日完工同知梁守備何保固
二坦二百三十六丈八尺　例定保固四年
康字號八丈八尺性字號西十丈動神二號各
二十丈逐字號東十丈物意移堅持雅操七號
各二十丈好字號西八丈涇字號二十丈七年三月
初五日完工同知梁守備何保固
竹簍四百五十二丈　例限保固五月
性字號東十丈靜情逸心守志滿七號各二十
丈、逐字號西十丈都字號東十六丈邑華夏東
西二京背邙面洛渭據十三號各二十丈殿字
號十六丈七年三月初五日完工同知梁守備何保固
石堵三十九丈二尺　例限保固四年
康字號中七丈二尺七年三月初五日完工同知梁守備何保
固好字號東十二丈爵字號二十丈六年九月二十七日
完工同知梁守備何保固

柴盤頭三座　例限保固二年
康字號東四丈沛字號二十丈一座七年二月十九日完
工同知梁守備何保固自字號二十丈都字號西四
丈一座六年四月十二日完工同知孫守備何保固宮字號二
十丈殿字號西四丈一座六年四月二十五日完工同知孫守
備何保固
土堰二百九十七丈五尺　例無保固

第三案辦竣

東防柴壩三千一百七十九丈七尺四寸 例限保
固二年
孝字號中十二丈忠字號東一丈則字號西九
同治七年三月二十日完工同知梁守倫何保周 命字號東十
一丈五尺臨字號西四丈五尺 五年三月十九日完工同知孫
守倫何保周 如字號東二丈松字號西十丈 五年
四月十三日完工同知孫守倫何保周 川字號東二丈流字
號西八丈 五年九月初二日完工同知孫守倫何保周 流字號
中東七丈不字號西五丈次東七丈 五年九月初二日完
工同知孫守倫何保周 息字號西五丈 七年三月二十日完工同
知梁守倫何保周 息字號東十六丈 五年九月初二日完工同
知孫守倫何保周 澄字號東六丈取字號西十七
丈 五年八月十六日完工同知孫守倫何保周 終字號西十丈
五年九月初三日完工同知孫守倫何保周 仕字號中五丈 七年
八月初五日完工同知梁守倫何保周 從字號次東五丈政
字號東三丈存字號西七丈 五年八月初九日完工同知孫
守倫何保周 存字號中五丈以字號次東四丈五
尺甘字號中四丈五尺 七年二月十三日完工同知梁守倫何
保周 甘字號東八丈崇字號西十丈 五年六月十六日完

工同知孫守倫何保周 益字號東六丈五尺詠字號
西三丈五尺 五年五月初四日完工同知孫守倫何保周 別字
號西九丈 五年五月十六日完工同知孫守倫何保周 阜字號
東三丈上字號西二丈 五年八月十六日完工同知孫守倫何
保周 工字號次西六丈 七年八月初五日完工同知梁守倫何
保周 上字號東一丈和字號西四丈 五年八月十六日完
工同知孫守倫何保周 唱字號中八丈 五年六月二十四日完工
同知孫守倫何保周 次字號次東二丈 七年三月初九日完工同
知梁守倫何保周 次字號東三丈弗字號西十丈
五年七月二十八日完工同知孫守倫何保周 廉字號東十三丈
沛字號二十丈 五年九月初三日完工同知孫守倫何保周 靜
字號西中十五丈 五年七月二十日完工同知孫守倫何保周
守志兩號十六丈滿逐兩號二十七丈意移兩
號二十六丈好字號中十二丈 四年六月十三日完工同知孫
守倫何保周 爵字號中十六丈 五年六月初一日完工同知孫
守倫何保周 自字號西七丈 四年六月初二日完工同知孫
守倫何保周 自都兩號二十八丈邑字號二十丈
華夏兩號二十八丈東字號十三丈西二京背
四號各二十丈卭字號西十丈 四年六月十三日完工同知孫
守倫何保周 圖字號西十丈 六年正月十九日完工同知孫

海防守倫何保固圖字號中二丈七年三月初九日完工同知孫守倫何保固甲字號東十丈帳字號西四丈六年正月十九日完工同知孫守倫何保固對字號二十丈七年十一月二十一日完工同知梁守倫何保固筵字號中三丈六年正月十九日完工同知孫守倫何保固設字號中十丈五年七月十二日完工同知孫守倫何保固設字號一丈六年八月三十日完工同知梁守倫何保固瑟字號西三丈六年九月十一日完工同知梁守倫何保固瑟字號東十三丈吹字號西七丈五年七月初四日完工同知孫守倫何保固階字號東十二丈納字號西四丈疑字號次東五丈右字號西二丈

六年正月十九日完工同知孫守倫何保固廣字號東十丈內字號西十五丈五年十二月初四日完工同知孫守倫何保固內字號東一丈五尺六年九月十九日完工同知梁守倫何保固明字號東十五丈既字號二十丈五年十月初九日完工同知梁守倫何保固典字號東七丈二尺四寸亦字號二十丈聚字號西三丈七尺六寸五年十一月初二月完工同知孫守倫何保固聚字號中二尺四寸六年十月二十四日完工同知梁守倫何保固聚字號東十六丈五年十二月二十八日完工同知孫守倫何保固輦字號西十六丈東二丈英字號西十二丈仝上稾字號次西三丈七年九月十九

日完工同知梁守倫何保固稾字號中十三丈鍾字號東二丈隸字號二十丈漆字號西一丈五年十二月二十八月完工同知孫守倫何保固漆字號東十二丈書字號二十丈五年十二月二十九日完工同知孫守倫何保固經字號二十丈府字號西十三丈五年三月初六日完工同知孫守倫何保固將字號西十丈五年二月初八日完工同知孫守倫何保固將字號東十五丈相字號二十丈路字號西五丈四年五月初六日完工同知孫守倫何保固戶字號東三丈封字號西六丈五年七月二十九日完工同知孫守倫何保固給字號東十一丈五尺千字號二十丈兵

字號西八丈五尺五年九月二十五日完工同知孫守倫何保固冠字號東二丈陪輦二號各二十丈驅字號西十八丈六年二月二十日完工同知孫守倫何保固轂字號東十三丈振字號二十丈纓字號西十三丈東六丈世字號二十丈六年三月十九日完工同知孫守倫何保固駕字號東六丈肥字號東一丈輕字號二十丈策字號西七丈六年四月初三日完工同知孫守倫何保固策字號東一丈功茂二號各二十丈實字號西十丈六年四月二十二日完工同知孫守倫何保固實字號東十丈勒碑二號各二十丈刻字號西二丈六年五月初四日完

工同知孫守俻何保固銘字號東十八丈磻字號西
十四丈六年五月二十三日完工同知孫守俻何保固磻字號東
六丈溪伊尹佐時阿六號各二十丈衡字號西
八丈六年十一月二十九日完工同知梁守俻何保固衡字號東
十二丈奄宅二號各二十丈曲字號西十六丈
六年十二月二十七日完工同知梁守俻何保固阜字號東十四
丈微旦孰營四號各二十丈七年正月二十九日完工同知梁
守俻何保固桓公匡三號各二十丈七年三月十八日完工同
知梁守俻何保固濟扶綺廻漢五號各二十丈七年
閏四月十二日完工同知梁守俻何保固惠說感武丁俊乂密
勿多十號各二十丈七年七月初二日完工同知梁守俻何保
固士甯晉楚更五號各二十丈七年十月初十日完工同知梁
守俻何保固霸趙魏橫假途虢踐土會盟何遵
約法韓煩型起翦頗牧二十二號各二十丈軍
字號東十六丈最字號十二丈精宣威三號各
二十丈沙字號西十五丈馳字號東二丈譽丹
青九四號各二十丈州字號九丈禹跡百郡秦
并嶽宗八號各二十丈泰字號西五丈七年十一月二
十一日完工同知梁守俻何保固泰字號次東十四丈亭
字號東九丈雁字號二十丈門字號西十四丈

五年十二月初三日完工同知孫守俻何保固紫字號東五丈塞
字號二十丈雞字號西十二丈五年十一月初二日完工同知
孫守俻何保固池字號東十三丈碣字號西八丈
六年九月二十七日完工同知梁守俻何保固石字號東三丈鉅
字號二十丈野字號西十丈曠字號東十五丈
遠字號西九丈六年九月二十九日完工同知梁守俻何保固邈
字號東十五丈巖字號二十丈六年十月二十三日完工同知
梁守俻何保固於字號東七丈農字號西三丈七年
八月二十日完工同知梁守俻何保固茲字號中十一丈南
字號東五丈畝字號西八丈六年九月二十九日完工同知梁
守俻何保固新字號中十二丈六年十一月十九日完工同知梁
守俻何保固勸字號東十四丈賞字號西十四丈
六年九月二十九日完工同知梁守俻何保固省字號中東十三
丈躬字號西八丈六年十一月十九日完工同知梁守俻何保固
柴盤頭一座例限保固二年
用字號二十丈軍字號西四丈一座七年十一月二十一
日完工同知梁銘樹守俻何國楨保固
鑲柴六百九十五丈
附土二千九百三十五丈
土埝九十九丈

橫塘一百二十六丈

子塘一百九十八丈以上五項例無保限

中防埽坦一千八百五十二丈例限保固壹年

師字號西十五丈七年七月二十五日完工同知稭調元守脩何保固

制字號二十丈文字號西八丈七年九月初十日完工同知稭守脩何保固

乃字號東七丈服衣裳推位五號各二十丈讓字號西十丈七年十二月十二日完工同知王彬守脩何保固

讓字號東十丈國字號二十丈有字號西三丈五尺七年七月二十五日完工同知稭守脩何保固

有字號東十六丈五尺虞字號西十五丈七年五月十四日完工同知稭守脩何保固

唐字號東五丈民周發三號各二十丈商字號西五丈五尺七年十二月十二日完工同知王守脩何保固

商字號東十四丈五尺湯字號西九丈七年八月十二日完工同知稭守脩何保固

坐字號二十丈朝字號西八丈七年九月二十七日完工同知稭守脩何保固

朝字號東十二丈問字號西十二丈七年九月初十日完工同知稭守脩何保固

問字號東八丈道字號二十丈七年七月二十七日完工同知稭守脩何保固

垂字號二十丈拱字號西五丈七年七月十三日完工同知稭守脩何保固

拱字號東十五丈平字號二十丈章字號西二丈七年六月二十六日完工同知稭守脩何保固

章字號東十八丈愛字號西十丈七年六月十三日完工同知稭守脩何保固

育字號東十丈八年正月十三日完工同知王守脩何保固

首臣二號各二十丈伏字號西七丈五尺七年十一月二十八日完工同知王守脩何保固

伏字號東十二丈五尺戎字號西六丈五尺七年十月二十九日完工同知稭守脩何保固

戎字號東十三丈五尺羌字號二十丈遐字號西十丈七年十月十八日完工同知稭守脩何保固

遐字號東十丈邇字號二十丈七年九月二十七日完工同知稭守脩何保固

率字號東五丈賓字號西三丈八年正月十三日完工同知王守脩何保固

賓字號東二丈歸王二號各二十丈七年十月二十六日完工同知稭守脩何保固

鳴字號東十一丈鳳字號西十五丈七年十一月初十日完工同知稭守脩何保固

在字號東二丈竹字號西十八丈七年十月十八日完工同知稭守脩何保固

竹字號東二丈白字號西十六丈七年八月二十六日完工同知稭守脩何保固

白字號東四丈駒食二號各二十丈七年十一月二十八日完工同知王守脩何保固

場化被草木五號各二十丈賴字號西十七丈六年十月二十八日完工同知蕭書守脩何保固

萬字號次東八丈八年正月十三日完工同知王守脩何保固

萬字號東三丈五尺

方字號二十丈蓋字號西五丈五尺七年五月二十八日
完工同知褚守備何保固蓋字號中八丈五尺七年五月十四
日完工同知褚守備何保固蓋字號東六丈此字號二
十丈身字號西六丈七年閏四月二十七日完工同知褚守備何
保固身字號東十四丈髮四二號各二十丈大
字號西八丈七年閏四月十二日完工同知褚守備何保固大字
號次西四丈八年正月十三日完工同知王守備何保固常字
號二十丈恭字號西一丈七年七月十五日完工同知褚守備
何保固恭字號東十丈八年正月十三日完工同知王守備何
保固惟字號二十丈鞠字號西七丈七年八月二十六日完工

同知褚守備何保固鞠字號中十丈八年正月十三日完工同知王
守備何保固養字號東一丈豈字號西九丈七年八月
十三日完工同知褚守備何保固豈字號次東四丈七年七月
十三日完工同知褚守備何保固豈字號東七丈敢字號
二十丈女字號西八丈七年五月二十八日完工同知褚守備何
保固女字號東十二丈慕貞二號各二十丈烈
字號西十五丈七年三月十三日完工同知褚守備何保固才
字號東十五丈良字號西十四丈七年十月十八日完工同
知褚守備何保固良字號次東五丈八年正月二十八日完工
同知王守備何保固改字號東十丈五尺得字號二

十丈能字號西十六丈七年十一月三十日完工同知王守備何
保固能字號東四丈莫字號西十四丈五尺七年
十一月初十日完工同知褚守備何保固忘字號東八丈周字
號西九丈八年正月十三日完工同知王守備何保固設字號東
十八丈彼字號二十丈短字號西二丈六年十月十五
日完工同知蕭守備何保固靡字號中十丈時字號東五
丈五尺乙字號西十一丈八年正月十三日完工同知王守備何
保固使字號東八丈可覆器三號各二十丈欲
字號西四丈七年四月十五日完工同知褚守備何保固難字
號中十六丈八年正月十三日完工同知王守備何保固量字號

東五丈墨字號二十丈絲字號西三丈七年四月二十
八日完工同知褚守備何保固染字號中十四丈八年正月十三
日完工同知王守備何保固羔字號東十六丈四尺羊字
號西八丈六尺七年四月二十八日完工同知褚守備何保固賢
字號東十五丈克字號西九丈七年六月十七日完工同知褚
守備何保固德字號東十八丈建字號二十丈
名字號西二丈七年九月十七日完工同知褚守備何保固立
字號二十丈七年八月三十日完工同知褚守備何保固形字
號二十丈七年六月二十六日完工同知褚守備何保固端字號
西六丈八年正月二十八日完工同知王守備何保固表字號東

十九丈正字號西十丈七年閏四月二十九日完工同知褚守備何保固
谷字號東十四丈傳字號二十丈七年八月十九日完工同知褚守備何保固
聲字號二十丈七年九月二十七日完工同知褚守備何保固
堂字號西七丈五尺七年十月十八日完工同知褚守備何保固
堂字號東十二丈五尺
習聽因三號各二十丈八年正月二十八日完工同知王守備何保固
柴工十二丈例限保固二年
羊字號東九丈三尺景字號西二丈七尺七年閏四月二十九日完工同知褚守備何保固

西防埽工三百六十丈五尺例限保固二年
長己二號四十丈八年正月二十九日完工同知唐守備何保固
恃靡短三號六十丈八年正月十六日完工同知唐守備何保固
彼談二號四十丈七年十一月二十八日完工同知汪守備何保固
罔忘莫能四號八十丈七年十二月二十四日完工同知汪守備何保固
得字號二十丈七年十一月二十八日完工同知汪守備何保固
白字號東四丈竹字號二十丈七年三月二十六日完工同知王守備何保固
遐字號東六丈伏字號西四丈八年正月十三日完工同知唐守備何保固
伏字號中十丈七年十月二十七日完工同知汪守備何保固
伏字號東六丈

臣字號二十丈六年十二月二十六日完工同知王守備何保固
人字號東十五丈八年正月二十九日完工同知唐守備何保固
呂字號二十丈律字號西十五丈五尺七年十二月二十四日完工同知汪守備何保固
柴工二百九十丈例限保固二年
地元二號四十丈七年十二月初十日完工同知汪守備何保固
黃宇二號四十丈六年十一月二十五日完工同知王守備何保固
宙字號西十丈五年十一月二十五日完工同知潘守備何保固
宙字號東十丈五年十二月初一日完工同知潘守備何保固
日字號二十丈月字號西十丈五年十一月初一日完工同知潘守備何保固

成歲二號四十丈七年十二月二十九日完工同知唐守備何保固
律呂二號四十丈七年十月二十九日完工同知汪守備何保固
調陽雲三號六十丈騰字號西四丈七年十二月初九日完工同知汪守備何保固
騰字號東十六丈八年正月二十九日完工同知唐守備何保固
埽坦一千八百六十九丈例限保固壹年
鳳字號東十六丈六年六月二十五日完工同知潘守備何保固
鳴王二號四十丈六年十一月十四日完工同知王守備何保固
歸賓二號四十丈六年十一月二十七日完工同知王守備何保固
率字號二十丈五年七月二十五日完工同知葛守備何保固
體

壹通三號六十丈遐字號西十四丈六年十二月十一日完工同知王守倫何保固愛字號二十丈章字號西十二丈五尺六年十月二十八日完工同知王守倫何保固章字號東七丈五尺平字號二十丈五年三月二十五日完工同知黎守倫何保固拱字號二十二丈五年五月初九日完工同知舊守倫何保固垂字號西十四丈五年六月初九日完工同知舊守倫何保固問朝二號四十丈七年正月二十六日完工同知王守倫何保固坐字號二十丈七年二月初十日完工同知王守倫何保固湯字號二十丈七年八月十三日完工同知汪守倫何保固商字號西十五丈七年八月十四日完工同知汪守倫何保固

商字號東五丈發字號二十丈七年八月二十五日完工同知汪守倫何保固周民二號四十丈七年九月十二日完工同知汪守倫何保固唐字號二十丈五年十月十二日完工同知潘守倫何保固陶字號二十丈虞字號西十丈七年九月二十四日完工同知汪守倫何保固虞字號東十丈有字號二十丈六年四月十一日完工同知潘守倫何保固國字號二十丈七年十月十一日完工同知汪守倫何保固讓字號二十丈七年十月二十五日完工同知汪守倫何保固位推二號四十丈八年正月初十日完工同知唐守倫何保固裳字號二十丈衣字號西十丈八年正月二十七日完工同知唐守倫何保固衣字

號東十丈服乃二號四十丈字字號西十四丈八年正月二十九日完工同知唐守倫何保固字字號東六丈文字號二十丈制字號西十三丈五尺六年二月十一日完工同知潘守倫何保固制字號東六丈五尺六年正月二十四日完工同知潘守倫何保固始字號西十八丈五年八月二十五日完工同知潘守倫何保固始字號東二丈人字號西五丈五年六月二十六日完工同知舊守倫何保固珍字號東六丈果光二號四十丈夜字號西十五丈六年十一月二十九日完工同知王守倫何保固夜字號東五丈稱珠二號四十丈巨字號西五丈六年十一月十六日完工同知王守倫何

保固巨字號東十五丈號劍二號四十丈七年六月二十八日完工同知汪守倫何保固闕字號二十丈七年五月十二日完工同知王守倫何保固崑字號二十丈玉字號二十丈六年五月十二日完工同知潘守倫何保固麗字號二十丈六年四月二十六日完工同知潘守倫何保固霜字號東十五丈為字號二十丈結字號西十六丈六年十二月十四日完工同知王守倫何保固結字號東四丈露字號二十丈雨字號西六丈六年十二月二十六日完工同知王守倫何保固雨字號東十四丈致字號西十六丈七年七月二十七日完工同知汪守倫何保固致字號東四丈騰字號二十丈

七年八月十三日完工同知汪守備何保固雲陽調三號六十丈七年八月二十八日完工同知汪守備何保固往字號東九丈暑字號西三丈七年閏四月初十日完工同知王守備何保固暑字號東十七丈來字號二十丈七年四月二十六日完工同知王守備何保固寒字號西七丈五年七月初九日完工同知葛守備何保固寒字號東十三丈五年六月二十五日完工同知葛守備何保固張字號西十丈五年七月初十日完工同知葛守備何保固張字號東十丈六年六月二十五日完工同知潘守備何保固列字號二十丈宿字號西三丈六年七月二十七日完工同知潘守備何保固宿字號東十七丈辰字號西

六丈六年八月十一日完工同知潘守備何保固辰字號東十四丈月字號二十丈日字號西三丈六年九月十一日完工同知王守備何保固日字號東十七丈宙宇二號四十丈六年九月二十七日完工同知王守備何保固黃元二號四十丈六年九月十四日完工同知王守備何保固地字號二十丈七年七月十二日完工同知汪守備何保固添字號二十丈七年六月十一日完工同知王守備何保固添字號西七丈七年六月十一日完工同知王守備何保固添字號東十三丈七年五月二十七日完工同知王守備何保固月字號東十丈盈昃辰宿列張六號一百二十丈七年閏四月二十九日完工同知王守備何

保固寒來二號四十丈七年四月十二日完工同知王守備何保固暑往秋收冬五號一百丈七年三月二十七日完工同知王守備何保固藏閏餘三號六十丈七年三月十三日完工同知王守備何保固

紫盤頭壹座例限保固一年

元字號東八丈黃字號西十八丈壹座七年十二月初八日完工同知汪元祥守備何國禎保固

第四案辭竣

二坦四百五十二丈例定保固四年

性字號東十丈靜情逸心守志滿七號各二十丈逐字號西十丈都字號東十六丈邑華夏東西二京背邙面洛渭據十三號各二十丈殿字號東十六丈同治八年三月十五日完工同知梁銘樹守備何國楨保固

第五案辭竣

塔山汛

石壩壹道例無保固

第六案辭竣

西防建復魚鱗十八層石塘六百十三丈八尺例限保固十年

黎字號七丈四尺育字號五丈六尺八年四月二十五日完工同知潘紹宸守備何國楨保固人字號十四丈七尺八年七月二十五日完工同知潘守備何保固官字號二十丈八年五月二十五日完工同知潘守備何保固鳥火二號各二十丈八年五月初八日完工同知潘守備何保固師字號二十丈八年三月二十二日完工同知潘守備何保固翔字號二十丈八年四月十二日完工同知潘守備何保固潛字號二十丈八年三月二十二日完工同知潘守備何保固淡字號二十丈八年四月初八日完工同知潘守備何保固鹹字號二十丈八年三月二十日完工同知潘守備何保固薑字號二十丈芥字號西十六丈八年三月二十二日完工同知潘守備何保固菜字號東三丈三尺八年三月二十日完工同知潘守備何保固柰字號二十丈八年三月二十五日完工同知潘守備何保固李字號二十丈珍字號西十二丈八年四月二十三日完工同知潘守備何保固生字號二十丈八年三月初十日完工同知潘守備何保固金字號二十丈八年四月初十日完工同知潘守備何保固霜字號西十三丈八年二月初五日完工同知潘守備何保固律字號東四

丈八尺八年正月二十一日完工同知唐勛守倫何保固歲字號二十丈八年六月初十日完工同知潘守倫何保固成字號二十丈八年五月十二日完工同知潘守倫何保固餘閏藏三號各二十丈八年四月二十日完工同知潘守倫何保固冬收二號各二十丈八年五月初十日完工同知潘守倫何保固秋字號二十丈八年六月十二日完工同知潘守倫何保固往暑二號各二十丈八年三月初四日完工同知潘守倫何保固來字號二十丈寒字號五尺八年二月十五日完工同知潘守倫何保固歲字號十六丈五尺七年八月二十二日完工同知汪元祥守倫何保固致字號二十丈七年十一月十一日完工同知汪守倫何

保固雨字號二十丈七年十一月二十日完工同知汪守倫何保固

改建魚鱗十八層石塘二百十四丈例定保固十年

萬字號東十一丈及字號二十丈八年五月二十日完工同知潘守倫何保固賴木草三號各二十丈八年四月二十六日完工同知潘守倫何保固被化二號各二十丈場字號五丈七尺八年七月二十二日完工同知潘守倫何保固食字號東七丈駒字號西十三丈五尺竹字號二十丈八年五月十一日完工同知潘守倫何保固在字號二十丈鳳字號西四丈八年五月二十八日完工同知潘守倫何保固宙字號中六丈六尺東一丈八年二月二十五日完工同知潘守

倫何保固日字號西五丈二尺八年四月初一日完工同知潘守倫何保固

拆脩魚鱗石塘一百五十五丈例定保固十年

白字號東一丈四尺八年五月十一日完工同知潘守倫何保固鳳字號次西一丈四尺八年五月二十八日完工同知潘守倫何保固黎字號一丈八尺育字號一丈二尺八年四月二十五日完工同知潘守倫何保固人字號三丈八尺八年七月二十五日完工同知潘守倫何保固珍字號西二丈八年四月二十三日完工同知潘守倫何保固麗字號東七丈五尺八年二月初二日完工同知潘守倫何保固律字號東七丈八年正月二十一日完工同知唐守倫何保固寒字號八丈七尺八年二月十五日完工同知潘守倫何保固成字號三丈歲字號三丈五尺七年八月二十二日完工同知汪守倫何保固律字號二十丈七年八月初九日完工同知汪守倫何保固呂字號二十丈七年七月十三日完工同知汪守倫何保固調字號二十丈七年七月初二日完工同知汪守倫何保固陽字號二十丈七年七月二十六日完工同知汪守倫何保固雲字號二十丈七年九月初九日完工同知汪守倫何保固騰字號二十丈七年九月十九日完工同知汪守倫何保固

拆脩條塊石塘三十七丈四尺例定保固七年

黄字號東五丈宇字號西十五丈東五丈 八年二月初九日完工同知潘紹宸守備何國禎保固 宙字號西七丈次東五丈四尺 八年二月二十五日完工同知潘守備何保固

柴盤頭二座 例限保固二年

在字號二十丈鳳字號西四丈一座 七年二月初六日完工同知王彬守備何保固 黎字號東十五丈育字號西九丈一座 七年二月十三日完工同知王守備何保固

裹頭六十丈 例限保固二年

文字號東十五丈制字號二十丈始字號二十丈人字號西五丈 八年正月十二日完工同知唐勛守備何保固

坿土一千二十丈二尺

溝槽一千二十丈二尺 例均無保固限期

## 第七案辦竣

東防柴壩一百四丈五尺 例定保固二年

典字號中五丈 八年九月初二日完工同知梁守備何保固 馳字號次東四丈 八年八月初四日完工同知梁守備何保固 岱字號十三丈 八年六月二十一日完工同知梁守備何保固 洽字號二十丈本字號西三丈 八年七月二十九日完工同知梁守備何保固 於字號三丈南字號九丈 八年三月二十七月完工同知梁守備何保固 防字號七丈五尺蓋某二號各二十丈 八年四月二十日完工同知梁守備何保固

柴盤頭二座 例定保固二年

魏字號東橫字號西各十二丈一座 八年四月初四日完工同知梁守備何保固 合字號二十丈濟字號西四丈一座 八年六月二十四日完工同知梁守備何保固

鑲柴五十丈 例無保固

西防埽工三十二丈 例限保固二年

萬字號東十三丈 八年四月二十八日完工同知潘守備何保固 化字號東六丈瑒字號西十三丈 八年六月二十八月完工同知潘守備何保固

埽坦九十六丈 例限保固一年

虹堤永慶四號各二十丈安字號十六丈 八年三月

二十五日完工同知潘守備何保固



第八案辦竣

中防翁汛建復十八層魚鱗石塘六百四十丈例限保固十年

露結為三號各二十丈同治九年三月二十三日完工同知吳世榮守備蔡興邦保固

霜金生麗四號各二十丈九年四月二十五日完工同知吳守備蔡保固

玉出崑岡劍號六號各二十丈九年七月二十日完工同知吳守備蔡保固

巨闕珠三號各二十丈九年八月二十七日完工同知吳守備蔡保固

稱字號二十丈九年九月二十二日完工同知吳守備蔡保固

夜光果珍李柰六號各二十丈九年十一月二十六日完工同知潘紹宸守備蔡保固

菜重芥薑鹹淡六號各二十丈九年十二月初十日完工同知潘守備蔡保固

鱗潛二號各二十丈十年二月二十七日完工同知潘守備蔡保固

翼字號二十丈十年三月二十三日完工同知潘守備蔡保固

溝槽六百二十六丈例無保固

坿土後托六百二十九丈仝上

第九案辦竣

東防柴壩一百三十三丈五尺例定保固二年

羣字號中東一丈五尺九年七月初八日完工同知李鯨瑛保固
羣字號次東五尺九年七月二十四日完工同知李保固
橐字號西一丈五尺九年五月三十日完工同知李保固
鍾字號次西四丈五尺九年三月二十八日完工同知李保固
鍾字號中東二丈九年七月二十二日完工同知李保固
鍾字號中二丈五尺九年十月十七日完工守備蔡興邦保固
府字號次西四丈
羅字號東九丈九年三月十五日完工同知李保固
路字號東中十一丈五尺九年四月二十日完工同知李保固
俠字號西五丈九年四月二十日完工同知李保固
戶字號次東一丈
封字號西中五尺九年五月三十日完工同知李保固
兵字號次東三丈九年七月二十四日完工同知李保固
兵字號東三丈
高字號西十九丈九年五月二十六日完工同知李保固
冠字號次東一丈五尺九年七月二十四日完工同知李保固
驅字號東二丈
轂字號西七丈九年五月二十六日完工同知李保固
纓字號中一丈九年六月二十八日完工同知李保固
駕字號十一丈九年九月十三日完工同知李保固
肥字號中六丈九年十月十七日完工守備蔡保固
肥字號次東五丈九年七月初十日完工同知李保固
策字號次東二丈九年四月二十日完工同知李保固
策字號次東三丈九年七月二十四日完工同知李保固
刻字號次東四丈九年七月二十二日完工同知李保固
刻字號東二丈九年三月二十八日完工同知李保固
刻字號東中四丈九年九月初十日完工同知李保固
銘字號西二丈九年三月二十八日完工同知李保固
曲字號東四丈
亭字號西四丈五尺九年十月十七日完工守備蔡保固
最字號次東二丈五尺
州字號次東三丈五尺九年七月初十日完工同知李保固

埽工四十丈例限保固二年

霸

精兩號各二十丈九年閏十月二十六日完工同知梁保固

鑲柴一百六十丈五尺

附土三百九十六丈五尺

土堰三百六十二丈

着土二百十一丈八尺以上四項例無保限

# 第十案辦竣

東防柴壩六十八丈五尺例限保固二年

杜字號東十丈羅字號中七丈槀字號中一丈五尺同治十年四月二十日完工同知吳守備蔡保固路字號西中三丈五尺十年六月二十八日完工同知吳守備蔡保固草字號次西一丈五尺十年三月二十九日完工同知吳守備蔡保固邈字號次西三丈岫字號西中十五丈謹字號東九丈敉字號西三丈俶字號東六丈載字號西九丈十年十一月二十九日完工守備蔡保固

埽坦二百三十四丈五尺例限保固一年

俠字號東十七丈槐卿戶封八縣家七號各二十丈給字號西十五丈五尺祿富車三號各二十丈駕字號西二丈十年七月二十日完工同知吳守備蔡保固

# 第十一案辦竣

東防頭坦三千四百三丈五尺二坦二千八百十二丈五尺例限保固四年

積字號頭坦東六丈五尺同治十一年五月二十八日完工同知陳乃瀚守備蔡興邦保固福字號頭坦二十丈十一年五月二十六日完工同知陳守備蔡保固緣字號頭坦二十丈善字號頭坦二十丈慶字號頭坦二十丈十一年五月二十八日完工同知陳守備蔡保固尺字號頭坦二十丈璧字號頭坦二十丈十一年五月二十六日完工同知陳守備蔡保固寶字號頭坦二十丈十一年五月初八日完工同知陳守備蔡保固寸字號頭坦二十丈十一年五月初十日完工同知陳守備蔡保固陰字號頭坦二十丈十一年五月初四日完工同知陳守備蔡保固是字號頭坦二十丈十一年五月二十六日完工同知陳守備蔡保固競字號頭坦二十丈十一年五月初十日完工同知陳守備蔡保固資字號頭坦二十丈父字號頭坦二十丈十一年四月二十八日完工同知陳守備蔡保固事字號頭坦二十丈十一年四月二十日完工同知陳守備蔡保固均字號頭坦二十丈十一年四月二十八日完工同知陳守備蔡保固曰字號頭坦二十丈十一年五月初十日完工同知陳守備蔡保固嚴字號頭坦二十丈與字號頭坦二十丈十一年五月二十六日完工同知陳守備蔡保固敬字號頭坦二十丈十一

年五月初八日完工同知陳守倫蔡保固孝字號頭坦二十丈十一年五月二十八日完工同知陳守倫蔡保固力字號頭坦東七丈忠字號頭坦西十七丈十年十二月十五日完工同知陳守倫蔡保固則字號東頭坦九丈五尺十一年五月二十六日完工同知陳守倫蔡保固命字號西頭坦十丈十一年四月十三日完工同知陳守倫蔡保固臨字號東頭二坦各十五丈五尺十年十二月初二日完工同知陳守倫蔡保固深字號頭二坦各二十丈十年十二月二十三日完工同知陳守倫蔡保固履字號頭二坦各二十丈十一年正月二十八日完工同知陳守倫蔡保固薄字號頭二坦各二十丈鳳字號頭二坦各二十丈十一年二月初三日完工同知陳守倫蔡保固興字號頭二坦各二十丈十年五月三十日完工同知吳世崇守倫蔡保固溫字號頭二坦各二十丈十年七月二十六日完工同知吳守倫蔡保固清字號頭二坦各二十丈十年十一月十六日完工同知吳守倫蔡保固似字號頭二坦各二十丈十年十二月二十九日完工同知陳守倫蔡保固蘭字號頭二坦各二十丈十年十二月十四日完工同知陳守倫蔡保固斯字號頭二坦各二十丈十年八月初十日完工同知吳守倫蔡保固馨字號頭二坦各二十丈十年五月十四日完工同知吳守倫蔡保固如字號西頭二坦各十三丈五尺十年七月十三日完工同知吳守倫蔡保固松字號東頭二坦各九

丈五尺十一年五月十二日完工同知陳守倫蔡保固之字號頭二坦各二十丈十一年四月三十日完工同知陳守倫蔡保固盛字號頭二坦各二十丈十一年四月十九日完工同知陳守倫蔡保固川字號頭二坦西各十七丈十一年三月二十九日完工同知陳守倫蔡保固流字號頭坦東十一丈十一年十一月二十九日完工同知吳守倫蔡保固不字號頭坦中十丈十一年四月十一日完工同知陳守倫蔡保固息字號頭二坦東各二丈十一年五月二十八日完工同知陳守倫蔡保固淵字號頭二坦各二十丈十一年四月十二日完工同知陳守倫蔡保固澄字號頭二坦西各十五丈十一年四月十一日完工同知陳守倫蔡保固取字號頭二坦東各四丈頭坦十一年四月初二日完工同知陳守倫蔡保固二坦十一年十一月二十九日完工同知吳守倫蔡保固映字號頭二坦各二十丈頭坦十一年四月十三日完工同知陳守倫蔡保固二坦十一年十一月二十九日完工同知吳守倫蔡保固容字號頭二坦各二十丈止字號頭二坦各二十丈九年八月二十五日完工同知李毓瑛守倫蔡保固若字號頭二坦各二十丈恩字號頭二坦各二十丈言字號頭二坦各二十丈九年八月十二日完工同知李守倫蔡保固辭字號頭二坦各二十丈十一年四月十一日完工同知陳守倫蔡保固安字號頭二坦各二十丈定字號頭二坦各二十丈十一年二月二十五日完工同知陳守倫蔡保

固
篤字號頭二坦各二十丈頭坦十一年三月十六日完工同知陳守備蔡保固二坦十一年十一月二十九日完工同知吳守備蔡保固
初字號頭二坦各二十丈十一年四月初八日完工同知陳守備蔡保固
誠字號頭二坦各二十丈十一年三月二十九日完工同知陳守備蔡保固
美字號頭二坦各二十丈十一年五月二十六日完工同知陳守備蔡保固
慎字號頭二坦各二十丈十一年三月二十七日完工同知陳守備蔡保固
終字號頭二坦東各十丈頭坦十一年三月二十日完工同知陳守備蔡保固二坦十一年十一月二十九日完工同知吳守備蔡保固
宜字號頭二坦各二十丈頭坦十一年三月二十五日完工同知陳守備蔡保固二坦十一年十一月二十九日完工同知吳守備蔡保固
令字號頭二坦各二十丈頭坦十十年十二月初二日完工同知陳守備蔡保固二坦十一年十一月二十九日完工同知吳守備蔡保固
榮字號頭二坦各二十丈頭坦十年十二月二十二日完工同知陳守備蔡保固二坦十一年十一月二十九日完工同知吳守備蔡保固
業字號頭二坦各二十丈頭坦十年十一月十六日完工二坦十一年十一月二十九日完工同知吳守備蔡保固
所字號頭二坦各二十丈十一年四月初四日完工同知陳守備蔡保固
基字號頭坦二十丈十一年四月初八日完工同知陳守備蔡保固
籍字號頭坦二十丈十一年三月二十八日完工同知陳守備蔡保固
甚字號頭坦二十丈十一年四月初七日完工同知陳守備蔡保固

竟字號頭坦二十丈十一年四月初四日完工同知陳守備蔡保固
學字號頭坦二十丈十一年四月初二日完工同知陳守備蔡保固
優字號頭坦二十丈十年六月初三日完工同知陳守備蔡保固
登字號頭二坦各二十丈頭坦十年十二月二十五日完工二坦十一年四月初九日完工同知陳守備蔡保固
仕字號頭二坦各二十丈
攝字號頭二坦各二十丈
職字號頭二坦各二十丈
從字號頭二坦西東各十六丈
政字號頭二坦西各十七丈九年六月二十八日完工同知李守備蔡保固
存字號頭二坦東各九丈
以字號頭二坦西各十六丈九年五月二十四日完工同知李守備蔡保固
棠字號頭二坦東各十一丈九年七月十六日完工同知李守備蔡保固
而字號頭二坦各二十丈九年八月十六日完工同知李守備蔡保固
益字號頭二坦西各十三丈
詠字號頭二坦東各十八丈九年五月二十四日完工同知李守備蔡保固
樂字號頭二坦各二十丈
殊字號頭二坦各二十丈九年六月十九日完工同知李守備蔡保固
貴字號頭二坦各二十丈九年五月二十四日完工同知李守備蔡保固
禮字號頭二坦各二十丈
別字號頭二坦西各三丈九尺東各七丈六尺九年四月十五日完工同知李守備蔡保固
尊字號頭二坦各二十丈
卑字號頭二坦西各十七丈五尺九年五月二十四日完工同知李守備蔡

保固上字號頭二坦中各十四丈和字號頭二坦東各
十六丈九年三月十三日完工同知李守倫蔡保固下字號頭二
坦各二十丈九年七月十六日完工同知李守倫蔡保固睦字
號頭二坦各二十丈九年八月十六日完工同知李守倫蔡保固
夫字號頭二坦各二十丈唱字號頭二坦次酉各四
丈東各五丈婦字號頭二坦酉各九丈二尺九年六月
二十八日完工同知李守倫蔡保固
婦字號頭二坦東各十丈八尺九年七月初十日完工同知李
守倫蔡保固隨字號頭二坦各二十丈外字號頭二坦
各二十丈九年八月初四日完工同知李守倫蔡保固受字號
頭二坦各二十丈傅字號頭二坦各二十丈九年七月初十
日完工同知李守倫蔡保固訓入奉三號頭二坦每號各
二十丈頭坦八年十二月二十七日完工二坦九年二月十七日完工同知李守
倫蔡保固母字號頭二坦各二十丈九年十一月初一日完工同知
吳守倫蔡保固儀字號頭二坦各二十丈十一年三月二十日
完工同知陳守倫蔡保固諸字號頭二坦各二十丈九年閏十
月二十一日完工同知吳守倫蔡保固姑字號頭二坦各二十
丈伯字號頭二坦各二十丈十一年三月二十日完工同知陳守
倫蔡保固叔字號頭二坦各二十丈猶字號頭二坦各
二十丈九年閏十月初四日完工同知李守倫蔡保固子字號頭二

坦各二十丈九年閏十月十五日完工同知吳守倫蔡保固比字
號頭二坦各二十丈兒字號頭二坦各二十丈孔字
號頭二坦各二十丈懷字號頭二坦各二十丈八年十二
月二十七日完工同知李守倫蔡保固兄字號頭二坦各二十
丈九年閏十月十五日完工同知吳守倫蔡保固弟字號頭二坦各
二十丈九年十月初十日完工同知李守倫蔡保固同字號頭二
坦各二十丈氣字號頭二坦酉各四丈頭坦十一年三月二
十一日完工二坦十一年四月初一日完工同知陳守倫蔡保固氣字號
頭二坦東各十六丈九年九月二十日完工同知李守倫蔡保固
連字號頭二坦各二十丈九年十月初十日完工同知李守倫蔡
保固枝字號頭二坦各二十丈九年九月二十日完工同知李
守倫蔡保固交字號頭二坦各二十丈友字號頭二坦
各二十丈九年閏十月初七日完工同知李守倫蔡保固投字號
頭二坦各二十丈九年四月二十三日完工同知李守倫蔡保固分
字號頭二坦各二十丈九年六月二十四日完工同知李守倫蔡
保固切字號頭二坦各二十丈九年三月三十日完工同知李守倫
蔡保固磨字號頭二坦各二十丈九年三月二十四日完工同知
李守倫蔡保固箴字號頭二坦各二十丈九年四月二十三日
完工同知李守倫蔡保固規字號頭二坦各二十丈九年二月
十七日完工同知李守倫蔡保固仁字號頭二坦各二十丈

慈字號頭二坦各二十丈八年十二月二十七日完工同知李守備蔡保固隱字號頭二坦各二十丈惻字號頭二坦各二十丈九年三月二十四日完工同知李守備蔡保固造字號頭二坦各二十丈九年三月三十日完工同知李守備蔡保固次字號頭二坦各五尺九年八月二十八日完工同知李守備蔡保固次字號頭二坦各十六丈九年六月二十四日完工同知李守備蔡保固次字號頭二坦各三丈五尺弗字號頭二坦各八丈五尺十一年三月二十一日完工同知陳守備蔡保固弗字號頭二坦各十一丈五尺節字號頭二坦各二十丈義字號頭二坦各二十丈九年八月二十八日完工同知李守備蔡

保固盤字號頭二坦各二十丈十年十二月十一日完工同知陳守備蔡保固鬱字號頭二坦各二十丈十一年二月二十日完工同知陳守備蔡保固樓字號頭二坦各二十丈十一年三月初十日完工同知陳守備蔡保固觀字號頭二坦各二十丈十年十一月十九日完工同知陳守備蔡保固飛字號頭二坦各二十丈十年七月二十八日完工同知吳守備蔡保固圖字號頭二坦各二十丈十年十一月二十一日完工同知陳守備蔡保固寫字號頭二坦各二十丈十年五月十四日完工同知吳守備蔡保固畫字號頭二坦各二十丈十年六月初二日完工同知吳守備蔡保固綵字號頭二坦各二十丈十年二月十二日完工同知吳守備蔡

保固仙字號頭二坦各二十丈十年正月十三日完工同知吳守備蔡保固靈字號頭二坦各二十丈十年七月二十二日完工同知吳守備蔡保固丙字號頭二坦各二十丈十年十月十一日完工同知吳守備蔡保固舍字號頭二坦各八丈十一年二月二十日完工同知陳守備蔡保固舍字號頭二坦各十二丈十年十一月初四日完工同知陳守備蔡保固傍字號頭二坦各二十丈十一年二月十五日完工同知陳守備蔡保固啟字號頭二坦各二十丈十一年三月初五日完工同知陳守備蔡保固甲字號頭二坦各二十丈十一年三月二十日完工同知陳守備蔡保固帳字號頭二坦各二十丈十一年二月二十日完工同知陳守備蔡

保固楹字號頭二坦各二十丈十一年三月初十日完工同知陳守備蔡保固肆字號頭二坦各二十丈十年十二月初十日完工同知陳守備蔡保固筵字號頭二坦各二十丈頭坦十年十二月二十一日完工二坦十一年三月初十日完工同知陳守備蔡保固設字號頭二坦西各四丈東各四丈十年十二月初四日完工同知陳守備蔡保固席字號頭二坦各二十丈十年十二月初十日完工同知陳守備蔡保固鼓字號頭二坦各二十丈瑟字號頭二坦西各四丈十年十二月初四日完工同知陳守備蔡保固吹字號頭二坦東各十丈十年十二月二十一日完工同知陳守備蔡保固笙字號頭二坦各二十丈十一年三月初一日完工同知陳守

俻蔡保固

陞字號二頭坦各二十丈階字號二頭坦西各九丈納字號二頭坦東各十八丈陞弁轉三號二頭坦每號各二十丈疑字號二頭坦西各十二丈東各三丈星右通三號二頭坦每號各二十丈廣字號二頭坦西各八丈內字號二頭坦東各六丈左達承三號二頭坦每號各二十丈明字號二頭坦西各七丈既字號二頭坦東各三丈集字號二頭坦各二十丈典字號二頭坦西各十丈十八年十一月二十六日完工同知李守俻蔡保固

柴盤頭三座 例限保固二年

忠字號東三丈則字號西十丈五尺壹座十一年五月二十八日完工同知陳守俻蔡保固

如字號東六丈五尺松字號西十丈五尺壹座十一年七月二十五日完工同知吳守俻蔡保固

典字號東九丈亦字號西十五丈壹座九年六月二十日完工同知李守俻蔡保固

第十二案辦竣

東防柴壩拾壹丈伍尺 例限保固兩年

漆字號中東壹丈同治十一年三月二十七日完工同知陳乃瀚守俻蔡興邦保固

州字號中肆丈伍尺十一年四月三十日完工同知陳守俻蔡保固

亭字號西中陸丈十一年八月初六日完工同知吳世榮守俻蔡保固

西防埽坦加築埽工陸拾丈 例限保固壹年

寒張列三號各貳拾丈十一年四月三十日完工同知余庭訓守俻蔡興邦保固

西防埽坦加築柴工陸拾丈 例限保固壹年

藏閏餘三號各貳拾丈十一年三月二十八日完工同知余守俻蔡保固

第十三案辦竣

建復十八層魚鱗石塘八百二十丈三尺内

中防

烈字號東三丈男效二號各二十丈才字號西五丈同治十二年三月二十七日完工同知唐勵守備蔡興邦保固知過必三號各二十丈改字號西八丈十二年三月二十五日完工同知唐守備蔡保固莫字號東二丈忘字號西十二丈十二年三月二十九日完工同知唐守備蔡保固罔字號東十一丈五尺短字號東十五丈靡字號西六丈五尺恃字號西十四丈己字號東七丈長字號二十丈十二年三月三十日完工同知唐守備蔡保固信字號西十五丈十二年二月十三日完工同知唐守備蔡保固欲字號東十四丈難字號西二丈五尺十二年二月初九日完工同知唐守備蔡保固量字號西十五丈十二年正月二十日完工同知唐守備蔡保固絲字號東十五丈染字號西三丈五尺十一年十月二十五日完工同知唐守備蔡保固詩讚二號各二十丈羔字號西一丈十二年三月初六日完工同知唐守備蔡保固羊字號東十丈六尺景行維三號各二十丈賢字號西三丈十二年三月二十四日完工同知唐守備蔡保固克字號東十丈念作勝三號各二十丈十二年三月初十日完工同知唐守備蔡保固名字號二十丈十一年十一月十一日完工同知唐守備蔡保固端字號東十四丈十一年十月十九日完工同知唐守備蔡保固正字號東九丈谷字號西五丈十一年十一月二十七日完工同知唐守備蔡保固

東防

則字號西二丈七尺十一年五月初二日完工同知陳乃瀚守備蔡保固命字號東九丈臨字號西一丈五尺十一年七月二十日完工同知吳世榮守備蔡保固如字號東一丈六尺松字號西十丈十一年七月二十一日完工同知吳守備蔡保固川字號東三丈流字號西八丈十一年八月十五日完工同知吳守備蔡保固不字號西三丈五尺十一年八月初五日完工同知吳守備蔡保固不字號東三丈五尺息字號西十八丈澄字號東四丈取字號中十六丈十一年九月初七日完工同知吳守備蔡保固終字號西八丈十一年七月二十一日完工同知吳守備蔡保固仕字號中一丈十一年二月二十五日完工同知陳守備蔡保固從字號中三丈五尺十一年四月初四日完工同知陳守備蔡保固政字號東一丈存字號西一丈中二丈十一年六月十六日完工同知陳守備蔡保固以字號東三丈甘字號二十丈棠字號西八丈十一年七月三十日完工同知吳守備蔡保固益字號東七丈詠字號

西一丈五尺十一年六月初七日完工同知陳守偹蔡保固別字號中八丈十一年六月初九日完工同知陳守偹蔡保固卑字號東二丈五尺上字號西五丈十一年五月二十八日完工同知陳守偹蔡保固上字號中六丈和字號西四丈十一年五月十三日完工同知陳守偹蔡保固唱字號中八丈十一年五月初六日完工同知陳守偹蔡保固次字號東一丈弗字號西七丈十年八月十二日完工同知吳守偹蔡保固樸字號中三丈五尺十年十月初五日完工同知吳守偹蔡保固圖字號西六丈十年十月十四日完工同知吳守偹蔡保固舍字號東一丈二尺十年十二月初五日完工同知陳守偹蔡保固甲字號西六丈十一年三月十八日完工同知陳守偹蔡保固對字號中十二丈十一年三月二十八日完工同知陳守偹蔡保固設字號西八丈十一年三月二十九日完工同知陳守偹蔡保固瑟字號東十八丈吹字號西一丈十一年三月二十八日完工同知陳守偹蔡保固階字號東十一丈五尺納字號西三丈五尺十年十二月初二日完工同知陳守偹蔡保固疑字號東六丈五尺十一年正月二十六日完工同知陳守偹蔡保固廣字號東十二丈五尺內字號西十四丈東一丈十一年三月二十七日完工同知陳守偹蔡保固左字號西一丈五尺十年三月二十八日完工同知陳守偹蔡保固明字號東十四丈既字號西十八丈五尺十一年三月二十九日完工同知陳守偹蔡保固典字號中一丈七尺十一年三月二十五日完工同知陳守偹蔡保固

拆脩十八層魚鱗石塘二百四十一丈二尺內

中防

設彼二號各二十丈短字號西五丈靡字號東十三丈五尺恃字號東六丈己字號西十三丈十二年三月三十日完工同知唐守偹蔡保固信字號東五丈使字號西六丈十二年二月十三日完工同知唐守偹蔡保固器字號西十四丈十二年三月二十八日完工同知唐守偹蔡保固染字號東四丈羔字號次西二丈六尺十二年三月初六日完工同知唐守偹蔡保固德字號西二丈六尺十二年三月初十日完工同知唐守偹蔡保固表字號西一丈十一年十月十九日完工同知唐守偹蔡保固正字號中二丈四尺谷字號中四丈六尺十一年十一月二十七日完工同知唐守偹蔡保固

東防

孝字號中十丈十一年九月初十日完工同知吳守偹蔡保固則字號西三丈中二丈十一年五月初二日完工同知陳守偹蔡保固命字號中一丈八尺臨字號西一丈六尺十一年七月二十日完工同知吳守偹蔡保固似字號西九丈十一年五

月初七日完工同知陳守備蔡保固如字號東四丈五尺松字號中一丈十一年七月二十一日完工同知吳守備蔡保固流字號中四丈十一年八月十五日完工同知吳守備蔡保固流字號東一丈五尺不字號次西二丈十一年八月初五日完工同知吳守備蔡保固不字號次東一丈五尺息字號東二丈十一年九月初七日完工同知吳守備蔡保固竟字號中四丈十一年四月初一日完工同知陳守備蔡保固存字號西八丈中一丈十一年六月十六日完工同知陳守備蔡保固詠字號西三丈十一年六月初七日完工同知陳守備蔡保固上字號東四丈十一年五月十四日完工同知陳守備蔡保固唱字號東三丈十一年五月初六日完工同知陳守備蔡保固次字號東二丈十年八月十二日完工同知吳守備蔡保固樓字號西一丈東三丈六尺十年十月初五日完工同知吳守備蔡保固圖字號西四丈十年十月十四日完工同知吳守備蔡保固舍字號中二丈五尺東三丈五尺十年十二月初五日完工同知陳守備蔡保固甲字號東七丈十一年三月十八日完工同知陳守備蔡保固對字號西三丈東四丈十一年三月二十八日完工同知陳守備蔡保固設字號東五丈五尺十一年三月二十九日完工同知陳守備蔡保固吹字號西五丈十一年三月二十八日完工同知陳守備蔡保固疑字號東三丈十一年正月二十六日完工同知陳守備蔡保固通字號東五丈五尺十年三月十四日完工同知吳守備蔡保固左字號西五丈十一年三月二十八日完工同知陳守備蔡保固

中防埽坦三百三十七丈例限保固壹年

烈字號東七丈男效二號各二十丈才字號西七丈十二年三月二十七日完工同知唐守備蔡保固良字號東四丈五尺知字號西五丈改字號西十三丈十二年三月二十五日完工同知唐守備蔡保固莫字號東七丈五尺忘字號西十四丈十二年三月二十九日完工同知唐守備蔡保固罔字號次東三丈五尺十二年三月三十日完工同知唐守備蔡保固使字號西十五丈五尺十二年二月十三日完工同知唐守備蔡保固欲字號東十八丈難字號西六丈十二年二月初九日完工同知唐守備蔡保固量字號西十九丈十二年正月二十日完工同知唐守備蔡保固絲字號東十九丈染字號西七丈東三丈十一年十月二十五日完工同知唐守備蔡保固詩讚二號各二十丈羔字號西五丈六尺十二年三月初六日完工同知唐守備蔡保固羊字號東十丈五尺賢字號西八丈九尺十二年三月二十四日完工同知唐守備蔡保固克字號東十丈五尺勝字號東四丈德字號西五丈五尺十二年三月初十日完工同知唐守備蔡

保固名端二號各二十丈十一年十一月十一日完工同知唐守倫蔡保固表字號西三十丈十一年十月十九日完工同知唐守倫蔡保固正字號東十二丈谷字號西八丈十一年十一月二十七日完工同知唐守倫蔡保固

埽工四十五丈五尺例限保固兩年

罔字號東十一丈談字號西二丈靡字號東十三丈五尺恃字號東六丈己字號西十三丈十二年三月三十日完工同知唐守倫蔡保固

埽坦加築埽工三十八丈例限保固壹年

談字號東十八丈彼字號二十丈十二年三月三十日完工同知唐守倫蔡保固

東防二頭坦三百一十丈五尺三百三十一丈五尺例限保固四年

命字號二頭坦東各十丈臨字號二頭坦西各四丈五尺川字號二頭坦東各三丈流字號坦頭西九丈坦二二十丈不字號坦頭西十丈坦二二十丈息字號二頭坦西各十八丈澄字號二頭坦東各五丈取字號二頭坦西各十六丈終字號二頭坦西各十丈從字號二頭坦中各四丈政字號二頭坦東各三丈存字號二頭坦西各十一丈以字號二頭坦東各四丈甘字號二頭坦各二十丈棠字號二頭坦西各九丈

益字號二頭坦東各七丈詠字號二頭坦西各二丈別字號二頭坦西中各八丈五尺卑字號二頭坦東各二丈五尺上字號二頭坦西各五丈東各一丈和字號二頭坦西各四丈唱字號二頭坦中各十一丈十一年九月初十日完竣同知吳守倫蔡保固對字號二頭坦各二十丈設字號二頭坦中各十二丈瑟字號二頭坦東各十六丈吹字號二頭坦西各十丈階字號二頭坦東各十一丈納字號二頭坦西各十二丈疑字號二頭坦東各五丈廣字號二頭坦東各十二丈內字號二頭坦西各十四丈明字號二頭坦東各十三丈既字號二頭坦西各十七丈典字號二頭坦中各一丈十一年三月二十九日完竣同知陳守倫蔡保固

中防新工

塘後填築附土六百二十一丈三尺

塘前填築溝槽三百一十九丈二尺

東防新工

塘後填築附土土堰每各四百四十丈二尺

以上例無保限

第十四案辦竣

中防戴汛

附土五百四十七丈

帮寬後身一百四十二丈五尺

東防戴汛

附土七百五十九丈六尺

着土七百五十九丈六尺

土塍九百十丈二尺

鎮汛

附土七百三十六丈六尺

着土七百三十六丈六尺

土塍六百八十二丈

此案之工例無保固是以字號丈尺亦不細登耳

第十五案辦竣

中防翁汛建復十八層魚鱗石塘三百十三丈八尺例定保固十年

龍字號東十丈師字號西二丈同治十三年十月初一日完工同知黎錦翰守備蔡興邦保固火字號二十丈第字號中九丈十三年十二月十二日完工同知黎守備蔡保固始字號東十九丈十三年十二月初一日完工同知黎守備蔡保固文字號中東十一丈五尺字字號二十丈乃字號西中十三丈十二年十二月二十一日完工同知唐勛守備蔡保固虞字號東二丈陶字號二十丈唐字號西十七丈十三年八月十一日完工同知唐守備蔡保固湯字號東中十一丈十三年七月二十七日完工同知唐守備蔡保固愛字號東十丈育字號西十三丈十三年九月二十三日完工同知黎守備蔡保固育字號東一丈五尺黎字號二十丈十三年十一月二十一日完工同知黎守備蔡保固賓字號十三丈二尺十二年九月初七日完工同知唐守備蔡保固鳴字號西八丈六尺十二年十二月二十一日完工同知唐守備蔡保固鳳字號東六丈在字號西十六丈五尺十二年九月初九日完工同知唐守備蔡保固賴字號東一丈及字號二十丈萬字號西七丈五尺十二年十二月二十一日完工同知唐守備蔡保固火字號東七丈

五字號西十八丈五尺十三年四月二十五日完工同知唐守倫蔡保固恭字號西八丈十二年十一月二十二日完工同知唐守倫蔡保固鞠字號東二丈養字號西六丈五尺十二年十二月二十四日完工同知唐守倫蔡保固折脩十八層魚鱗石塘七十七丈三尺例定保固四年師字號東三丈三尺十三年十二月十二日完工同知黎守倫蔡保固愛字號中一丈五尺十三年九月二十三日完工同知黎守倫蔡保固白字號東六丈駒字號西中十三丈十二年八月初三日完工同知唐守倫蔡保固萬字號東六丈五尺十二年十二月二十一日完工同知唐守倫蔡保固方字號二十丈蓋字號西四丈五尺十二年十一月二十一日完工同知唐守倫蔡保固大字號中四丈十三年四月二十五日完工同知唐守倫蔡保固恭字號中西一丈五尺十二年十一月二十二日完工同知唐守倫蔡保固鞠字號次東三丈五尺養字號東十三丈五尺十二年十二月二十四日完工同知唐守倫蔡保固建築埽坦二百六十八丈例定保固一年龍字號東十五丈十二年六月二十七日完工同知唐守倫蔡保固師字號東五丈火字號二十丈第字號西十七丈十二年十一月初九日完工同知唐守倫蔡保固始字號東十九

丈十二年八月二十四日完工同知唐守倫蔡保固文字號中三丈十二年三月十一日完工同知唐守倫蔡保固虞字號東五丈十二年八月二十三日完工同知唐守倫蔡保固陶字號二十丈十二年八月十三日完工同知唐守倫蔡保固唐字號西十五丈十二年七月十二日完工同知唐守倫蔡保固愛字號東十丈育字號西十丈十三年七月二十五日完工同知唐守倫蔡保固黎字號二十丈十三年十月二十六日完工同知黎守倫蔡保固賓字號中十五丈十二年七月十一日完工同知唐守倫蔡保固鳴字號西九丈十三年三月十一日完工同知唐守倫蔡保固鳳字號東五丈十二年十月初八日完工同知唐守倫蔡保固在字號西十八丈十二年九月二十八日完工同知唐守倫蔡保固賴字號東三丈十三年十二月十二日完工同知黎守倫蔡保固大字號東八丈五字號二十丈十三年四月初十日完工同知唐守倫蔡保固恭字號次西九丈十二年五月十二日完工同知唐守倫蔡保固鞠字號東三丈十二年閏六月二十六日完工同知唐守倫蔡保固養字號西十九丈十二年六月二十六日完工同知唐守倫蔡保固加築建築埽工二十七丈例定保固一年乃字號加築東七丈十三年三月二十日完工同知唐守倫蔡保固湯字號加築西九丈十二年五月初十日完工同知唐守倫蔡保固湯字號建築東十一丈上仝

加鑲拆脩柒工三十一丈例定保固一年

文字號加鑲東中四丈十三年三月二十日完工同知唐守備蔡保固乃字號拆脩次東二丈及字號拆脩西十五丈方字號拆脩西十丈上仝

東防兵汛建復十八層魚鱗石塘二百六十七丈五尺例定保固十年

石字號東八丈内有念汛界二丈八寸十二年十二月十六日完工同知吳世榮守備蔡保固鉅字號二十丈野字號西八丈五尺東八丈庭字號西二丈五尺曠字號西中東十六丈遠字號西五丈上仝邈字號中東十七丈巖字號二十丈岫字號西中十四丈五尺治字號西中十四丈於字號中東十一丈五尺農字號西二丈五尺十三年六月初八日完工同知吳守備蔡保固茲字號中八丈五尺十二年十二月十六日完工同知吳守備蔡保固稼字號中八丈傲字號東五丈載字號西四丈五尺十三年六月初八日完工同知吳守備蔡保固南字號中東十二丈畝字號西六丈新字號中九丈勸字號中東十一丈賞字號西中十五丈孟字號西十丈某字號中東十五丈謹字號東五丈省字號東八丈躬字號西三丈十二年十二月十六日完工同知吳守備蔡保固

拆脩十八層魚鱗石塘六十一丈五尺例定保固四年

岫字號東一丈五尺稼字號次東二丈載字號東中十四丈五尺十三年六月初八日完工同知吳守備蔡保固畝字號東四丈我字號中二丈五尺十二年十二月十六日完工同知吳守備蔡保固黍字號中東十一丈十三年六月初八日完工同知吳守備蔡保固熟字號中東十二丈新字號次東一丈陟字號東五丈敦字號西三丈五尺謹字號次東二丈五尺勑字號西二丈十二年十二月十六日完工同知吳守備蔡保固

建築塊石頭二坦水各一千四百八丈例定保固三年

石字號二頭坦各八丈鉅野庭曠遠綿邈巖岫治本於農務茲稼穡傲載南二十號每二頭坦各二十丈十三年九月十九日完工同知吳守備蔡保固畝我藝黍稷稅熟貢新勸賞陟孟某敦素史魚秉直庶幾中庸勞二十五號每二頭坦各二十丈十三年七月十七日完工同知吳守備蔡保固謙謹勑聆音察理鑑貌辨色貽厥嘉猷勉其祗植省躬譏誡寵增二十五號每

頭二坦各二十丈 十二年十二月十五日完工 同知吳 守備蔡 保固

第十六案辦竣

西防加築埽工二十丈 例限保固壹年

育字號東十一丈 愛字號西九丈 十三年三月十七日完工 同知汪元祥 守備蔡 保固

第十七案辦竣

海鹽拆脩大石塘四十七丈 例限四年 委員蕭守保固

體字號中九丈五尺 十三年十二月二十九日完工 壹字號中西七丈 十三年十二月二十一日完工 壹字號東四丈 通字號東西十八丈五尺 十三年十一月十五日完工 邇字號西八丈 十三年七月二十九日完工

拆脩魚鱗石塘二十九丈 例限四年 委員蕭守保固

伏字號西四丈 十三年九月二十六日完工 朝字號東二丈 坐字號西十一丈五尺東二丈 十三年七月十二日完工 商字號中五丈五尺 十三年三月初十日完工 民字號中三丈 十三年七月二十九日完工 位字號西一丈 十三年正月初六日完工

第十八案辦竣

東防鎮念兩汛建復魚鱗石塘六百八十一丈七尺例限保固十年

鎮汛

典字號東九丈四尺亦字號二十丈聚字號西三丈七尺六寸光緒元年二月二十七日完工同知吳世榮守備蔡保固

念汛

聚字號東十六丈二尺四寸羣字號二十丈英字號西十一丈五尺元年六月二十日完工同知靳芝亭守備蔡保固杜字號東八丈稾字號西十七丈六尺元年六月二十六日完工同知靳守備蔡保固鍾字號東十五丈隸字號西十八丈元年六月二十三日完工同知靳守備蔡保固漆字號東十二丈五尺書經二號各二十丈府字號西十八丈元年六月二十五日完工同知靳守備蔡保固羅字號東十五丈將相路三號各二十丈俠字號西三丈五尺元年十二月十八日完工同知靳守備蔡保固戶字號東三丈五尺封字號西四丈五尺元年四月三十日完工同知吳守備蔡保固給字號東五丈千字號二十丈兵字號西八丈二年正月二十九日完工同知靳守備蔡保固兵字號東六丈五尺高字號西十八丈二尺元年十二月二十一日完工同知靳守備蔡保固冠字號東三丈五尺陪輦驅轂振纓世七號各二十丈二年二月二十九日完工同知靳守備蔡保固駕字號東十七丈五尺元年十二月初六日完工同知靳守備蔡保固肥字號二十丈元年九月二十日完工同知靳守備蔡保固泰字號二十丈岱字號西十八丈元年三月二十日完工同知吳守備蔡保固亭字號東十三丈五尺雁字號二十丈門字號西十一丈元年六月二十六日完工同知靳守備蔡保固紫字號東八丈塞字號二十丈雞字號西十二丈五尺元年五月二十八日完工同知靳守備蔡保固池字號東十六丈碣字號西七丈五尺同治十三年十二月二十四日完工同知吳守備蔡保固

拆脩魚鱗石塘三十二丈例限保固四年

岱字號東二丈元年三月二十日完工同知吳守備蔡保固亭字號次西三丈五尺元年六月二十六日完工同知靳守備蔡保固紫字號西十二丈元年五月二十八日完工同知靳守備蔡保固田字號東十四丈五尺元年四月二十日完工同知吳守備蔡保固

又鎮念兩汛建築埽坦八百六十七丈例限壹年保固

鎮汛

亦字號東五丈聚字號西三丈七尺六寸光緒元年

十二月二十七日完工同知靳守備蔡保固

念汛

聚字號東十六丈二尺四寸，羣英杜稾鍾隸漆書經府羅將相路十四號各二十丈，俠字號西三丈，給字號東四丈五尺，千兵高冠陪輦驅轂振纓世十一號各二十丈，駕字號西九丈元年十二月二十七日完工同知靳守備蔡保固，岱禪柱云亭雁門紫塞雞田赤城昆池碣十六號各二十丈，石字號西五大五尺元年九月十三日完工同知靳守備蔡保固

建築埽工四十九丈例限保固二年

駕字號東九丈，肥字號二十丈元年十二月二十七日完工同知靳守備蔡保固，泰字號二十丈元年十月十九日完工同知靳守備蔡保固

建築塊石頭二坦水各六丈五尺例限三年保固

石字號頭二坦各六丈五尺元年五月二十八日完工同知靳守備蔡保固

第十九案辦竣

東防念汛建復十八層魚鱗石塘六百六丈五尺例限十年同知靳芝亭守備蔡興邦保固

輕字號二十丈，策字號西東十六丈光緒二年十二月初八日完工，功茂實勒碑五號各二十丈，刻字號西東十丈五尺，銘磻二號各二十丈三年三月十三日完工，溪伊尹時阿衡奄宅曲九號各二十丈三年三月二十八日完工，阜微旦孰營桓匡合濟扶十號各二十丈三年四月十四日竣

拆脩十八層魚鱗石塘十三丈五尺例限四年同知靳芝亭守備蔡興邦保固

策字號中四丈二年十二月初八日完工，刻字號次西九丈五尺三年三月十三日完工

建築柴壩二十三丈五尺例限二年同知靳芝亭守備蔡興邦保固

策字號中七丈元年七月二十六日完工，刻字號西中八丈二年正月二十八日完工，最字號中五丈五尺元年七月二十六日完工，州字號次西三丈二年正月二十八日完工

第二十案辦竣

東防尖汛拆脩十八層魚鱗石塘六十丈例限四年同知靳芝亭守脩蔡興邦保固

寵增兩號四十丈元年八月二十六日完工

皋字號中東十二丈舝字號西八丈元年十一月十五日完工

又尖汛建築塊石單坦二百六十丈例限三年同知靳芝亭守脩蔡興邦保固

極殆近林皋幸即兩疏見機組誰十三號各二十丈二年八月初十日完工

東防戴汛建築條石頭坦十三丈五尺例限四年同知靳芝亭守脩蔡興邦保固

積字號西十三丈五尺二年十月二十三日完竣

東防建築柴盤頭兩座例限二年同知靳芝亭守脩蔡興邦保固

念汛

碣字號東十六丈石字號西八丈壹座三年五月初八日完竣

尖汛

泰字號東十二丈稷字號西十二丈壹座二年十月十六日完竣

東防念汛建築埽工三十一丈例限二年同知靳芝亭守脩蔡興邦保固

車字號二十丈駕字號西十一丈二年十二月初五日完竣

第念壹案辭竣

海塩拆脩魚鱗大石塘七十七丈例定保固四年

羗字號東中四丈光緒三年四月十二日完工委員陳守保固

戎字號東二丈五尺同治十三年九月二十六日完工委員蕭守保固

平字號東二丈五尺拱字號西六丈光緒三年五月十四日完工委員陳守保固

坐字號東五丈五尺光緒三年二月二十八日完工委員陳守保固

瑞字號西六丈五尺中二丈光緒三年四月十二日完工委員陳守保固

民字號西七丈五尺東二丈五尺光緒三年三月二十五日完工委員陳守保固

國字號中十三丈四尺讓字號東五丈光緒二年十二月十一日完工委員陳守保固

位字號中西五丈五尺光緒三年四月十二日完工委員陳守保固

推字號東中十一丈震字號西三丈一尺光緒三年二月十六日完工委員陳守保固

拆脩大石塘六丈例定保固四年

遐字號東二丈羗字號西四丈光緒三年五月二十日完工委員陳守保固

建築塊石價坦一百七十一丈例限保固三年

體字號中九丈五尺光緒三年四月十八日完工委員陳守保固

體字號次東一丈五尺壹字號西七丈五尺光緒三年六月二十八日完工委員陳守保固

壹字號東中十一丈光緒三年四月十六日完工委員陳守保固

---

邇字號東西十八丈五尺光緒三年五月二十五日完工委員陳守保固

遐字號西八丈東二丈光緒三年五月二十八日完工委員陳守保固

羗字號西四丈光緒三年五月二十日完工委員陳守保固

羗字號東中四丈光緒三年四月十一日完工委員陳守保固

戎字號東二丈五尺伏字號西四丈同治十三年十一月十五日完工委員蕭守保固

平字號東二丈五尺拱字號西六丈光緒三年五月十四日完工委員陳守保固

朝字號東二丈坐字號西十一丈五尺東二丈同治十三年十一月十五日完工委員蕭守保固

坐字號東五丈五尺光緒三年二月二十八日完工委員陳守保固

商字號中五丈五尺同治十三年十一月十五日完工委員蕭守保固

瑞字號西中八丈五尺光緒三年四月十二日完工委員陳守保固

瑞字號中三丈光緒三年六月二十八日完工委員陳守保固

民字號西七丈五尺東二丈五尺光緒三年三月二十五日完工委員陳守保固

民字號中三丈同治十三年十一月十五日完工委員蕭守保固

國字號中十三丈四尺讓字號東五丈光緒二年十二月十一日完工委員陳守保固

位字號西中五丈五尺光緒三年四月十二日完工委員陳守保固

推字號東中十一丈震字號西三丈一尺光緒三年二月十六日完工委員陳守保固

海塘新案

估銷銀數附新加增貼細目

第壹案西中兩塘缺口搶築柴壩并建築埽工埽坦裹頭盤頭暨塘後鑲柴子塘加填坍土行路面土堵築挑水橫壩等工內

一西塘搶築柴壩七百三十五丈五尺共銷例估加貼銀二十二萬八千九百二十三兩八錢三分九厘其中各號高寬丈尺不一且有加抛塊石之工每丈銷數多寡不等今

按丈牽計每丈銷銀三百十一兩二錢四分九厘零

一西塘搶築埽工六百六十七丈八尺共銷例估加貼銀五萬四千九兩八錢八厘其中各號高寬丈尺不一每丈銷數多寡不等今

按丈牽計每丈銷銀七十四兩九錢四分七厘零

一西塘添建埽坦四十丈共銷例估加貼銀一千八百十三兩三錢五分

按丈算計每丈銷銀四十五兩三錢三分三厘零

一西塘建築裹頭八十二丈共銷例估加貼銀五千三百九十二兩四錢七分三厘

按丈算計每丈銷銀六十五兩七錢六分一厘零

一西塘建築柴盤頭壹座裡外匀長二十六丈築高二丈二尺共銷例估加貼銀三千七百七十七兩八錢六分六厘

一西塘塘後鑲柴二百三十四丈四尺共銷例估加貼銀五千三百六十六兩六錢九分四厘

按丈算計每丈銷銀二十二兩八錢九分五厘零

一西塘建築子塘一百五十二丈共銷例估加貼銀二千四百六兩六錢

按丈算計每丈銷銀十五兩八錢三分二厘零

一西塘加填坍土二百十七丈七尺共銷例估加貼銀二百二兩四錢六分一厘

按丈算計每丈銷銀九錢三分

一西塘加填行路面土一千四百丈共銷例估加貼銀一千四百十九兩

按丈算計每丈銷銀一兩一分三厘零

一西塘堵築攔水橫壩二道共十七丈五尺共銷例估加貼銀二百四十九兩三錢七分九厘

按丈算計每丈銷銀十四兩二錢五分零

一西中交界斜建大龍頭一處即南龍頭搶築柴壩五十五丈前後托壩各五十五丈并加抛塊石共

銷例估加貼銀六萬二千二百七十八兩四錢六分六厘

一中塘缺口搶築柴壩一千七百六十五丈一尺共銷例估加貼銀五十四萬四千五百四十七兩五錢一分三厘其中各號高寬丈尺不一且有加拋塊石之工每丈銷數多寡不等今按丈牽計每丈銷銀三百八兩五錢八厘零

一中塘添建埽坦一百九十丈共銷例估加貼銀九千二十一兩四錢一分五厘按丈算計每丈銷銀四十五兩三錢三分三厘零

一中塘建築柴工三十丈共銷例估加貼銀三千四百五兩八錢三分六厘按丈算計每丈銷銀一百十三兩五錢二分七厘零

一中塘塘後鑲柴二百四丈八尺共銷例估加貼銀五千二百八十七兩一錢二分五厘按丈計算每丈銷銀二十五兩八錢一分六厘零

一中塘添建橫塘一百六十七丈共銷例估加貼銀三百六十六兩六厘按丈計算每丈銷銀二兩一錢九分一厘零

一中塘加填附土七百五十八丈共銷例估加貼銀五百八十三兩六錢六分按丈計算每丈銷銀七錢七分

以上第一案共銷銀九十二萬五千九十一兩四錢九分一厘

前案內例估加貼兩項銷數係照從前舊例不復逐一敘列

第貳案海甯繞城建復拆脩補砌石塘并建築條石坦水石堵盤頭簍坦土堰等工內

一建復石塘一百八丈四尺（除打撈舊石抵用五成有餘外）共銷例估加貼新加銀三萬九千九百五十六兩七錢五分

（按丈計算）每丈銷銀三百六十八兩六錢四厘零

一拆脩石塘一百五十四丈（除打撈舊石抵用六成有餘外）共銷例估加貼新加銀五萬二千一百十三兩二錢一分二厘

（按丈計算）每丈銷銀三百三十八兩三錢九分七厘零

一補砌石塘四十七丈六尺（全用舊石）共銷例估加貼新加銀六千五百十二兩六錢二分三厘

（按丈計算）每丈銷銀一百三十六兩八錢一分九厘零

一建築石堵三十九丈二尺共銷例估加貼新加銀二千九百九十八兩二分四厘

（按丈計算）每丈銷銀七十六兩四錢八分零

一建築廣沛字號柴盤頭壹座裡外勻長二十六丈連頂土築高三丈八尺共銷例估加貼新加銀一萬二千九十八兩六錢二分一厘

一建築自都字號柴盤頭壹座裡外勻長二十六丈連頂土築高三丈二尺共銷例估加貼新加銀一萬一百七十五兩九錢九分三厘

一建築宮殿字號柴盤頭壹座裡外勻長二十六丈連頂土築高三丈五尺共銷例估加貼新加銀一萬一千一百三十七兩一錢九分三厘

一建築條石頭坦六百八十丈八尺共銷例估加貼新加銀二萬四千二百八十七兩六錢一分三厘

（按丈計算）每丈銷銀三十五兩二錢六分零

一建築條石二坦二百三十六丈八尺共銷例估加貼新加銀一萬一千五十二兩三錢六分一厘

（按丈計算）每丈銷銀四十六兩六錢七分三厘零

一應建二坦改用竹簍裝石擁護工長四百五十二丈共銷例估加貼新加銀一萬三千七百九十三兩九錢一分

（按丈計算）每丈銷銀三十兩五錢一分七厘零

一建築土堰二百九十七丈五尺共銷例估加貼

銀四百四兩二錢九分七厘

按丈計算每丈銷銀一兩三錢五分八厘零

以上第二案共銷例估加貼銀十八萬四千五百三十兩六錢四厘

前案內例估加貼兩項銷數係照從前舊例不復叙列外所有此次請銷新加增貼一項逐一開明細數于後

石塘用梅花馬牙椿木每根均新加銀一錢一分

盤頭用尺五六寸以及二尺椿木每根均新加銀一錢五分一厘

石坦用尺四五六寸椿木每根均新加銀一錢一分三厘三毫

簍坦用尺五椿木每根新加銀一錢

新小條石每丈新加銀一錢四分五厘

搭用舊石每丈新加打撈銀六錢六分三厘

新塊石每丈新加銀四錢

石沙匠每名均新加銀五分

各項人夫每名新加銀四分

第叁案東塘缺口搶築柴垻盤頭鑲柴坿土土埝橫塘子塘並西中兩塘盤頭加拋塊石埽工柴工埽坦等工內

一東塘缺口搶築柴垻三千一百七十九丈七尺四寸共銷例估加貼銀一百十三萬一百五十一兩三錢七分四厘其中各號高寬丈尺不一且有加拋塊石之工每丈銷數多寡不同今按丈牽計每丈銷銀三百五十五兩四錢二分二厘零

一東塘建築柴盤頭壹座裡外勻長二十六丈共銷例估加貼銀三千七百七十七兩八錢六分六厘

一東塘塘後鑲柴六百九十五丈共銷例估加貼銀一萬八千九百十六兩五錢四分六厘

按丈計算每丈銷銀二十七兩二錢一分八厘零

一東塘加填坿土二千九百三十五丈共銷例估加貼銀二千二百五十九兩九錢五分

按丈計算每丈銷銀七錢七分

一東塘建築土堰九十九丈共銷例估加貼銀一百四十一兩五錢五分五厘

按文計算每丈銷銀一兩四錢二分九厘零

一東塘塘後建築橫塘一百二十六丈共銷例估加貼銀二百七十八兩四錢六分
按文計算每丈銷銀二兩二錢一分

一東塘建築子塘一百九十八丈共銷例估加貼銀三百三十兩六錢六分
按文計算每丈銷銀一兩六錢七分

一西塘建築柴盤頭壹座裡外勻長二十八丈共銷例估加貼銀四千四百六兩一錢九厘

一西塘舊建盤頭之外加拋塊石計外圍長二十八丈共銷例估加貼銀二千五百六十三兩六分四厘
按文計算每丈銷銀九十一兩五錢三分八厘

一西塘建築埽工三百六十丈五尺共銷例估加貼銀二萬五千九百七十二兩八錢九分六厘
其中各號高寬丈尺不一每丈銷數多寡不同今按文計算每丈銷銀七十二兩四分六厘零

一西塘搶築柴工二百九十丈共銷例估加貼銀一萬九千七十一兩九錢四分三厘
按文計算每丈銷銀六十五兩七錢六分一厘

一西塘建築埽坦一千八百六十九丈共銷例估加貼銀八萬四千五百二十八兩五錢三厘其中各號高寬丈尺不一每丈銷數多寡不同今按文計算每丈銷銀四十五兩二錢二分六厘零

一中塘建築柴工十二丈共銷例估加貼銀七百八十九兩一錢四分二厘
按文計算每丈銷銀六十五兩七錢六分一厘零

一中塘建築埽坦一千八百五十二丈共銷例估加貼銀八萬二千二百九兩九錢八分其中各號高寬丈尺不一每丈銷數多寡不同今按文計算每丈銷銀四十四兩三錢八分九厘零

以上第三案統共請銷銀一百三十七萬五千三百九十七兩四分七厘
前案內例估加貼兩項銷數係照從前成例不再逐為細敘

第肆案海甯繞城塘復建條石二坦

一復建條石二坦四百五十二丈共銷例估加貼新加銀二萬四千四十七兩九錢一分其中高寬丈尺不一每丈銷數多寡不同今按丈攤計每丈銷銀五十三兩二錢三厘零

前案內例估加貼兩項銷數係照從前舊例不復敘列外所有此次請銷新加增貼一項逐一開明數目于後

尺四五六橎木每根均新加銀一錢一分

新小條石每丈新加銀一錢四分五厘

新塊石每丈新加銀四錢

石沙匠每名均新加銀五分

各項夫役每名新加銀四分

第伍案東防尖塔兩山原建石壩分別添石理砌加高并填面土拋護塊石等工內

一添石理砌壩工一百九丈七尺又雁翅十丈共銷例估加貼銀二千九百七十三兩八錢九分九毫其中寬深丈尺不一每丈銷數多寡不同今按丈攤計每丈銷銀二十四兩八錢四分四厘零

一添石加高壩工七十丈共銷例估加貼銀一千九百四十三兩五錢五分按丈計算每丈銷銀二十七兩七錢六分五厘

一加填面土拋護塊石一百九十丈共銷例估加貼銀四千八百一十兩八錢八分按丈計算每丈銷銀二十五兩三錢二分零

以上第五案共銷例估加貼銀九千七百二十八兩三錢二分九毫

前案內例估加貼兩項銷數係照從前舊例不復逐為敘列

第陸案西防改建建復拆脩魚鱗條塊石塘前後溝槽附土並建築盤頭裏頭等工內

一改建建復魚鱗石塘八百二十七丈八尺除打撈舊石抵用一成外共銷例估加貼新加銀三十七萬七千一百二十四兩三錢五厘七毫七絲七忽一微六纖

按丈計算每丈銷銀四百五十五兩五錢七分四厘零

一拆脩魚鱗石塘一百五十五丈除打撈舊石搭用六成有奇外共銷例估加貼新加銀四萬九千二百九十九兩六錢八厘三毫七絲七纖

按丈計算每丈銷銀三百十八兩六分一厘零

一拆脩條塊石塘三十七丈四尺除條石塊石各皆抵用五成有餘外共銷例估加貼新加銀六千四百三十六兩一錢一分五厘八毫一忽二微七纖

按丈計算每丈銷銀一百七十二兩八分八厘零

一建築西在鳳字號柴盤頭壹座裏外匀長二十六丈連頂土築高三丈共銷例估加貼新加銀一萬三百六兩一錢二厘八毫七絲五忽

一建築黎育字號柴盤頭壹座裏外匀長二十六丈連頂土築高三丈二尺共銷例估加貼新加銀一萬一千一百九十六兩七錢三分六厘八毫七絲五忽

一建築柴裏頭六十丈加拋塊石共銷例估加貼新加銀三萬六千二百九十六兩七錢八分四厘三毫七絲五忽

按丈計算每丈銷銀六百四兩九錢四分六厘零

一前築溝槽後身加填附土一千二十丈二尺共銷例估加貼銀一萬二百八十七兩五錢一分三厘八毫四絲五忽一微四纖其中各號寬深丈尺不一每丈銷數多寡不同今

按丈覈計每丈銷銀十兩八分三厘零

以上第六案共銷例估加貼新加銀五十萬九百四十七兩一錢六分七厘九毫一絲八忽六微四纖

前案內除例估加貼兩項銷數係照從前舊例不復敘列外所有此次請銷新加增貼一項逐一開明數目于後

建復魚鱗石塘內

尺五樁木每根新加銀一錢二厘五毫

尺四樁木每根新加銀九分
新大條石每丈新加銀三錢九分四厘七毫
五絲
石灰每石新加銀七分五厘
汁米每石新加銀六錢
生熟鐵鋦錠每觔新加銀七厘五毫一分六厘七毫五絲
蔴皮每觔新加銀六厘九毫
排釘馬牙梅花樁每根新加銀一錢九分五厘
釘樁木匠每名新加銀二分五厘
鏨鑿鋦錠眼每個新加銀二厘五毫一厘五毫
砌縫鏨鑿石匠每名新加銀三分七毫五絲
擡運石匠每名新加銀二分五厘七毫五絲
汁鍋每口新加銀一錢二分五厘
缸每口新加銀四分
鐵索每條新加銀二錢二分五厘
樁箍鐵每觔新加銀七厘五毫
桶每隻新加銀一分
石碪每部新加銀一錢二分五厘
碪肘每副新加銀一分八厘七毫五絲
高橙每架新加銀五分

木掀每把新加銀一分
灰籮每隻新加銀一分二厘
灰篩每面新加銀一分
挖土夫每名新加銀二分五厘一毫六絲三
忽七微五纖
熟鐵鍬鋤每把新加銀一錢三分二厘
搬運木石等項并挑送雜料夫役每名新加
銀二分五厘
安砌檑樁隙塊石灰土每丈新加銀三錢
四厘四毫五絲
桐油每觔新加銀八厘九毫二絲五忽
蔴絨每觔新加銀一厘二毫五絲
搗灰夫每名新加銀二分
艌石匠每名新加銀二分五厘
拆脩魚鱗石塘內凡興建復之工銷數相同各款均不重列
每丈用汁鍋缸桶灰籮灰篩等項雜料新加
銀一錢一分一厘
拆脩條塊石塘內凡與拆脩魚鱗石塘銷數相同各款均不重列
新塊石每丈新加銀五錢六分
新條石抬運幫夫每名新加銀二分

安砌塊石沙匠每名新加銀二分五厘
安砌塊石抬運幫砌夫每名新加銀二分
建築紮盤頭（內凡與石工銷數相同各款均不重列）
搶築紮裹頭每觔新加銀四分七厘五毫
壓埽土頂土每方新加銀二分二厘五毫
運紮并剉挖夫每名新加銀二分
尺六樁木每根新加銀一錢一分二厘五毫
二尺樁木每根新加銀二錢一分七厘
釘底樁（盤裹）頭每根新加銀（一分二厘五毫／七厘五毫）
釘腰樁（盤裹）頭每根新加銀（二分／一分二厘五毫）
釘面樁（盤裹）頭每根均新加銀三分七厘五毫
剉樁木匠每名新加銀一分二厘五毫
每丈用土箕蔴皮等項雜料（盤裹）頭新加銀（五分／一分二厘五毫）
抬運抛堆夫每名新加銀二分
每丈用竹鐵器具等項新加銀三分七厘五毫

第柒案同治八年分續辦東塘缺口搶築紮壩塘後鑲紮盤頭并西塘建築埽工埽坦等工內

一東塘缺口搶築紮壩一百四丈五尺共銷例估加貼銀四萬四千八百三十一兩七錢一分四厘七絲五忽（其中高寬丈尺不一且有加抛塊石之工每丈銷數多寡不同）今（按丈牽計每丈銷銀四百二十九兩一分一厘零）

一東塘塘後鑲紮五十丈共銷例估加貼銀一千六百四十一兩二錢二分二厘五毫

（按丈計算）每丈銷銀三十二兩八錢二分四厘零

一建築東塘魏横字號紮盤頭壹座裹外勻長二十六丈連頂土築高三丈二尺加抛塊石共銷例估加貼銀八千九百五十七兩三錢八分九厘五毫

一建築東塘合濟字號紮盤頭壹座裹外勻長二十六丈連頂土築高二丈四尺加抛塊石共銷例估加貼銀六千五百七十兩八分一厘七毫

一西塘搶築埽工三十二丈共銷例估加貼銀四千九百十兩一錢八分四厘

（按丈計算）每丈銷銀一百五十三兩四錢四分三厘零

一西塘南龍頭裟壩壩外添建埽坦九十六丈加拋塊石共銷例估加貼銀七千九百六十七兩六錢四分四厘八毫

按丈計算每丈銷銀八十二兩九錢九分六厘零

以上第七案共銷例估加貼銀七萬四千八百七十八兩二錢三分六厘五毫七絲五忽

前案內例估加貼兩項銷數係照從前舊例不復逐一敘列

第捌案中防翁汛露字等號建復魚鱗石塘并塘前加填潰槽塘後建築托壩各工內

一建復魚鱗石塘六百四十丈除打撈舊石抵用一成外共銷例估加貼新加銀二十九萬一千五百六十三兩六錢八分五厘二毫七絲

按丈計算每丈銷銀四百五十五兩五錢六分七厘零

一填築潰槽六百二十六丈照石工計少十四丈緣已有壩基以及已將還土加高可毋庸再築共銷例估加貼銀九千六百四十四兩二錢七分九厘五毫二絲八忽八微

一加築托壩六百二十九丈照石工計少十一丈因已有壩基可毋庸再築共銷例估加貼銀三百八十七兩五錢七分九厘九毫七絲一忽八微

按丈計算每丈銷銀十五兩四錢六厘零

以上第八案共銷例估加貼新加銀三十萬一千五百九十五兩五錢四分四厘七毫七絲六微

前案內例估加貼兩項銷數係照從前舊例其石工項下請銷新加增貼各款均照第六案西防建復石塘數目不復細為敘列

第玖案同治九年分續辦東塘柴壩鑲柴埽工附土
着土土堰等工内
一東塘缺口搶築柴壩一百三十三丈五尺共銷
例估加貼銀二萬八千九百七十三兩九錢六
分八厘四毫二絲五忽其中寬丈尺不等每丈銷數稍有參差今
按丈牽計每丈銷銀二百十七兩三分三厘零
一東塘塘後鑲柴一百六十丈五尺共銷例估加
貼銀四千九百五十一兩九錢四分八厘三毫
二絲五忽其中高寬丈尺不一每丈銷數多寡不同今
按丈牽計每丈銷銀三十兩八錢五分三厘零
一東塘搶築埽工四十丈共銷例估加貼銀三千
五百十二兩八錢五分
按丈計算每丈銷銀八十七兩八錢二分一厘零
一東塘加築附土三百九十六丈五尺共銷例估
加貼銀六百八十三兩七錢九分九厘一毫其中高寬丈尺不等每丈銷數多寡不同今
按丈牽計每丈銷銀一兩七錢二分四厘零
一東塘加築着土二百十一丈八尺共銷例估加
貼銀二十二兩二分七厘二毫
按丈計算每丈銷銀一錢四厘

一東塘填築土堰三百六十二丈共銷例估加貼
銀一百二十六兩五錢九毫五絲其中寬深丈尺不一每丈銷數多寡不等今
按丈牽計每丈銷銀三錢四分九厘零
以上第九案共銷例估加貼銀三萬八千二百七十
一兩九分四厘
前案内例估加貼兩項銷數均照從前舊例不復
逐爲細列

第拾案同治十年分續辦東防搶築柴壩添建埽坦並拋填塊石等工內

一搶築柴壩六十八丈五尺共銷例估加貼銀一萬四千五百八十八兩二錢四分九厘七毫七絲五忽

按丈計算每丈銷銀二百十二兩九錢六分七厘零

一石塘之外添建埽坦二百三十四丈五尺并加拋塊石共銷例估加貼銀一萬三千二百五兩五錢一分五厘七毫五絲

按丈計算每丈銷銀五十六兩三錢一分三厘零

以上第十案共銷例估加貼銀二萬七千七百九十三兩七錢六分五厘五毫二絲五忽

前案內例估加貼兩項銷數均照從前舊例茲故不復逐項敘列

第拾壹案東防戴鎮兩汛舊石塘建復條石頭二坦水盤頭加築雁翅等工內

一建復條石雙橋頭坦一千一百五十五丈四尺共銷例估加貼新加銀五萬九千八百五十六兩五錢七厘其中寬深丈尺不一每丈銷數故各不同今

按丈牽計每丈銷銀五十一兩八錢五厘零

一建復條石单橋頭坦二千二百四十八丈一尺共銷例估加貼新加銀九萬四千八百二十六兩三錢六分三厘三毫五絲其中寬深丈尺不一每丈銷數故各不同今

按丈牽計每丈銷銀四十二兩一錢八分零

一建復條石二坦二千八百十二丈五尺共銷例估加貼新加銀十五萬二千三百四十六兩六錢六分四厘二毫其中寬深丈尺不一每丈銷數周有不同今

按丈牽計每丈銷銀五十四兩一錢六分七厘零

一建築忠則字號柴盤頭一座裏外勻長十七丈一尺五寸連頂土築高三丈四尺共銷例估加貼新加銀七千十一兩七錢八分七厘二毫八絲

一建築如松字號柴盤頭一座裏外勻長十九丈

七尺五寸連頂土築高三丈四尺共銷例估加
貼新加銀八千一百五兩二分七厘七絲
一建築典亦字號柴盤頭一座裏外勻長二十七
丈連頂土築高三丈七尺迤東加築雁翅四丈
共銷例估加貼新加銀一萬三千七十五兩七
錢八分八厘七毫九絲五忽
以上第十一案共銷例估加貼新加銀三十三萬五
千二百二十二兩一錢三分七厘六毫九絲五
忽
前案內例估加貼兩項銷數俱照舊例不復敘列
外所有此次請銷新加增貼一項逐為開明細
目于後
計開
頭二坦內
新小條石每丈新加銀一錢四分五厘
新塊石每丈新加銀四錢
沙石等匠每名新加銀五分
各項人夫每名新加銀四分
尺四尺五尺六樁木每根新加銀一錢一分
柴盤頭內
運柴剷挖抬運拖堆等夫每名新加銀四分
尺五尺六二尺樁木每根新加銀一錢一分
新塊石每丈新加銀四錢

第拾貳案同治十一年分續辦東塘搶築柴壩改築埽工等工內

一東塘搶築柴壩十一丈五尺共銷例估加貼銀三千四百二十三兩八錢九分二厘一毫二絲五忽

按丈計算每丈銷銀二百九十七兩七錢二分九厘零

一西塘埽坦改築埽工六十丈共銷例估加貼銀四千七百十四兩八錢三分

按丈計算每丈銷銀七十八兩五錢八分零

一西塘搶築柴工六十丈共銷例估加貼銀三千二百八十八兩五錢九分二厘五毫

按丈計算每丈銷銀五十四兩八錢九厘零

以上第十二案共銷例估加貼銀一萬一千四百二十七兩三錢一分四厘六毫二絲五忽

前案內例估加貼銷數係循舊例茲不復細敘

第拾叁案東中兩塘戴鎮二汛魚鱗石塘分別建修拆築並建復埽工埽坦以及條石頭二坦水附土工塥溝槽各工內

一建復東中塘魚鱗石塘三百十八丈七尺五百零一丈六尺共八百二十丈三尺除打撈舊石抵用二成有餘外共銷例估加貼新加銀三十四萬四千九百一兩三錢七分五厘九毫六絲一忽五微一纖

按丈計算每丈銷銀四百二十兩四錢五分七厘零

一拆修東中塘魚鱗石塘一百二十一丈五尺一百一十九丈七尺共二百四十一丈二尺除打撈舊石抵用五成有餘外共銷例估加貼新加銀七萬八千一百四十兩七錢六分九厘七毫四絲八忽五微四纖

按丈計算每丈銷銀三百二十三兩九錢六分六厘零

一建築中塘埽坦三百三十七丈共銷例估加貼新加銀二萬七百二兩三錢四分八厘一毫

按丈計算每丈銷銀六十一兩四錢三分一厘零

一建復加築埽工八十三丈五尺共銷例估加貼銀六千五百六十七兩四分五厘三毫七絲五

忽内建復四十五丈五尺加築三十八丈係畢計高寬報銷今

按丈計算每丈銷銀七十八兩六錢四分七厘零

一填築附土一千六十一丈五尺共銷例估加貼銀四千八百六兩二錢八分七厘九毫四絲七忽一微

按丈計算每丈銷銀四兩五錢二分七厘零

一填築溝槽三百十九丈二尺共銷例估加貼銀一千四百十四兩四分五厘八毫七絲一忽四微

按丈計算每丈銷銀四兩四錢二分九厘零

一建築土堰四百四十丈二尺共銷例估加貼銀三百三十九兩一錢三分五厘五毫三絲二微七纖

按丈計算每丈銷銀七錢七分

一建築條石頭坦三百十丈五尺共銷例估加貼新加銀一萬三千六百九十二兩六分六厘七毫五絲

按丈計算每丈銷銀四十四兩九分六厘零

一建築條石二坦三百三十一丈五尺共銷例估加貼新加銀一萬八千六百三十五兩八錢二分五厘

按丈計算每丈銷銀五十六兩二錢一分六厘零

以上第十三案共銷例估加貼新加銀四十八萬九千一百九十八兩九錢

前案內石塘坦埽各工之例估加貼兩項銷數係照從前舊例不復敘列外所有此次請銷新加增貼一項逐為細列於後

石塘

各項工料項下新加銀數悉照第二第六兩案西中二防成案開銷

頭二坦

各項工料項下新加銀數悉照第四案繞城塘二坦成案開銷

埽坦埽工

搶柴每百觔新加銀四分七厘五毫

壓埽項土每方新加銀二分二厘五毫

運柴剉挖夫每名新加銀四分

尺四五六橋木每根新加銀一錢一分

第拾肆案東中兩防戴鎮二汛舊塘後身加築附土戧土土堰暨帮寬等工內

一加築附土東防一千四百九十六丈二尺中防五百四十七丈共計二千四十三丈二尺共銷例估加貼銀一千八百六十七兩四錢八分四釐八毫

按丈計算每丈銷銀九錢一分四釐

一加築戧土東防一千四百九十六丈二尺共銷例估加貼銀一百九十六兩二釐二毫

按丈計算每丈銷銀一錢三分一釐

一填築土堰東防一千五百九十二丈二尺共銷例估加貼銀四百七十三兩六錢七分九釐五毫

按丈計算每丈銷銀二錢九分七釐零

一帮寬中防一百四十二丈五尺共銷例估加貼銀五百三十兩三錢八分五釐

按丈計算每丈銷銀三兩七錢二分二釐

以上第十四案共銷例估加貼銀三千六十七兩五錢五分一釐

前案例加兩項銷數係循舊例不復叙列

第拾伍案中東兩防翁尖二汛建修魚鱗石塘塊石坦水柴工埽工埽坦附土溝槽等工內

一建復中防翁汛魚鱗石塘三百十三丈八尺共銷例估加貼新加銀十五萬二百八十六兩四錢二分四釐六毫六絲三忽一微

按丈計算每丈銷銀四百七十八兩九錢二分四釐零

一拆脩中防翁汛魚鱗石塘七十七丈三尺除舊石抵用五成外共銷例估加貼新加銀二萬六千七百九十四兩九錢四分二釐三毫八絲三忽三微

按丈計算每丈銷銀三百四十六兩六錢三分五釐零

一建築中防翁汛埽坦二百六十八丈共銷例估加貼新加銀一萬五千七百十兩七分九釐六毫

按丈計算每丈銷銀五十八兩六錢一分九釐零

一建築改築中防翁汛埽工二十七丈共銷例估加貼新加銀三千九兩六錢四分五釐其中高寬丈尺不等每丈銷數因有多寡今

按丈牽算每丈銷銀一百十一兩四錢六分八釐

零

一建築改築中防萷汛柴工三十一丈共銷例估加貼新加銀二千五百四十七兩五錢六分七厘五毫

按丈計算每丈銷銀八十二兩一錢七分九厘零

一填築中防萷汛附土三百九十一丈一尺共銷例估加貼銀二千九百十四兩一錢六厘九毫三絲九忽

按丈計算每丈銷銀七兩四錢五分一厘零

一填築中防萷汛溝槽一百二十三丈一尺共銷例估加貼銀六百五十九兩六錢六分七厘六毫五絲三忽

按丈牽計每丈銷銀五兩三錢五分八厘零

一建復東防𡊮汛魚鱗石塘二百六十七丈五尺除舊石抵用六成外共銷例估加貼新加銀八萬五千九百六十四兩四錢六分三厘六毫七絲七微

按丈牽算每丈銷銀三百二十一兩三錢六分二厘零

一拆修東防𡊮汛魚鱗石塘六十一丈五尺除舊石抵用九成外共銷例估加貼新加銀一萬五千四百十七兩五分二厘五毫二絲一忽七微

按丈牽算每丈銷銀二百五十兩六錢八分三厘零

一改建東防𡊮汛並毘連念汛塊石頭二坦水單長計二千八百十六丈共銷例估加貼新加銀十萬二千四百十四兩四錢

按丈計算每丈銷銀三十六兩三錢六分八厘零

以上第十五案共銷例估加貼新加銀四十萬五千七百十八兩三錢四分九厘九毫三絲

前案內石塘坦埽等工例加銷數均循舊例其新加一項係照第二第四第六第十三等成案請銷不復敘列

第拾陸案同治十三年分西防加築埽工內

一加築埽工二十丈共銷例估加貼銀一千七百五十六兩四錢二分五厘

按丈計算每丈銷銀八十七兩八錢二分一厘零

前案內例估加貼兩項銷數係照從前舊例不復逐為敘列

第拾柒案脩復原估海鹽魚鱗大石塘內

一脩復十八層魚鱗石塘十五丈五尺除舊橋抵用二成有餘舊石抵用四成有餘外共銷銀一萬三千六百九兩四錢三分二厘六毫五絲

按丈計算每丈銷銀八百七十八兩二分八厘

一脩復十七層魚鱗石塘四丈除舊橋抵用二成半舊石抵用四成有奇外共銷銀三千四百十三兩六錢三分四厘三毫一絲四忽

按丈計算每丈銷銀八百五十三兩四錢八厘零

一脩復十六層魚鱗大石塘八丈五尺四十七丈除舊橋抵用二成有奇舊石抵用四成五分外共銷銀三萬六千九百七十五兩四錢八分七厘

按丈計算每丈銷銀六百六十六兩二錢二分五厘

一脩復十四層大石塘一丈除舊石抵用四成有餘外共銷銀五百五十八兩二錢三分五厘五毫二絲二忽

以上第十七案共銷銀五萬四千五百五十六兩七錢八分九厘

前案銷數係照道光年間垂章等號成案開銷所有各項數目逐一具列於後

計開

尺五橋木每枝銀四錢一分

釘橋每根銀一錢

木匠每名銀一錢

大條石每丈銀四兩八錢二分二毫

鑿鑿安砌捻縫石匠每名銀一錢

抬運帮砌搗灰夫每名銀八分

石灰每石銀三錢

汁米每石銀二兩四錢

生鉄錠每個重四觔每觔銀三分

熟鉄鍋每觔銀六分七厘 每個重一斤

鑿鑿錠眼每個銀一分

鑿鑿鍋眼每個銀六厘

土每方銀一錢八分

夯硪每方銀四分三厘二毫

抬灰米灌漿夫每名銀四分

圓作接跌匠每名銀三分

蔴皮每觔銀二分七厘六毫

汁鍋每口銀五錢

汁缸每口銀一錢六分

---

石硪每部銀五錢

硪肘每副銀七分五厘

灰籮每隻銀四分八厘

灰篩每面銀四分

汁桶每隻銀四分

高櫈每架銀二錢

木掀每把銀四分

橋箍每個銀三分

鉄繩每條銀九錢

鉄鋤每觔銀六分三厘 每把重三斤

鉄鍬每觔銀六分三厘 每把重三斤

鍬鋤柄每根銀一分九厘

土筐每隻銀二分八厘

桐油每觔銀三分八厘

第拾捌案東防念汎建脩東西兩頭石塘埽坦埽工坦水附土等工內

一建復西頭魚鱗石塘五百三十五丈二尺共銷例估加貼新加銀二十三萬一千三百十九兩三錢二釐

按丈計算每丈銷銀四百三十二兩二錢一分零

一填築西頭隨塘附土五百三十五丈二尺共銷例估加貼銀四千三百九十兩二錢七分五釐

按丈計算每丈銷銀八兩二錢三釐零

一建築西頭埽坦五百四十一丈五尺共銷例估加貼新加銀三萬一千七百四十二兩五錢六分八釐

按丈計算每丈銷銀五十八兩六錢一分九釐零

一建築西頭埽工二十九丈連拋護石共銷例估加貼新加銀六千二百八兩八錢一分一釐

按丈計算每丈銷銀二百十四兩九分六釐零

一建復東頭魚鱗石塘一百四十六丈五尺共銷例估加貼新加銀六萬三千三百十八兩九錢五分七釐

按丈計算每丈銷銀四百三十二兩二錢一分一釐零

一填築東頭隨塘附土一百四十六丈五尺共銷例估加貼銀一千二百一兩七錢四分七釐

按丈計算每丈銷銀八兩二錢三釐零

一拆修東頭魚鱗石塘三十二丈除舊石抵用五成外共銷例估加貼新加銀一萬一千九十二兩三錢二分九釐

按丈計算每丈銷銀三百四十六兩六錢三分五釐零

一填築東頭隨塘附土三十二丈共銷例估加貼銀二百六十二兩四錢九分八釐

按丈計算每丈銷銀八兩二錢三釐零

一建築東頭埽坦三百二十五丈五尺共銷例估加貼新加銀一萬九千八十兩七錢一分三釐

按丈計算每丈銷銀五十八兩六錢二分

一改建東頭埽工二十丈連拋護石共銷例估加貼銀三千九百五十八兩六錢五釐

按丈計算每丈銷銀一百九十七兩九錢三分零

一改建東頭塊石頭二坦水單長十三丈共銷例估加貼新加銀四百七十二兩七錢九分四釐

按丈計算每丈銷銀三十六兩三錢六分八釐零

以上第十八案共銷例估加貼新加銀三十七萬三千四十八兩五錢九分九釐

前案內例估加貼兩項銷款悉照從前舊例其新加一項係照第二第四第六第十三第十五等成案請銷茲故均不復爲逐一叙列

第拾玖案東防念汛初限建修石塘柴壩附土漕槽等工內

一建復魚鱗石塘六百六丈五尺除舊石抵用六成有奇外共銷例估加貼新加銀二十八萬一千一百六十九兩八錢五毫五絲七忽

按丈計算每丈銷銀四百六十三兩五錢九分四釐零

一拆修魚鱗塘十三丈五尺除舊石抵用五成有奇外共銷例估加貼新加銀四千三百九十五兩八錢五分

按丈計算每丈銷銀三百二十五兩六錢一分八釐零

一隨塘填築溝槽六百二十丈共銷例估加貼銀五千八十五兩八錢九分三釐八毫五絲七忽

按丈計算每丈銷銀八兩二錢三釐零

一隨塘填築附土六百二十丈共銷例估加貼銀五千八十五兩八錢九分三釐八毫五絲七忽

按丈計算每丈銷銀八兩二錢三釐零

一建築柴壩二十三丈五尺共銷例估加貼銀二千二百五十一兩四錢九分五釐

按丈計算每丈銷銀九十五兩八錢八釐零

以上第十九案共銷例估加貼新加銀二十九萬七千九百八十八兩九錢三分三厘二毫七絲一忽

前案内例估加貼兩項銷數均循舊例至新加一項亦照歷銷成例開報故不復爲細列



第貳拾案建修東防尖汛石塘坦水盤頭並戴念二汛坦埽等工内

一拆脩尖汛魚鱗石塘六十丈（除舊石抵用七成有奇外）共銷例估加貼新加銀一萬七千七百九十四兩六錢二分五厘

（按丈計算）每丈銷銀二百九十六兩五錢七分七厘零

一建築尖汛泰稷字號柴盤頭壹座裏外匀長二十六丈連頂土築高三丈五尺共銷例估加貼銀九千四百七十六兩五錢九分一厘

一建築尖汛塊石單坦二百六十丈共銷例估加貼新加銀一萬一千五百三十四兩六錢四分

（按丈計算）每丈銷銀四十四兩三錢六分四厘

一建築戴汛條石頭坦十三丈五尺共銷例估加貼新加銀七百十七兩一錢二分九厘

（按丈計算）每丈銷銀五十三兩一錢二分零

一建築念汛碣石字號柴盤頭壹座裏外匀長二十六丈連頂土築高三丈五尺共銷例估加貼銀九千四百二兩一錢五分三厘

一改築念汛埽工二十二丈共銷例估加貼新加

銀二千二百五十四兩一錢二分二厘
按丈計算每丈銷銀一百二兩四錢六分零
一加築念汛埽工九丈共銷例估加貼新加銀六百五十九兩七錢七分二厘
按丈計算每丈銷銀七十三兩三錢八厘
以上第二十案共銷例估加貼新加銀五萬一千八百三十九兩三分二厘
前案內例估加貼兩項銷數均照從前舊例其新加一項係照歷次准銷成案開報不復逐為敘列

第念壹案脩復海鹽魚鱗大石塘坦水等工內
一脩復十五層魚鱗石塘三十三丈除舊石抵用五成外共銷銀一萬九千八百四十二兩七分三厘
按丈計算每丈銷銀六百一兩二錢七分四厘零
一脩復十四層魚鱗石塘五丈除舊石抵用五成外共銷銀二千六百七十六兩八錢七分六厘
按丈計算每丈銷銀五百三十五兩三錢七分五厘零
一脩復十七層魚鱗石塘二十二丈五尺除舊石抵用五成外共銷銀一萬八千九百四十二兩一錢四分九厘
按丈計算每丈銷銀八百四十一兩八錢四分三厘零
一脩復十六層魚鱗大石塘十七丈除舊石抵用五成有奇外共銷銀一萬一千三十四兩九錢四分九厘
按丈計算每丈銷銀六百四十九兩一錢一分四厘零
一脩復十八層魚鱗石塘五丈五尺除舊石抵用五成有奇外共銷銀四千九百四十四兩四錢八分五厘
按丈計算每丈銷銀八百九十八兩九錢九分七

釐零

一建築塊石雙坦一百七十一丈（除舊石抵用五成外）共銷銀七千八百七十四兩七錢七分八釐（按丈計算）每丈銷銀四十六兩五分一釐零

以上第二十一案共銷銀六萬五千三百十五兩三錢一分

前案內石塘銷數係照道光年間垂章等號並第十七案成例請銷其坦水一項係循歷次准銷成案開報茲故不復贅列

# 海塘新案

## 外辦章程

督辦塘工總局司道為詳明事案奉
前護憲蔣　札開以海塘工程關係蘇浙兩省
農田水利亟應設法脩築以資保衛當經委員
分往海甯德清海塩等處勸辦米捐接濟並飭
在省設立塘工總局督同各員將脩築海塘工
程設法妥議章程認真經理仍將開局辦理日
期報查等因嗣又奉
前護憲蔣　札飭以海塘工程緊要亟應乘此
潮平水涸之時將各處缺口要工搶辦完竣以
衛農田業經
奏明將杭嘉湖三府米捐銀兩撥歸塘工之用札
局即派妥員沿塘設立分局督辦一面委員分
投收買柴草並催趕解米捐銀兩濟用仍將委
設分局辦理緣由報查各等因奉此除遵札辦
理外當將啟用關防開局日期申報在案　本司
職道等遵即擇於翁家埠汛設立分局委派補
用同知坐補廣西興安縣知縣周壽祺候補縣
丞江順詒前往駐局會同將收支銀錢一切事
務認真經理一面先給款項飭委候補游擊夏
守先候選知縣秦汝森候補縣丞劉開禮補用
主簿王序瑚分投赴山購辦塘柴椿木運工濟
用所有脩築海塘工程以及應辦各事今本司
道等現已擬就章程八條理合繕具清摺備文
詳請仰祈
憲臺察核示遵除詳
撫督二憲外為此備由呈乞
照詳施行
今呈送清摺一扣

謹將設局脩理海防柴壩等工酌擬辦法章程
八條開具清摺恭呈
憲鑒
計開
一請添設分局以便照料也查杭州離海甯百
有餘里工段甚長而決口最大者莫過於翁
家埠該處又為杭州至海甯適中之地擬請
即於翁家埠設立分局並請添派委員駐局
照料興工及稽查樁柴橋木到工觔兩丈尺
各事務並專司收支銀錢帳目除大批款項

由總局給發外其工次委員薪水差役飯食各項夫價暨需用一切什物等件均歸分局支放

一興辦塘工應分別堵禦以期鞏固也查三防工程自五堡起至海甯止計大小缺口五十餘處其海甯迤東毘連缺口大小五十餘處均擬在口門之内審度其勢建築柴壩又石塘尚整而塘脚漏水椿木朽爛者擬於石塘之外脩築柴埽保護其石塘後附土矬陷之處擬於塘後填土鑲柴以培後靠其餘應脩各工自應察看情形分別緩急隨時報明興辦

一派委員弁監工督理以昭慎重也查此次脩築海塘工長事繁一有照料不到之處即有減料偷工之虞現擬一俟柴料到工即將海甯迤西之翁家埠等處要工先行興辦除已派營員候補游擊王東林等分段駐紮監修外仍須添派委員照料並兼管柴料椿木各事宜

一委員購料到工應令分局委員認真驗收也查以前購買物料多有未能核實現在經費艱難必須力求撙節以期銀歸實用款不虛糜擬定嗣後凡有委員辦料先給銀洋若干俟柴船椿木運抵開口由辦料委員派人先赴總局投呈發票發票内註明槍柴担數觔兩椿木圍圓丈尺數目總局將發票收下備案換給局票交來人收執飭令來人將柴料押赴某塘某字號工次交納並將局票呈送分局由分局委員督同管工委員並該管汛弁跟同抽秤丈量核對與總局換給之票觔兩數目是否相符符則由管工委員會同汛弁照數起發出具收管呈報分局由分局出具收票令伊赴總局找領價值若柴料與局票不符即於收票内註明收到數目若干由總局另筭折扣以昭核實

一槍柴椿木既到工次應派人經管以免偷漏也查以前柴料抵工向派夫長承起承管俟用料時由管工委員轉派家丁或塘兵過籌記數其偷漏朦混不一而足此次柴料椿木到工經分局委員赴埠秤過丈量之後即令

管工委員會同汎弁監收收到若干由該員弁派人經管其看役飯食由分局給發一面出具收結呈報分局若這段工未經派管工委員者即令該汎把總收候於用時煩駐工營員遴派妥貼蓬頭什長會同過籌記數倘有短少即惟該管之員弁是問如此各有稽查之責似不致任其偷漏也

一夫工應令包價以期節省也查從前凡遇搶修缺口工程均是點工與作兼放籌土其中百弊叢生防不勝防此次修築柴垻等工應飭令分派委員會同海防守備親自丈量察看地勢深淺以定柴垻工程高濶核計每丈需用土方若干再定價值多少並令監工員弁督押每舖柴草一層蓋厚土一層總以看不見柴草為度如此辦理雖不能弊絕風清而較之籌土點工者是可撙節

一塘工浮費應一律裁革也查塘工與河工異從前人人視為利藪一遇辦工之時海防營弁塘兵各衙門差役每丈向各項夫頭工匠索取規費自數百文起至數千文不等各夫役無非高抬夫價以償自己之虧此外凡有局中發款若輩無不暗中需索殊堪痛恨當此經費支絀亟應嚴行禁革以除惡習而節糜費自此次定章之後倘再不知悛改一經查出除將弁兵差役從嚴懲辦外仍將海防守備並該管衙門嚴行恭辦以示懲儆而昭核實

一在工文武員弁應分別賢否勤惰以昭勸懲也查此次興修柴垻等工事繁日久辦料委員監工員弁如能廉潔自愛勤勞倍著始終其事者自應分別記功詳請
奏咨獎叙以示鼓勵其有貪劣怠玩者亦即立予參撤以示懲儆

同治四年正月二十一日詳二月初五日奉
撫憲馬 批所議章程尚屬妥協仰即如詳辦理惟包工一節最易偷減務須諄飭委員認真查察核實辦理是為至要仍候
督部堂批示繳摺存

督辦塘工總局司道為遵札會議詳請事竊奉
撫憲憲臺札開現在興辦海甯州繞城石塘工程浩
大非搶築缺口情形可比一切事宜未可草率
從事其在工文武大小各員弁自應預為派定
職司以免貽悞除專札杭防陳道暨候補唐道
會同該局將購料集夫以及分段承辦興築監
工驗料等事務須逐一妥議條規開摺稟請核
示辦理外札局查照會同妥議條規開摺稟候
核辦等因奉此遵即會同將集夫購料興築監
驗及派定文武員弁職司、各事宜分別酌擬八
條開摺具文詳請
憲臺鑒核批示俾得遵辦除詳
撫督二憲外為此備由呈乞
照詳施行

今呈送清摺壹扣

謹遵會議脩建海甯繞城石塘集夫購料興築
監驗以及派委文武各員職司緣由酌擬八條
具摺恭呈
憲鑒伏乞
核示施行

計開

一辦理石塘今昔殊情也伏查海甯繞城魚鱗石塘建自雍正十三年其時裕中堂曾筠疏以臨水做工一日兩潮油灰漿汁無所施用請先將舊塘脩築以固籓籬另於塘後度基建築原以前無障蔽無從施工也今查繞城石塘外埽無存坦水亦漂失殆盡是真臨水做工開槽清底潮汛漲溢在在為難且舊樁霉朽梗斷土中釘樁更多吃力其坦去潮沖塘底間有深至丈餘之處尤須設法下樁原塘十六層今改建十八層亦以塘脚低矬非此難資捍堵此初建與脩建難易懸殊之實在情形也

一辦理石塘先資坦水也伏查海甯繞城石塘坦水建自雍正間乾隆元年補砌二層二十五年加建三層原以潮沖沙活資為保護塘根之具現已一律漂失水勢平鋪修建頭二兩坦已在水中興工如果歲脩有常兩坦亦資保護若不隨時脩補非有重沙叠漲坦石斷無不隨水漂蕩之理坦水壞則塘身亦斷

無不乘虛坍卸之理此坦水為保護石塘第一之要着也查坦水向用條石蓋面塊石填心條石係產于紹邑之羊山烏門山塊石係出于富陽之長山術海塘石工多年未辦其石價宕本每丈每方需錢若干船運水脚需錢若干條石盤壩每丈扛抬辛力若干皆無從查悉刻已派員赴山採辦查明確實價目或有宕戶承認辦運到工先悉底細免資朦混至與工一面脩建坦水於繞城未坍石塘藉以保護此石塘先資坦水之實在情形也

一盤頭石堵宜擇要先建也查盤頭即挑水壩兼海抵冲底深溜急非趁秋冬潮落勢難下埽若一時齊建誠恐夫料不能應手擇自都字號尤為吃緊之盤頭擬以先行脩建其康沛宮殿字號兩盤頭暨康好爵字號之石堵以次遞脩而調工力

一工次需用夫役船隻宜廣為招募也查石塘久未興辦自遭亂後本地石匠抬夫多半流亡改業此次興工斷難一呼驟集現除飭東防同知孫丞海甯州靳牧及甯紹府縣飛速廣為招募外並飭來工武員酌量招集總期協力同心不懈不擾令酌定打撈本號舊石每夫每日給飯食錢百文每塊給辛力錢三十五文打撈外號石每塊共給工食辛力水脚錢壹百四十文現已示諭核實給發不折不扣並嚴禁需索此係現定章程甫經試辦如變通之處當隨時酌改以免苦累而昭核實其打撈之處亦經示諭只准廢石之在水中及坍塌缺口石落沙上無依附者方聽其打撈其完善塘石及間有坍塌尚足保護塘根者悉行禁其採取并通飭各汛員弁加意看守不致以拆舊建新為詞橋架人夫查現在三防併計海鹽海甯三江橋架不過四十餘副修建石塘坦水全在橋夫應手辦工方期迅速但三防外埽亦是刻不可緩之工若全行調辦未免有顧此失彼之虞擬俟石塘興工先行分撥二十副一面耑人前往海鹽並山陰所屬之三江錢塘所屬之四鄉等處僱辦仍札飭各該縣出示諭令趕速來工船隻除打撈外載運條石塊石等項需用甚多

查兩岸鹽場漁船祗五十餘隻鹽務亦關緊要自應隨時酌量招運兩不妨礙為宜再查會稽所屬之曹娥江百官蒿壩一帶蕭山所屬之義橋聞堰沿江等處向有裝貨百官船一名八卦船除札飭各該縣並船局委員查報核辦外並飭東防廳海甯州出示封僱附近船隻以應急需此各項夫役現辦之實在情形也

一物料宜為籌備也查石塘所需樁木條石塊石灰鐵油蔴等項繁瑣無比而樁木尤難為合式其塘身坦水樁木俱以長二丈外圍圓尺五六寸為佳頭杪尤須相稱現經蘇道赴嚴州一路採辦自能斟酌悉宜惟木料既多其中恐不無牽湊配搭不合用者到工核量挑剔變價以節虛糜亦免久擱沈落灰鐵油蔴等物需用略緩次第趕辦尚不為難

一經費宜預籌撥也查石塘工鉅費繁樁木仿照柴塘辦法由局發價採辦運工分局照收造報其餘物料夫工需費尚多每月支發若干應由總局寬為籌辦若能就近撥發既免解運花費又免舖店扣短少於公事不無裨益其解領仍由分局備文報明總局以憑查核

一分管工段物料人員宜分別酌派也查塘務繁冗非逐項派員經理事無責成一項之中收發管驗一員恐難兼顧且工段綿長一有不到百弊環生而散漫無稽尤恐紛紜舛錯現除趙令管理帳目外擬派同知等官總查一員監工四員請餉一員採辦石塊一員木石兩務各一員佐以司事各二人幫同照料灰鐵油蔴等物款項較輕擬專用司事二人押同揀撈舊石現派差遣武員二人倘員數不敷派遣隨時移商總局添委斷不令有虛曠

一監修文武員弁宜予限分別勸懲也查此次興辦石塘較之柴工尤為吃緊若物料人夫應手不難剋期蕆事倘樁架招夫招募無多告竣不無稍緩惟各員在工櫛風沐雨非尋常差使可比似難久持擬請文員期年一換以均勞逸當差勤慎者查照柴壩記功章程

詳請記功拔委以示優異怠玩偷安者記過
停委其武弁當差勤惰事同一律亦可照辦
如此明定章程庶足示勸懲而勵將來

以上八條謹就現辦事宜分別酌擬將來如有
變通損益自應隨時詳請
憲示遵行再查繞城石塘此次係擇要修建除勘
估丈尺外如工程期內另有坍卸之處隨時詳
請
核辦合併陳明

同治五年九月十八日詳十月十六日奉
撫憲馬　批所議各條均屬妥洽仰即如詳辦理
　仍候
督部堂批示繳清摺存

督辦塘工總局道詳為詳請事案奉
撫憲臺札開照得搶築西中兩防缺口柴壩外埽
各工現據該局詳請
奏報完竣並據該局詳尾申明搶辦工程向無保
固限期然能否邀准尚未可知即使照准而已
竣之工尤須隨時保護方免坍卸札局遵照妥
議善後章程詳請附
奏等因奉此除遵照妥議章程六條另文會詳請
奏外尚有應議外辦善後各事宜茲經本司道等
會擬五條是否有當理合繕摺備文詳請
憲臺察核示遵除詳
撫督二憲外為此備由呈乞
照詳施行
　今呈送清摺壹扣
謹將西中兩防已竣柴壩外辦善後章程伍條
繕具清摺呈請
憲鑒
　計開
一西中兩塘已竣各工應存款保固也查此次
報竣各工雖由廳備出具保固甘結但該廳

備並無銀錢經手與從前領款承辦者迥別現於外銷公費內撙節扣存洋九萬元錢一萬串寄儲藩庫以為保固銀兩如西中兩塘報竣工段遇有限內應修之工准其稟請酌量動用興脩由局核請藩庫給發或限外興修不得於此項保固銀兩之內動撥以清界限

一已竣柴埽各工責成廳備隨時保護也查向章各防工程遇有小修由廳備督飭弁兵隨時挑築完固此次設局興辦大工各汛弁兵除月餉外均給有薪水飯食名目現在雖經停給而報竣各工如僅用土方茅草脩築者應飭廳備責成汛兵挑築不得由局動款以節糜費至茅草一項應預先購積者由廳備開摺稟請總局核給以示體卹

一提存保固銀兩限滿後歸入歲脩存案也查此次保固提存之款如係限內興脩自應稟請動款或二年限滿後尚有盈餘即不能再作保固名目擬請劃歸歲脩項內動支以昭核實

一已竣各工遇有興脩應飭廳備詳估也查此次已竣各工無論限內限外動款興脩應飭廳備詳請勘估俟批准後由總局動款興脩如係保固領款毋庸劃扣公費

一廳備擬增薪水以資辦公也查向來興辦各工均由廳備領款承修此次改為設局委員經理實用實銷廳備概不經手銀錢其應得廉俸薪水實屬不敷公用擬請由外銷公費款內每月各加給銀伍拾兩以資津貼而免苦累

同治六年十二月十三日詳十七日奉

撫憲馬　批所議各條尚屬周妥仰即如詳辦理

仍俟

督部堂批示繳摺存

督辦塘工總局司道為續議詳請事案奉

歷任督憲馬臺札開照得搶築西中兩防缺口柴壩外埽等工現據該局詳請

奏報完竣並據該局詳尾申明搶築工程向無保固限期然能否邀准尚未可知即使照准而已竣之工尤須時加保護方免坍卸札局遵照妥

議善後章程詳請附
奏等因遵經妥議善後歲脩章程會詳請
奏並另議外辦善後章程伍條開摺詳奏
陞任督憲馬憲台批示所議各條尚屬周妥仰即如
詳辦理仍候
督部堂批示繳摺存等因奉經遵行辦理在案
本司道等伏查前議外辦章程伍條內開已竣
各工遇有興脩應飭廳備詳請勘估該廳備撙
節估辦或拆築或加鑲既不容稍涉浮冒自仍
宜酌定數目以示限制本司道等謹再添議一
條繕摺具詳是否允協伏乞
憲台察核批示遵行除詳
撫督二憲外為此備由呈乞
照詳施行
計呈送清摺壹扣
謹將添議西中兩塘已竣各工外辦善後章程
一條開摺呈請
憲鑒
一拆脩各工銀數宜有限制也此次柴埽各工
無不力求堅寔惟恐霉伏秋汛山潮並旺所

築新工經歷未久或致殘損偶形該廳備稟
請興脩往往不知撙節抑思外銷公費扣存
保固一項原為體卹廳備起見未可藉此浮
開即限外歲脩亦復經費有常不得任意多
請致嫌浮冒查志載外辦章程埽工每丈估
銀九十七兩有零拆脩每丈銀六十餘兩加
鑲每丈銀三十餘兩盤頭每座估銀六千兩
拆脩每座銀二千餘兩加鑲每座銀一千餘
兩皆歷有成例可稽此後拆脩工程無論限
內限外應由杭防道履勘後擇要興脩核寔
估計柴埽各工銀數照例估不得過六十兩
加鑲減半盤頭拆脩照例估銀不得過三分
之一加鑲銀不得過六股之一其有原估多
於例估者則臨時查案酌核至柴坦裹頭銀
數不一每丈拆脩亦即查照原辦成案酌量
核減如以上柴埽等工須拋塊石則不在歲
修之內歸於另案辦理若埽坦係屬後來名
目雖無例案可援而拆脩有舊料可抵應照
現辦烏官人簧姑等字號新建銀數核作三
分之二以示限制以杜浮冒

同治七年四月十八日詳二十八日奉
撫憲馬　批所議尚屬妥協仰即如詳辦理移行
毋違併候
督部堂批示繳摺存

---

督辦塘工總局司道為會議詳請事竊照浙省海
甯繞城各工因年久失修間段坍卸前蒙
歷任督憲馬憲台奏明設局辦理並奉派委補用唐
道林道先後駐工會同各管道督率建築自同
治五年十月初六日開工迄本年三月初五日
一律告竣當准督辦林道將完竣各工字號丈
尺繕摺移送前來業經開單會詳請
奏在案本司道等伏查前項海甯繞城各工經駐
工各道親督建築無不力求堅固惟近來南沙
迭漲海潮直趨北岸每遇伏秋大汛尤為猛湧
前項坦水等工不無沖損自應隨時脩葺其應
需一切必須預為籌議以垂久遠本司道等謹
會議善後歲脩保護章程四條開摺具文會詳
是否有當仰祈
憲台察核示遵除詳
撫督二憲外為此備由申乞
照詳施行
計詳送清摺壹扣
謹將會議辦竣海甯繞城各工善後歲脩保護
章程四條開摺恭呈

憲鑒

計開

一護塘坦水宜責成汛弁隨時脩補也查康字號至殿字號建復兩層坦水各六百八十餘丈原藉頭坦以護塘根藉二坦以護頭坦但潮汐撞激樁木間有歆斜條石即隨之撳動若不及時脩補將至連片揭起貽悞多費莫此為甚應責成該汛把總隨時察看若損一樁一石即稟明該管廳備立時釘砌仍令該廳備將某汛某字號補釘幾樁補砌幾石按月詳報總局及杭道衙門查考杭道不時親臨閱視如有殘缺未補惟該汛弁是問

一護坦竹簍宜補拋塊石也查靜情都邑及渭據等字號因水深不能施工仿照雍正十三年乾隆八年之例改用竹簍共長四百五十餘丈惟竹絡難以持久一遇樁木動搖塊石不免漂失此後竹簍如有損壞應令該汛弁即刻稟知廳備驗明補釘外樁將存儲塊石隨時補拋務令填實以固頭坦

一節省銀兩擬發典生息為歲脩經費也此段石工原估銀二十四萬兩茲經極力撙節除實用外計節省銀三萬一千餘兩查坦水保固例限四年而竹簍雖係兩年限滿或有蟄陷潑損不能不隨時加脩從前東防定額歲脩銀伍萬兩專為脩理坦水之用現在石塘並無歲脩專款應請以此項節省生息銀作為坦水竹簍限外修補之費至新建盤頭三座限外如有坍卸應由該廳備稟請杭防道勘估後詳請覆勘所需經費應於歲修項內動給仍按銀數五百兩上下分別

奏咨辦理

一修補物料宜預備也查限外物料已有歲脩息銀可資應用儲辦自易至限內物料現據繞城工局委員詳稱存塘樁木一千二百八十四根條石二千二百二十塊塊石四十六方又錢三百八十五千五百八十一文均經移交東防同知收存備用惟移交塊石為數甚少應令分局委員按照現購價值採運約湊三四百方積堆塘上隨用隨即補儲仍同各項物料按月詳報以憑查核又移交錢款

亦屬無多所有賠添限內物料經費應令分
局委員稟明總局另籌發給不得動用歲修
生息款項
同治七年四月二十八日詳閏四月初二日奉
撫憲馬　批所議各條均屬妥協已照章分飭杭
道暨東廳守備並專諭鎮汛端木把總遵辦矣
該局即再分行遵照至節省銀兩擬請發典生
息一條本部院業已分行藩司及牙釐塘工二
局會議詳辦在案該局即便查照另札詳辦毋
違仍候
督部堂批示繳摺存

同治柒年閏四月十八日准
杭道衙門為移知事同治柒年閏四月初五日
奉
撫憲李　札開據委辦海甯繞城石塘委員留浙
補用道林聰彝申稱繞城石塘刻已一律告竣
足資保護惟潮汐靡常此後歲脩全在該汛弁
兵認真經理方能持久酌議善後章程六條開
摺呈請飭遵等因到
前陞院馬　開諭四條飭鎮汛把總端木啟順認
真經營外移交到院行道即便轉飭該廳備遵
照條款嗣後遇有損壞工程隨即照章修補認
真經營該弁等倘或故違定干查究決不稍貸
等云奉此除飭該營廳備遵照外擬合抄單移
知為此合移
貴局請煩查照施行
計抄單
一坦水必須隨時修理也查頭坦專為保護塘
根二坦及竹簍均係保護頭坦每經大汛最
易沖損矬低全賴有缺即補庶免日甚一日
應嚴飭汛弁時加詳細察看有片石離槽一

椿潑損均即報明廳備並開單呈報總局及杭防道衙門毋得隱諱東防廳聞報立即督工修理切勿延緩如未行呈報咨在該汛報後未修咨在該廳經杭防道臨塘查出分別記過重則從嚴参辦倘本汛並無坍損及坍損後已經修好亦由東防廳按汛報明總局及杭防道毋得遺漏如坦水修補齊全繞城塘各工亦無失事扣滿壹年廳汛均記大功以昭激勸

一　附土當隨時填滿也查塘後附土低坍則水無消路最易損壞塘身現在通工均將附土填成裏高外低水有去路嗣後遇有水溝漏洞隨即修理費力無多皆塘兵分所應為而海防陋習每於上憲閱塘時面上將土填平暫為掩飾而底下聽其空虛一經雨淋仍成漏洞嗣後應責成該汛督令兵丁隨時填滿務令堅實倘苟且塞責仍任低坍廳備查出將該汛弁詳請記過營段兵丁棍責廳備容隱一併記過

一　盤頭等工宜按時添料修培也查廉汛自都宮殿盤頭三座經霉秋兩汛後每易低坍椿頭露出應加紫加土照舊填高而廉沛西雁翅山水當冲急溜洄旋甚關險要前已拋石極多如遇十分漲險驗明酌再拋石以期永固至石塘日久如有歇坍裂縫之處立即培填完好毋得忽視

一　船隻最損坦水宜嚴行禁止也向例船隻不許靠塘灣泊屢次示禁在案而海甯停船絡繹緊靠塘身起貨全舟泊於坦水之上壓倒排樁並掛纜大塘拋錨下椗將坦石撳起觸鬆種種損壞情形最為可惡汛兵明知故縱船戶益肆無忌憚日積月深受害匪細嗣後責成汛弁驅逐船離坦水停泊遠搭跳板起貨如敢再故違立將掛纜割斷該汛弁兵一併究懲庶幾知所儆懼保護全塘也

督辦塘工總局司道為詳請事案奉
撫憲憲台札以現在三防柴壩已報完竣各工需柴
較少嗣後除大龍頭緊要工程由局隨時派辦
或歸廳辦外其餘無論限內限外統歸廳辦以
省轇轕而復舊制札局分飭遵照至向由廳辦
章程該局亦即查明斟酌妥善詳候察核飭遵
等因奉此遵經分飭遵照並移杭防道衙門查
明向章移局詳辦去後茲准查有向章六條開
摺移局核詳並移明柴壩完竣後曾奉
前撫憲馮　奏明善後章程嗣後每年歲脩領
款統由總局核給並無外銷公費除部飯照章
核扣平餘外不得絲毫扣減與第二條向章不
同尚希酌核詳辦等因准此本局伏查
前撫憲馮　奏明善後章程每年歲脩領款統
由總局核給並無外銷公費除部飯照章核扣
平餘外不得絲毫扣減係因近年工料昂貴若
再扣減斷不敷用有礙要工杭防道移稱第二
條向章尚希酌核亦係慮及今昔情形不同難
以援照且現在總局經理塘工未竣一切支放
工需仍由局分別核發自應仍照
前撫憲馮　奏定章程辦理為是至舊章所載
歲脩銀兩搭放官局制錢及扣存一分數如何
分起找給之處應俟總局撤後歸杭防道衙門
因時制宜再行酌量詳定可也茲謹將舊章六
條並增議四條開摺備文詳請
憲台察核示遵除詳
督撫二憲外為此備由申乞
照詳施行
　今呈送清摺兩扣
謹將准杭防道移送向由廳辦舊章六條錄摺
恭呈
憲鑒
計開
一塘工遇有坍卸由該管工員通詳請勘如實
係工關緊要勘明請修者即由該管工員核
實估計銀數開具確估清摺呈送司道由司
道會詳請
奏一面由杭州府造具估冊詳送司道由司道
會詳請
題准估後仍由杭州府造具銷冊詳送司道由

司道會同詳請
題銷
一查向章放給塘工銀兩假如估銀壹萬兩內
扣存一分銀壹千兩再照估數扣六分部平
銀陸百兩自道光二十三年起委解戶部充公其二十三年以前僅扣二分工程平餘報明戶部留存司庫作為別項工用再按所估柴薪樁
木條石銀若干兩扣一分二釐部飯銀若干兩解繳工部扣一分八釐平餘銀若干兩留存司庫作為外辦緊要工程之用餘銀若干兩按八成實銀放給尚餘二
成按銀壹兩折給制錢壹串搭放其所扣一
分銀兩該工固限及半放給前五釐固限已
滿並奉
部准銷後找給後五釐清款

一歷辦歲修工程向將該工前于某年某月某
員承辦查明已逾固限於估銷冊首聲敘

一外銷款目從前額有商捐銀壹萬兩及每年
海塘項下所辦工程扣存一分八釐銀兩作
為外辦緊要工程之用例不報部亦無固限
明文只須工竣後造冊詳送司道由司道核
明轉詳請銷

一廳備承辦工程報竣由道飭委杭州府赴工
驗收具結送道轉呈其保固自驗收之日起
限倘工在限內陞遷調署留丁防護如有冲
損隨即賠修仍取家丁姓名年貌籍貫切結
送道備查

一塘工保固年限拆健魚鱗塘十年條塊石塘
七年條塊坦水四年塊石坦水三年理砌魚
鱗石塘四年拆築柴埽各工二年加鑲柴埽
各工一年拆築柴盤頭二年加鑲柴盤頭一
年

謹將本局添議章程四條開具清摺恭呈
憲核

計開

一東中西三塘自同治四年開辦起至八年十
二月止計東塘先竣柴垻三千一百七十九
丈七尺四寸塘後鑲柴六百九十五丈子塘
橫塘附土土堰等工三千三百五十八丈柴
盤頭一座又繞城石塘二百八十四丈一尺
七寸頭二兩層坦水六百八十八丈八尺石
堵三十九丈二尺柴盤頭三座土堰二百九

十七丈五尺續越柴垻一百四丈五尺鑲柴五十丈柴盤頭兩座兩塘先越柴垻七百三十五丈五尺裹頭八十二丈柴盤頭壹座埽工埽坦七百七丈八尺鑲柴二百三十四丈四尺附土子塘橫垻面土行路一千七百八十七丈二尺續越柴盤頭壹座埽工埽坦二千二百二十九丈五尺柴工二百九十丈後越埽工埽坦一百二十八丈中塘先越柴垻一千八百二十丈一尺鑲柴二百四丈八尺柴工三十丈埽坦一百九十九丈附土橫塘九百二十五丈續越埽坦一千八百五十二丈柴工二十二丈均經詳請

奏報在案其應籌歲脩除繞城石塘以及鑲柴附土土堰子塘橫塘橫垻面土行路等工外所有東塘先越柴垻三千一百七十九丈七尺四寸除繞城柴垻三百三十一丈已建復石塘坦水另籌歲脩外其餘柴垻並柴盤頭壹座曾經詳定每年歲脩銀三萬八千兩自八年分起又繞城頭二坦水六百八十八丈八尺石堵三十九丈二尺柴盤頭三座亦經詳定每年生息銀三千兩歸坦水歲脩又另籌銀六千四百兩以三千三百兩專歸盤頭歲脩自八年分為始三千一百兩歸併坦水歲脩自十年分為始兩中兩塘先越柴垻二千五百五十五丈六尺柴盤頭壹座埽工埽坦柴工裹頭一千十八丈八尺又西塘舊柴埽工一千九百八十六丈歸併該兩防歲脩先經詳定自七年分起每年歲脩銀六萬五千兩續越柴盤頭壹座埽工埽坦柴工四千一百七十五丈五尺亦經援案詳定自八年七月為始每年添撥歲脩銀四萬兩其西塘致爾等號大龍頭共工一百五十二丈又後越垻外埽坦九十六丈業經詳請另籌歲脩銀二萬兩自八年分為始以上三塘除發商生息一款外其餘各工歲脩銀兩均由牙釐總局按年分別撥解藩庫存儲備用遇有限外沖損工程仍由該管廳備稟請杭防道勘估詳准移局轉請藩庫撥解來局給領承辦年餘部飯等款仍照章扣核分別報解再嗣後三塘續越柴石各工應定歲脩俟工越再

行據案核請另案詳辦

一此後各防工程除實係搶險不及稟請核防道履勘酌估外其有應請勘估而假稱搶險程報開辦者雖墊款不准開支

一限外工程動支歲脩款項承辦人員固應照例保固其有尚未滿限而拆築加鑲動用保固項下存款者併凡領款承辦工程亦當責成承辦之員分別保固年限以期核實

一限外工程拆脩銀數應再嚴定限制以杜浮冒也查上屆詳定添議外辦章程內開志載埽工每丈估銀九十七兩零拆脩每丈銀六十餘兩加鑲每丈銀三十餘兩盤頭每座估銀六千兩拆脩每座銀二千餘兩加鑲每座銀一千餘兩此後拆脩各工無論限內限外埽工照例估不得過六十兩加鑲減半盤頭拆脩照例估不得過三分之一加鑲不得過六股之一其有原估多于例估者則臨時查案酌核等因在案現查三防歲脩工程每有藉口原估多于例估之說並不核實估計率請溢支現在西中兩塘柴埽等工歲脩銀兩均照志載原額籌定東塘亦約照所發工程議定銀數所有志載每次拆脩加鑲銀數均有斟酌若今年溢支來年必有不足前任溢支後任必有不足此段溢支彼段必有不足自後凡拆脩柴埧埽工無論原估多寡概應遵照志載章程埽工每丈不得過六十兩加鑲每丈不得過三十兩拆脩盤頭每座不得過二千兩加鑲每座不得過一千兩按兩年拆脩一次並只脩三分之一其柴埧亦照埽工之案核辦不得仍前溢支以示限制而重

公款

同治八年十二月二十日詳九年正月廿九日奉

撫憲楊　批所議各條尚屬周妥應即如詳辦理

並希轉飭該廳倫遵照仍候

督部堂批示此繳摺存

督辦塘工總局司道為詳請示遵事竊照海塘歲修工程凡係柴壩埽工盤頭裹頭等工限外沖損或辦加鑲或辦拆築工竣造銷皆有舊例可循原未便另議紛更致改成案惟現在西中兩塘已奉
奏竣之埽坦工程係屬從前未有之工當時創建原以石塘年久失修塘外護埽沖沒無存三防險工林立進水缺口固當搶堵柴壩而完整石塘又急須設法保護因建復埽工未能迅速蕆事是以仿照石坦改建埽坦以其成功較速補救得宜蓋工雖屬新創而藉資捍衛仍是保護塘根成法惟埽工做法埽身高於石塘建築工料倍於埽坦限滿後非遇潑損塌陷毋庸修葺今埽坦做法祇坦身僅及塘身之半潮至則坦面全行漫蓋搜刷盪潑蔴經柴橋不無時有損缺若援照埽工歲修辦法則原築柴橋尚未霉朽遽行拆修未免糜費然不立即補修則小損之工日侵月削必致蕩然又非保護之道查西中兩塘已竣埽坦截至九年正月止均滿固限自須從長計議設法保護業經飭據該兩防同知擬議章程稟送前來本司道等會同酌核參擬四條是否有當理合繕具清摺備文詳請
憲台察核示遵如蒙
允准並乞
俯賜分飭藩司杭道衙門查照核辦實為公便再是案月修銀兩自九年正月起固該兩防所需木植均係局辦存塘椿木撥用並須留備部飯平餘報銷各費是以每月祇給銀二千二百兩擬俟存木用罄所需之木由廳自行採辦再照定數核給合併陳明為此備由呈乞
照詳施行
今呈送清摺壹扣
謹將會同酌擬保護西中兩防限外埽坦善後章程四條繕具清摺敬呈
憲台核示遵行
計開
一西中兩防滿限埽坦擬按月給款修補也查埽坦原係保護塘根做法僅及石塘之半非若埽工高過石塘者可比是以潮汐不常沖漫山水搜刷亦有潑損限內者自應責歸原

辦工員保固修補限外者本應照章修築第潑損之工紫樁尚未露朽若遽行拆修反滋糜費若不及時加補又必殘見傾圮轉成鉅工查該兩防限外埽坦三千九百二十丈擬請自同治九年正月起每月在於歲修項內動給月修銀二千五百四十兩所有柴木工料夫價一概在內仍照章剋扣平餘部飯等費責成該兩防廳員督率弁兵夫役察看情形逐汛補柴加蔴添釘樁木加補水木以期完好所用工料數目按月冊報核查杭防道仍須不時赴工察勘不准樁頭露見及尺併有偷工減料等弊務使用歸實濟

帑不虛糜至潮後如有續建之處仍俟工竣限滿後再行按照丈尺酌請添撥以數工用

一月脩經費動支歲脩銀兩擬於年終彙案造銷也查月脩埽坦係逐月逐汛零星脩補每丈或添柴數担至數十担或加樁一根至數根不等捆龍打蔴土夫等項亦逐日所有是此瑣屑用款造冊報銷既無例案可引未便添立月脩名目擬請將月脩埽坦動支歲脩銀兩總計壹年每防共支用歲修銀若干兩內按月支用修補埽坦銀若干兩仍將各字號丈尺修補工料細數由廳開報杭防道察核於年終彙案造冊詳請咨部核銷以歸簡捷

一埽坦歷年已久柴樁霉朽者仍須拆修也查此項埽坦所定月修銀兩按工攤派每丈每月不過數錢祇能逐汛添補面柴樁木加紮地龍蔴絲若歷時已久樁朽柴霉倘遇旺潮勢必坍陷傾圮此等工程需款較鉅月修銀兩為數無多又不能顧此舍彼自必不敷勻用仍須另給款項以資辦理應仍照章由該管廳員稟請杭防道勘估詳請拆修所需工料銀數援照埽工減半每丈不得過三十兩章程核辦此項工程仍應彙入歲修工內開單詳請

奏報造銷應符定制惟該管廳員責任修防既有月修經費亦不得任令坍卸藉請拆修致滋浮冒仍當核實辦理以節經費

一拆修埽坦應照新建年限出結保固也查埽

坦工程前所未有向無保固例限前以新建埽坦所需工料計及埽工之半保固請照埽工例限減半定以一年詳奉咨准在案嗣後拆脩前項埽坦仍應照新建年限由承辦之員出結保固限內如有損壞責令賠脩限滿後始准歸入月脩案內動款補脩以示區別而昭核實

同治拾年三月初二日詳十一日奉

撫憲楊　批所議保護西中兩防限外埽坦善後各條均屬妥協應准照辦已據詳分飭　藩司杭道查照矣仰即一體移遵繳摺存

督辦塘工總局道司為遵飭議明詳覆事同治拾年四月十二日奉

憲台札開案查前據該局具詳酌核參擬西中兩防限外埽坦善後章程四條呈請示遵等情到院當查所議各條均屬妥協應准照辦即經抄章札道遵辦在案茲據杭道詳覆查此案保護埽坦善後章程內月修辦法皆從前未有之例似須先行

奏明奉准再行歸道照辦以臻周妥茲奉前因請

賜飭局詳

奏再此項月修埽坦係零星工用造冊報銷並無例案可引而總局所議於年終彙案造冊詳請咨

部核銷應如何造辦之處請飭妥頒冊式以便照辦至該工委府驗收並承辦保固以及高寬清單應否仍照辦理並請查併飭議入

告等情到本部院據此查月修善後埽坦事關開銷應否先行

奏明立案以便造報之處飭局遵照迅速妥議詳覆

察辦毋違等因奉此本司道等伏查此案詳議西中兩防月修埽坦外辦章程業奉

憲台批定均屬妥協自應遵照飭辦未便另請
奏立月修名目緣以奏定歲修原案該兩防埽坦工程本計在內此項月修經費即係動支歲修額款並非另項開銷自應歸入年終彙案造報惟月修係零星修補並無例案可引所議章程乃是外辦造銷則宜遵舊案仿照柴埽各工字派字號擇要估計工竣驗收並無他樣冊式商准杭道衙門移復既准移明乃是外辦章程似可毋庸請
奏但該工係逐月逐汛修補經辦廳員未能隨時具報工竣呈請驗收應如何辦理尚須明定章程至用款定章於年終彙案造報如一任廳員經手似無異議倘一年內有兩三廳員經修者誠恐彼此推宕應否責令各按用銀多寡分認字號丈尺造辦保固之處亦須定議以免推諉再定章內議埽坦歷年已久燬陷傾圮由該管廳員稟請勘估另行給款拆修仍彙入歲修工內開單詳請
奏報等因准此項工程雖係專案請修另行給款然仍動支歲修銀兩擬請統歸月修工內於年終造報以歸劃一移復酌議詳辦等由過局准此查月修原係逐汛修補難以隨時報驗擬請飭令承辦工員於造銷時開單呈道飭府照例辦理似與歲修定章不致歧異所議責令廳員各按用銀多寡分認字號丈尺造辦保固一層甚屬妥協應請照辦以免推諉至拆修年久燬陷埽坦統歸月修工內年終造報事雖相因但須先行詳報然後仍歸年終彙造庶臻周妥而歸劃一奉飭前因合將遵議緣由備文詳覆是否有當仰祈
憲台察核批示如蒙
允准並請分檄飭遵實為公便為此備由呈乞
照詳施行
同治十年六月二十六日詳七月初五日奉
撫憲楊　批如詳即照所議辦理仰即移明杭道
知照仍飭各廳員先將用過銀數以及分認字號丈尺速行開單詳報並候分飭西中兩廳遵照可也毋違繳

督辦塘工總局道司為遵飭會議詳覆事竊奉
憲臺札開案查東中西三防先後辦竣埽工柴工
埽坦及條塊石坦水石堵各工除已據該局陸
續詳定月修三塘限内限外埽坦暨繞城頭二
坦水石堵等工銀數通年核計已在三萬八千
餘兩轉瞬戴鎮兩汛坦水即届限滿亦不能不
有月修此外尚有未定月修之坦埽以及柴工
埽工盤頭裹頭等工約計歲修費更不少且現
在埽坦月修銀數參差不一尤應妥籌章程核
實辦理以免寅支卯欠後難為繼飭即會同通
盤籌議酌定畫一章程詳覆察奪並將通塘柴
石坦埽盤頭等工分別已定未定月修各案註
明年限丈尺銀數開具簡明清摺剋日隨案送
核毋延等因奉經分飭三防廳備遵照議酌禀
侯會商詳辦去後茲據該廳備等分別查核縷
晰繕摺禀復請將如何酌定畫一章程之處統
籌全局會議轉詳等情前來伏查西中東三防
歲修各工内柴項柴工埽工盤頭裹頭等項向
係分起詳估修辦惟埽坦與坦水兩項係須隨
時修補於同治九年間詳定發給西中兩防埽
坦月修銀兩仍於歲修款内動支按年截數勻
派字號丈尺
奏咨請銷迨後東防先竣埽坦坦水循案分別給辦
在案近年以來中東兩防續辦埽坦坦水不少
限外均應給發月修誠如
憲札必須通盤籌算撙節辦理庶免後難為繼第
察核該廳備來禀復陳月修需費不資緣由均
屬實在情形若照前數核減過多誠恐不敷修
辦或稍草率遷就轉滋將來糜費本司道等檢
閱舊案會同通盤覈議從前原定西中兩防鳳
潛等號先竣埽坦月修經費續經勻給瀾字等
號外辦埽坦月修并別除改辦埽工等項計現
在月撥銀二千四百十一兩其中尚有扣減二
成弥補另案溢用之款扣至本年三月内甫經
補足尚未全數給領其東防先竣繞城坦水月
修銀三百兩歷係照數支給並無扣減之項今
擬請嗣後將前項西中兩防先竣埽坦月修按
照二千四百十一兩之數減為八折除零實給
銀一千九百七十八兩以鳳潛瀾等號三起埽
坦實在丈尺均勻分派核計每丈月給銀四錢

五分四釐八毫九絲九忽并請將東防先竣續城坦堵月修銀三百兩一體減為八折實給銀二百四十兩以此項坦水連石堵丈尺勻攤計每單長一丈月給銀一錢六分九釐三毫九絲六忽以上先竣埽坦與坦水既各分別按丈劃一定數所有續竣埽坦坦水應一律按丈核給其尚在限內者仍歸保固案內循舊辦理一俟限滿同未竣未辦之埽坦坦水將來限滿後統照前項定數按丈核給無須隨時另議不致再有參差不一俾足以昭公允而免紛歧統計將來埽坦坦水一概滿限之後應給月備銀兩按年連閏牽算用數總在六萬兩上下核之三防額撥歲修銀數所用月修之費不過十分之三其餘額數祗備柴埧等項歲修經費似尚無虞支絀至所給月修應仍循照舊章按年截數勻派字號丈尺由道詳請

奏咨請銷是否有當相應會同查議開摺詳覆並將該廳備原稟錄摺附呈仰祈

憲台鑒覈衡定俟奉

批示當將向給月修者從本年八月分為始改照新章支給其中防龍字等號埽坦前經詳定於保固項內給辦嗣因保固限滿月修新章尚未議定經黎故守面請減為八折仍暫於保固項內接續支給現已議詳新章月修亦應即從八月分為始改照新章支給其餘限滿應須停支保固改給月修者容隨時核明詳給再此次詳定按丈月給銀數內除應提部飯平餘并外辦扣水錢文之外餘俱照數領給別無扣減之款合併陳明為此備由呈乞

照詳施行

計詳送清摺壹扣

謹將遵議三防埽坦坦水月備畫一減發各數繕摺呈候

憲核

計開

一西防鳳字等號埽坦一千六百七十七丈三尺

中防潛字等號埽坦一千九百三十七丈

又瀾字等號外辦埽坦六百二十四丈

謹查中西兩防潛鳳等號埽坦先經詳給月修

銀二千五百四十兩迨經詳定於此
内匀撥瀾字等號外辭埽坦月修并
有改築埽工等項扣除月修計現在
每月撥銀二千四百十一兩内除部
飯平餘并扣二成彌補溢款外餘銀
分給鳳潛瀾等字號三起月修其中按丈驗
攤零尾數目參差未盡劃一今溢款
已經彌補足數毋庸再扣擬請嗣後
將前項每月額撥銀二千四百十一
兩減為八折除零撥銀一千九百二
十八兩按照前工三起埽坦共四千
二百三十八丈三尺之數均匀分派
計每丈應攤派銀四錢五分四釐八
毫九絲九忽

一中防戴汛石工案内辭竣烈字等號埽坦二
百三十九丈八尺

謹查此項埽坦前於固限滿後詳照西中
兩防月修成案給發月修今請嗣後
一律改為每丈月給銀四錢五分四
釐八毫九絲九忽計共月給銀一百
九兩八錢四分八釐

一中防翁汛石工案内辭竣龍字等號埽坦二
百六十八丈

謹查此項埽坦先經詳照原定西中兩防
月修銀數於保固款内全數支給今
固限已滿應請嗣後一律改為每丈
月給銀四錢五分四釐八毫九絲九
忽計共月給銀一百二十一兩九錢
一分三釐

一東防俠字等號埽坦二百三十四丈五尺

謹查此項埽坦前於固限滿後詳照原定
西中兩防月修之案全數支給今請
嗣後一律減為每丈月給銀四錢五
分四釐八毫九絲九忽計共月給銀
一百六兩六錢七分四釐

一東防繞城頭二兩層坦水核共單長計一千
三百七十七丈六尺又石堵計工長三
十九丈二尺

謹查此項坦水前曾詳定月給修費銀三
百兩今請嗣後一律減為八折每月

給發銀二百四十兩按前項坦堵一
千四百十六丈八尺核計每丈月給
銀一錢六分九釐三毫九絲六忽
一東防戴鎮兩汛頭二坦水併隨塘坦水核共
單長六千八百五十八丈 又當力二號
舊坦水計單長六十六丈
謹查此項坦水現在委員經管將修費按
月報銷於保固款內支給應請俟固
限滿後援照繞城坦水月修之案一
律每單長一丈月給銀一錢六分九
釐三毫九絲六忽計共月給銀一千
一百七十二兩八錢九分八釐
一東防尖汛石工案內辦竣坦水核共單長計
二千七百五十二丈
謹查此項坦水現在由廳經管按月將修
費報銷於保固項內支給應請俟固
限滿後一律每丈給發月修銀一錢
六分九釐三毫九絲六忽計共月給
銀四百六十六兩一錢七分八釐
一東防念汛東頭石工案內辦竣埽坦三百十
六丈
謹查此項埽坦刻由廳員經管按月將修
費報銷於保固項內支給應請俟固
限滿後一律給發每丈埽坦月修銀
四錢五分四釐八毫九絲九忽計共
月給銀一百四十三兩七錢四分八
釐
一東防念汛西頭石工案內辦竣埽坦五百四
十一丈五尺
謹查此項埽坦現報工竣飭廳經管按月
將修費報銷於保固項內支給應請
俟固限滿後一律每丈給發月修銀
四錢五分四釐八毫九絲九忽計共
月給銀二百四十六兩三錢二分八
釐
一東防續估尖汛坦水盤頭等工案內估辦單
坦二百六十丈 又戴汛坦水十三丈五
尺
謹查此項坦水現甫估辦應請俟工竣限
滿後一律每丈給發月修銀一錢六

分九釐三毫九絲六忽計共月給銀
四十六兩三錢三分
以上統共應給月修銀四千五百八十一兩
九錢一分七釐以一年十二個月計之閏月在外共應
給銀五萬四千九百八十三兩四釐內西中兩防銀二萬五千九百十七兩一錢三分二釐東防銀二萬九千六十五兩八錢七分二釐
光緒二年七月初六日詳十六日奉
撫憲楊　批如詳辦理仰即分別移飭遵照此繳
捐存

---



工款總數
統計二十一案共銷例估加貼新加銀五百五十五萬一千四百二十兩五錢二分三釐
共辦竣土石柴工五萬三千二百七十一丈六尺四寸又
盤頭十五座內
一建復魚鱗石塘四千三百四十二丈
一拆脩魚鱗石塘九百二十五丈一尺
一建復條塊石塘三十七丈四尺
一修砌加高石壩一百七十九丈七尺
一建築石塘三十九丈二尺
一建築條石頭二坦水八千七百一丈一尺
一建築塊石頭二坦水三千四百三十一丈
以上各項石工共計一萬七千六百五十五丈五尺
一柴壩六千七十六丈八尺四寸
一埽工一千三百七十丈八尺
一埽坦五千七百六十二丈五尺
一柴工四百二十三丈
一裹頭一百四十二丈

一鑲柴一千三百四十四丈七尺
一子塘三百五十丈
一柴盤頭十五座
　以上各項柴工共計一萬五千四百六十九丈八尺四寸又盤頭一十五座
一附土一萬一百五十六丈九尺
一土堰二千七百九十丈九尺
一胥土一千七百八丈
一溝槽二千七百八丈五尺
一横塘二百九十三丈
一横壩十七丈五尺
一托壩七百三十九丈
一行路面土一千五百九十丈
一幫寬一百四十二丈五尺
　以上各項土工共計二萬一百四十六丈三尺

## 附録一：避諱官員姓名一覽（以首次出現先後爲序）

御史洪（昌燕）　浙江總督程（元章）　前署撫臣左（宗棠）
江蘇撫臣李（鴻章）　浙江巡撫蔣（益澧）　浙江藩司楊（昌濬）
浙江巡撫馬（新貽）　前臬司段（光清）　杭嘉湖道蘇（式敬）
護江蘇撫臣劉（樹棠）　閩浙總督吳（棠）　浙江巡撫李（瀚章）
署浙江巡撫楊（昌濬）　閩浙總督英（桂）　郭（相蔭）
浙江巡撫梅（啓照）

參與辦工的官員：

同知葛（利賓）　守備何（國楨）　同知黎（錦翰）
同知潘（紹宸）　同知吳（世榮）　同知粱（銘樹）
同知蕭（書）　同知胡（寶晉）　同知孫（欽若）
同知王（彬）　同知唐（勲）　同知汪（元詳）
守備蔡（興邦）　同知李（毓瑛）　同知陳（乃瀚）
同知余（庭訓）　委員蕭（守）　同知靳（亭芝）
委員陳（守）

一、第十六頁下欄倒數第三行「裏頭」係「裹頭」之誤。

二、第二十六頁下欄第十行「錠鐲」係「錠鍋」之誤。

三、第四十五頁下欄倒數第三行「夫土」係「夫工」之誤。

四、第六十七頁下欄第九行「東七丈西二丈」，原疏作「西二丈東七丈」，見第九十八至一〇一頁楊昌濬《爲建復修整西防魚鱗條塊石塘盤頭裹頭各工丈尺用過銀數及竣工日期疏》（同治九年四月初三日）。

五、第二〇六頁上欄第九行「三千四百餘兩」乃「三千四十餘兩」之誤（據中國第一歷史檔案館藏原摺抄件）。又二〇八頁首行「詎工」應是「鉅工」之誤。又第二三三頁下欄第六行「千餘年」應是「十餘年」之誤（據李輔燿輯《海寧念汛大口門二限三限石塘圖説》）。又二三三頁下欄倒數第二行「高三十丈」應是「高二十丈」之誤（見同前）。

六、第二九二頁首行「未入」應是「未入流」之誤。

七、第六册工段丈尺第六案（第三〇七頁下欄至第三〇九頁上欄）所列字號前均應加「西」字。又第三二二頁第十五案「中防翁汛建復十八層魚鱗石塘」項末缺「塡築中防翁汛附土三百九十一丈一尺」和「塡築中防翁汛溝槽一百二十三丈一尺」兩項（見第七册「估銷銀數」第三四七六頁）。第三二九頁第二十一案「拆修大石塘六丈」一項，在第七册「估銷銀數」計入魚鱗石塘項内。

九、第七册「估銷銀數」第十七案四項「修復」工程（第三四八頁），在第六册「工段丈尺」均作「建復」。